中央高校教育教学改革基金(本科教学工程)资助

无机化学实验

WUJI HUAXUE SHIYAN

程国娥　蔡卫卫　主　编
曹菱　马亮　王运宏　张孝进　副主编

图书在版编目(CIP)数据

无机化学实验/程国娥,蔡卫卫主编. —武汉:中国地质大学出版社,2021.8

ISBN 978-7-5625-5087-7

Ⅰ.①无…
Ⅱ.①程… ②蔡…
Ⅲ.①无机化学-高等教育-教材
Ⅳ.①O61-33

中国版本图书馆 CIP 数据核字(2021)第 167636 号

无机化学实验		程国娥　蔡卫卫　主编
责任编辑:王凤林	选题策划:王凤林　张健	责任校对:徐蕾蕾

出版发行:中国地质大学出版社(武汉市洪山区鲁磨路388号)　　　　邮编:430074
电　　话:(027)67883511　　　传　　真:(027)67883580　　E-mail:cbb@cug.edu.cn
经　　销:全国新华书店　　　　　　　　　　　　　　　　　　http://cugp.cug.edu.cn

开本:787 毫米×1092 毫米　1/16	字数:310 千字　印张:12
版次:2021 年 8 月第 1 版	印次:2021 年 8 月第 1 次印刷
印刷:湖北睿智印务有限公司	印数:1—2000 册
ISBN 978-7-5625-5087-7	定价:36.00 元

如有印装质量问题请与印刷厂联系调换

前　言

化学是一门实验性学科,实验教学在化学教学中一直占有相当重要的地位。化学实验不仅可以培养学生的动手能力,而且更重要的是培养学生严谨的科学态度和科学的逻辑思维方法、培养科学品德和精神。无机化学实验是化学化工类专业的第一门化学实验课程,主要培养目标是让学生掌握化学实验基础知识基本操作、掌握实验数据的处理和实验结果的分析及归纳方法、掌握无机化合物的性质和制备技术,为后续实验课程的学习打下基础。无机化学实验在培养学生的基础知识、实践能力和专业素质等方面的都起着十分重要的作用。

《无机化学实验》以中国地质大学(武汉)夏华教授组织编写的教材为蓝本,于2015年已由程国娥教授组织进行了第一次修订。近年来,实验教学已进行了多方位的改革,实验设置已向研究型实验过渡,实验内容更加丰富、全面,也更贴近前沿,同时线上线下混合式实验教学为实验教学提供了契机,因此,在强调基础知识和实验基本技能训练的基础上,无机化学教学组的教师结合多年的实验教学经验,对教材进行了修订。本教材保留了原教材的基本内容框架、特色和编写风格,对内容和文字进行了精简,再对基本操作训练内容进行了调整和优化,部分实验进行了替换,使其更加全面和规范;同时结合无机化学学科的最新发展,重新编写了部分综合性和创新性实验,并补充了知识拓展部分,以满足综合性训练的需要。另外,本教材为"互联网+"教材,利用现代化教学手段,在书中以嵌入二维码的形式提供重要实验仪器及实验过程基本操作规范、重要化学反应等电子资源,方便学生反复学习,以利于激发学生的积极性,达到提高实验教学效果的目的。

全书由化学实验基础知识、基本操作与技能训练实验、元素及化合物性质实验、化合物的制备与提纯实验、综合性与设计性实验及附录共6部分组成,内容的安排由浅入深、由易到难、由专题到综合性设计实验。按照实验教学改革的要求,既有传统的基础实验,又有反映现代无机化学新进展、新技术及新材料的实验,体现基础性、应用性、先进性和综合性的特点。

本教材由程国娥组织编写和修订,夏华为编写顾问,并对教材的结构和素材的选取提出了许多宝贵的意见。编写工作由材料与化学学院无机化学教学组全体老师共同完成,他们分别是蔡卫卫(实验四至实验六、实验二十一至实验二十三、实验三十至实验三十二)、曹菱(第一章及附录)、程国娥(实验一至实验三、实验十八至实验二十、实验二十七至实验二十九)、王运宏

(实验十一至实验十七)、马亮(实验七至实验九、实验二十四至实验二十六、实验三十四、实验三十五)、张孝进(实验三十三),最后由程国娥和蔡卫卫完成统编定稿工作。实验二维码小视频由程国娥和蔡卫卫组织完成,刘薇等同学为视频拍摄做了大量的工作。

  本教材由中央高校教育教学改革基金(本科教学工程)资助,编写的过程中得到了中国地质大学(武汉)教务处以及材料与化学学院的大力支持,中国地质大学出版社为本书的出版也做了大量细致的工作,在此一并表示感谢。

  由于编者水平有限,本教材中难免有些疏漏或不完善之处,敬请批评指正。

编者

2021 年 7 月

目　录

第一章　化学实验基础知识 …………………………………………………………（1）
- 第一节　化学实验的目的及学习方法 ……………………………………………（1）
- 第二节　实验室规则和安全知识 …………………………………………………（6）
- 第三节　化学试剂和试纸的规格与取用 …………………………………………（9）
- 第四节　常规玻璃仪器的使用 ……………………………………………………（13）
- 第五节　液体体积的量度：仪器与方法 …………………………………………（16）
- 第六节　称量：仪器与方法 ………………………………………………………（22）
- 第七节　固、液分离方法与重结晶 ………………………………………………（25）
- 第八节　气体的发生、收集、净化与干燥 ………………………………………（30）
- 第九节　加热与冷却：仪器及方法 ………………………………………………（33）
- 第十节　基本测量仪器介绍 ………………………………………………………（35）
- 第十一节　实验数据的表达与处理 ………………………………………………（44）

第二章　基本操作与技能训练实验 …………………………………………………（49）
- 实验一　摩尔气体常数的测定 ……………………………………………………（49）
- 实验二　称量与酸碱滴定 …………………………………………………………（52）
- 实验三　平衡常数的测定 …………………………………………………………（55）
- 实验四　醋酸解离度与解离常数的测定（pH法和电导率法） …………………（58）
- 实验五　$PbCl_2$ 标准溶度积常数的测定 …………………………………………（62）
- 实验六　磺基水杨酸合铁（Ⅲ）配合物的组成和稳定常数的测定 ……………（65）
- 实验七　银氨配离子配位数及稳定常数的测定 …………………………………（69）
- 实验八　氧化还原反应与电极电势的测定 ………………………………………（71）
- 实验九　化学反应级数与活化能的测定 …………………………………………（76）

第三章　元素及化合物性质实验 ……………………………………………………（80）
- 实验十　p区元素（一）（卤族、氧族）…………………………………………（80）
- 实验十一　p区元素（二）（氮族、碳族）………………………………………（85）
- 实验十二　碱金属和碱土金属 ……………………………………………………（89）
- 实验十三　铬、锰、铁、钴、镍 …………………………………………………（93）
- 实验十四　ds区重要元素化合物性质及应用（铜、银、锌、镉、汞）………（97）
- 实验十五　常见阴离子的分离与鉴定 ……………………………………………（101）

实验十六　水溶液中 Na^+、K^+、NH_4^+、Ca^{2+}、Mg^{2+}、Ba^{2+} 的分离与鉴定 …………… (105)

　　实验十七　未知溶液的分离与鉴定 ……………………………………………… (108)

第四章　化合物的制备与提纯实验 …………………………………………………… (112)

　　实验十八　水的净化和纯度检测 ………………………………………………… (112)

　　实验十九　氯化钠的提纯 ………………………………………………………… (116)

　　实验二十　硫代硫酸钠的制备 …………………………………………………… (119)

　　实验二十一　葡萄糖酸锌的制备及成分分析 …………………………………… (121)

　　实验二十二　由工业胆矾制备五水硫酸铜及其质量鉴定 ……………………… (124)

　　实验二十三　硝酸钾的提纯与溶解度的测定 …………………………………… (127)

　　实验二十四　由软锰矿制备高锰酸钾 …………………………………………… (130)

　　实验二十五　可逆热致变色物质四氯合铜双二乙基铵盐的制备及性质测定 … (132)

　　实验二十六　三氯化六氨合钴（Ⅲ）的合成和组成测定 ………………………… (134)

第五章　综合性与设计性实验 ………………………………………………………… (137)

　　实验二十七　碘酸铜的制备及其溶度积测定 …………………………………… (137)

　　实验二十八　铬配位化合物的制备及分裂能的测定 …………………………… (140)

　　实验二十九　UiO-67 的制备及吸附盐酸四环素性能研究 ……………………… (143)

　　实验三十　十二钨硅酸的制备及酸度测定 ……………………………………… (146)

　　实验三十一　聚合硫酸铁的制备及主要性能指标的测定 ……………………… (148)

　　实验三十二　纳米二氧化钛的溶胶凝胶法制备及其光催化性能研究 ………… (150)

　　实验三十三　纳米 Fe_3O_4 的制备及其类酶活性初探 …………………………… (154)

　　实验三十四　富缺陷硫化钼的水热法制备及电催化性能研究 ………………… (156)

　　实验三十五　大环配合物 $[Ni((14)4,11-二烯-N_4)]I_2$ 的合成 ………………… (159)

附　录 ……………………………………………………………………………………… (162)

　　附录1　弱电解质的解离平衡常数 ……………………………………………… (162)

　　附录2　难溶电解质的溶度积常数 ……………………………………………… (164)

　　附录3　常见配离子的稳定常数 ………………………………………………… (166)

　　附录4　标准电极电势（25 ℃）…………………………………………………… (167)

　　附录5　常见离子与化合物的颜色 ……………………………………………… (174)

　　附录6　常见离子鉴定方法 ……………………………………………………… (178)

　　附录7　常用酸碱浓度 …………………………………………………………… (179)

　　附录8　某些试剂配制 …………………………………………………………… (180)

　　附录9　配伍禁忌化学品一览表 ………………………………………………… (182)

　　附录10　常见危险废弃物的处置方法 …………………………………………… (184)

主要参考文献 …………………………………………………………………………… (185)

第一章　化学实验基础知识

第一节　化学实验的目的及学习方法

一、化学实验的意义及目的

化学是一门以实验为基础的学科,从新元素的发现、新化合物的合成、物质反应规律的研究到新理论、新假设的证实都离不开化学实验。科学实验是自然科学研究中最重要、最基本的方法之一。它可以借助于科学仪器所创造的条件排除各种偶然、次要因素的干扰,使要研究的问题更为简单明了,它还可以造就自然界中没法直接控制而在生产过程中又难以实现的特殊条件(例如超高温、超低温、超高压、超高真空、超强磁场等),按照人们的设想,能动地控制研究系统,去获取生产实践中不易或不可能得到的新发现。科学史表明,近代自然科学的重大发现和发展,一般来自科学实验。

化学实验是学习化学的必需途径,通过化学实验,学生的化学基础知识、基本理论和基本技能得到巩固和训练;通过化学实验,学生发现问题、分析问题和解决问题的能力得以培养,良好的实验习惯、严谨的科学态度得以形成。

无机化学实验是化学实验的重要基础,是化学及相关专业本科生的一门实验性基础必修课,它的主要目的如下。

(1)通过无机化学实验,掌握化学实验基本操作技能及实验方法。

(2)通过对元素及其化合物重要性质和物质反应规律实验现象的观察,学生获得大量物质变化的感性认识,在此基础上上升为理性认识,巩固和加深对无机化学的基本原理和基础知识的理解,进一步达到掌握一般无机化合物制备、分离和检验的方法。

(3)学会正确使用基本仪器测量实验数据和正确处理实验数据以及表达实验结果。通过实验预习,培养学生独立查阅资料、独立思考并设计方案、独立准备及完成实验的能力;养成细致观察、记录实验现象的严谨、求是的科学态度。

(4)养成整洁、卫生和规范的实验素养;培养实验室安全意识及环境保护意识,为学好后继课程及今后参加工作和开展科学研究打下良好的基础。

二、化学实验的学习方法

将正确的学习态度与科学的学习方法相结合,才有可能取得最好的学习效果。在学习无机化学实验时,应该掌握好以下几个学习环节。

1. 预习

实验前的预习,是确保做好实验的一个重要环节。在这个环节应该达到以下几个要求:

(1)认真阅读实验教材和相关的参考资料,明确实验目的,理解实验原理,熟悉实验内容、实验方法、操作步骤、实验材料、数据处理方法、注意事项,了解实验需要掌握的技能及安全知识。

(2)在上述预习基础上,撰写简明扼要的预习报告。

(3)对于设计性实验,应该在实验理论指导下设计出具体的实验方案和详细的实验步骤,对各项实验内容,根据理论合理地预测可能出现的实验现象。

2. 实验

在教师的指导下独立进行实验是实验课程的主要教学环节,也是正确掌握实验技术、实现化学实验目的的重要手段。必须认真根据实验教材上所提供的方法、步骤和试剂进行实验操作,并按要求做到以下几点。

(1)认真操作,做到规范严格;细心观察,分析判断,并把观察到的实验现象和测量得到的实验数据及时、如实地做好详细记录。

(2)如果发现实验现象和理论不符合,应尊重实验事实,并认真分析和检查其原因,通过对照试验、空白试验或自行设计的实验进行核对,必要时应多次重复验证,从中得到有益的科学结论和学习科学思维的方法。

(3)实验过程中应勤于思考,仔细分析,力争自己解决问题。遇到疑难问题或者超出自己现有知识层级自己难以解决的问题时,可请老师指点。

(4)实验过程中应严格遵守实验室规则:注重实验安全规范;保持肃静,保持实验室的整洁、卫生;实验完成后,要认真清理实验室的台面、打扫地面,关闭水、电和门窗,经老师查验同意后方可离开实验室。

3. 撰写实验报告

整理处理实验数据,分析解释实验现象,对实验内容作出结论,将感性认识提高到理性思维阶段是撰写实验报告的主要目的。

实验报告应该包括以下几个部分。

(1)实验目的:简述实验应该达到的基本目的。

(2)实验原理:简要介绍实验的基本原理。

(3)实验步骤与操作:根据实验目的和所采用的方法,对实验过程和操作步骤进行简要描述。

(4)实验现象与实验数据记录:真实客观地记录实验现象和测量的实验数据,绝不允许涂改实验数据;注意实验数据记录的规范性。

(5)解释、总结和数据处理:对实验现象进行分析、判断、归纳和总结,对实验数据进行计算和处理,得出结论。

(6)问题讨论:对实验中遇到的疑难问题提出自己的见解;分析产生误差的原因等。

实验报告应该文字工整,图表规范,简明扼要。

以下是无机化学实验中常见的几种不同类型实验的实验报告格式。

化学测定实验报告格式示例(一)

实验名称__醋酸电离常数和电离度的测定__　　室温_____℃　　气压_____

班级_____姓名_____指导教师_____实验室_____日期_____

一、实验目的

二、实验原理

三、实验步骤

四、实验记录与处理结果

可采用表格、图示等直观形式,如下表所示。

醋酸溶液浓度的标定表

滴定序号		1	2	3
标准 NaOH 溶液浓度/(mol·dm^{-3})				
HAc 溶液的体积/cm^3				
标准 NaOH 溶液的体积/cm^3				
HAc 溶液的浓度/(mol·dm^{-3})	测定值			
	平均值			

五、结论

1. ……

2. ……

3. ……

　……

六、问题与讨论

化学合成制备类实验报告格式示例(二)

实验名称 __氯化钠的提纯__　　　室温_____℃　　　气压_____
班级_____姓名_____指导教师_____实验室_____日期_____

一、实验目的

二、实验原理

三、实验步骤:可采用流程图加主要反应式等形式,简明直观,如下图所示。

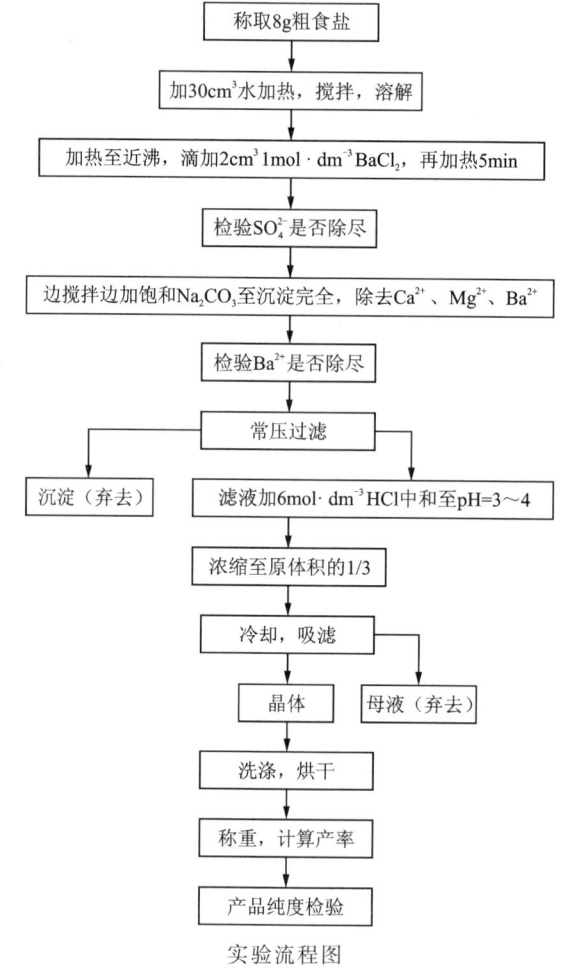

实验流程图

四、结果

1. 产品指标(外观、产量、产率或含量)

2. 产品性质检验

3. 结论:(1)……(2)……(3)…………

五、问题与讨论

化学元素性质实验报告格式示例(三)

实验名称　p区元素(一)　　　室温_____℃　　　气压_____
班级_____姓名_____指导教师_____实验室_____日期_____

一、实验目的
二、实验原理
三、实验内容及结论

实验内容包括实验步骤、实验现象、对现象的解释或反应方程式。可以用表格形式表示，如下表所示。

卤素的氧化性实验表

实验步骤	实验现象	解释和结论(包括反应式)
2 滴 0.1 mol·dm^{-3} KBr +2 滴 Cl$_2$ 水 +0.5 cm^3 CCl$_4$	Cl$_2$ 水褪色 CCl$_4$ 层呈棕黄色	Cl$_2$ 将 Br$^-$ 氧化 2KBr + Cl$_2$ = 2KCl + Br$_2$
2 滴 0.1 mol·dm^{-3} KI +2 滴 Cl$_2$ 水 +0.5 cm^3 CCl$_4$	Cl$_2$ 水褪色 CCl$_4$ 层呈紫红色	Cl$_2$ 将 I$^-$ 氧化 2KI + Cl$_2$ = 2KCl + I$_2$

四、结论
1.……
2.……
3.……
……

五、问题与讨论

第二节 实验室规则和安全知识

化学类实验涉及各类性质的化学试剂、仪器设备,实验过程涉及危险化学品、水电设施以及仪器设备的使用。学生必须先要了解与实验及实验室有关的规则和安全知识,顺利完成教学过程并形成良好的工作习惯。

一、实验室规则

实验室规则是人们从长期实验室工作中总结出来的工作规范。严格遵守实验室规则可以保证实验室人员得到正常的实验环境和工作秩序,防止意外事故的发生。

(1)实验前应认真预习,到达实验室后做好实验准备工作,检查实验所需药品、仪器是否齐全。做规定以外的实验时,应经老师允许。

(2)实验时要集中精神,仔细观察,认真操作,积极思考,及时并如实详细地记录实验现象和数据,不得涂改和伪造。

(3)遵守纪律,不迟到早退,保持室内安静,不得大声喧哗,不得随处走动,不得无故缺课;遵守一切必要的安全规则,保证实验安全。

(4)爱护公共财物,按规定使用仪器和实验室设备,注意节约水、电和煤气;每人应使用自己的仪器,不得动用他人仪器;公用仪器和临时共用的仪器用毕应洗净,并立即送回原处;如有损坏,必须及时登记补领并按照规定赔偿。

(5)实验中化学试剂性质有较大差异,使用时应按照各类的操作规范进行操作;剧毒品的使用应严格按照剧毒品管理规范进行。

(6)使用测量类的精密仪器时,务必先阅读产品使用说明,了解其使用方法及操作规程,避免损坏仪器;使用中如发现故障应立即停止使用并报告老师;需要填写使用记录并经老师检查认可。

(7)实验过程中,随时注意保持工作环境的整洁。火柴梗、纸张、废品等只能丢入废物桶内,不能丢入水槽,以免水槽堵塞引发漏水事故;实验产生的废弃物按照实验室要求倒入指定的容器中;实验完毕后洗净、收好玻璃仪器,整理好实验桌、公用仪器、试剂架。

(8)每次实验结束后由学生轮流值勤负责打扫和整理实验室,并检查水龙头、煤气开关、门窗、电源,以保持实验室的整洁和安全。老师检查合格后方可离去。

(9)尊重老师的指导,同时对实验内容和安排不合理的地方提出改进的建议,对实验中的一切现象(包括反常现象)进行讨论,并提出自己的看法,做到主动学习。

(10)如果发生意外事故,应保持镇静,不要惊慌,立即报告指导老师进行及时处理。

二、实验室安全知识

进行化学实验时,会涉及水、电、煤气、压缩气体及各种仪器的使用;化学试剂中相当一部分是易燃、易爆、具腐蚀性及毒害性的危险化学品;实验过程中及结束后会有废弃物的产生、排放等;实验操作会涉及加热、加压等操作,这些都是实验室常见的安全隐患。如果不遵守操作规则可能引发安全事故(如失火、中毒、烫伤或烧伤等),不仅实验者人身可能受到伤害,还可能祸及他人,并造成公共财产的损失。因此,熟悉常用安全知识,学习掌握有关水、电、煤气、仪器及化学品使用的安全操作规范非常必要。

但是实验室安全隐患并不会必然导致事故发生,只要能从思想上高度重视,在操作中确实落实,实验室安全是可以得到保障的。因此,首先必须在思想上高度重视,具有牢固的安全意识,不心存侥幸。其次在实验之前了解所在实验室的设施(包括安全出口、安全设施、安全应急用品等)、本实验的设备及试剂性质、本实验中的安全注意事项;实验过程中要集中注意力,严格遵守实验安全守则,预防事故发生;实验结束后对废弃物采用正确的处理方式。最后要了解一些常用救护措施及消防常识。

(1)获得实验室安全准入证书:目前国内很多高校都设置了实验室安全准入制度,这对实验教学以及在实验室中进行科学研究的安全规范非常重要。高校会要求学生在进入相关实验室之前参加实验室安全的培训并进行考试,合格后发给证书方可开始实验课程或者开展科研活动。

(2)严禁在实验室内饮食、吸烟,或把食具带进实验室;实验完毕必须洗净双手。

(3)为防止伤害身体、损坏衣物,进入实验室须穿合适的实验服,不得穿拖鞋;长发需要挽起以免受到伤害。

(4)实验时宜配戴护目镜,倾倒试剂或者加热液体时易发生飞溅,不要俯视容器。加热试管时,不要将试管口对人;稀释浓硫酸时,必须把酸注入水中,而不是把水注入酸中,以免迸溅;浓酸、浓碱具有强腐蚀性,使用时要小心,可带防护手套操作,注意避免溅在皮肤和衣服上;实验中不要搓揉眼睛,以免将试剂揉入眼中。

(5)不要接近容器去嗅流出的气体,宜将脸部远离,用手把逸出的气体慢慢扇向自己的鼻孔;制备或实验过程中产生具有刺激性的、恶臭的有毒气体(如 H_2S、Cl_2、CO、SO_2、Br_2 等),以及加热或蒸发盐酸、硝酸、硫酸,溶解或消化试样时,应该在通风橱内进行。

(6)绝对不允许随意混合化学药品,以免发生意外事故;不得随意离开正在运行的装置和正在操作的化学反应。

(7)有机溶剂(如乙醇、乙醚、苯、丙酮等)易燃,使用时一定要远离火焰和热源,不得用明火加热;用后应将瓶塞塞严,放在阴凉的地方。

(8)有毒药品(如重铬酸钾、钡盐、铅盐、砷的化合物,汞的化合物,特别是氰化物)不得入口或接触伤口;金属汞易挥发成汞蒸气,被吸入后会积累引起慢性中毒,如果实验中金属汞洒落实验室一定要尽可能收集起来,无法收集的位置可以用硫磺粉覆盖,使其生成不易挥发的硫化汞。

(9)金属钾、钠和白磷等曝露在空气中易燃烧,故金属钾、钠应保存在煤油中,并且不得将其随意丢弃到废液杯、水池等当中;白磷可保存在水中;上述化学品取用时要用镊子。

(10)不得用湿的手、物接触电源;水、电、煤气一经使用完毕,立即关闭水龙头和煤气开关,拉掉电闸。

(11)压缩气体的使用应严格按照气瓶上标示的气体类别,详细了解操作规定后再使用;特别要注意使用氢气前需检查其纯度,以免由于达到爆炸极限而引发爆燃事故;使用过氧化物、高氯酸盐、叠氮酸盐、乙炔铜、三硝基甲苯等易爆化学物时，注意避免受震或受热引发热爆炸。

(12)每次实验后，应把双手洗净，方可离开实验室。

三、意外事故的处理

(1)割伤：先挑出伤口内的异物，然后在伤口抹上碘酒或紫药水后用消毒纱布包扎。也可贴上创可贴，能立即止血且易愈合。

(2)烫伤：伤处皮肤未破时，在伤口处抹烫伤油膏或万花油，不要把烫出的水泡挑破。

(3)酸腐蚀致伤：先用大量水冲洗，再用饱和碳酸氢钠溶液或稀氨水、肥皂水冲洗，最后再用清水冲洗。

(4)碱腐蚀致伤：先用大量水冲洗，再用醋酸溶液(2%)或饱和硼酸溶液冲洗，最后再用水冲洗。

(5)酸和碱不小心溅入眼中，立即用洗眼器或者水龙头对着眼部用大量水冲洗，持续15 min，随后及时送往医院诊治。

(6)吸入溴蒸气、氯气、氯化氢气体，可吸入少量酒精或乙醚混合蒸气来解毒。如吸入硫化氢气体感到不适，应立即到室外呼吸新鲜空气。

(7)触电：先切断电源再根据情况施救。

目前高校实验室里基本都配备了洗眼器、冲淋器等救护设施以及装有必要常备急救药的急救箱，可以进行一些应急处理。如果伤势较重，应立即前往医院就医。

四、消防安全常识

消防安全，应以防为主。万一不慎起火，不要惊慌，要抓紧时间，立即采取如下灭火措施，同时打119报火警。

(1)防止火势蔓延：关闭煤气开关，停止加热，关闭电闸，将一切可燃物质(特别是有机物质、易燃易爆物质)移到远处。

(2)灭火：物质燃烧需要空气和一定的温度，所以通过降温或者将燃烧的物质与空气隔绝，就能达到灭火的目的。

(3)及时报警。

(4)如火势较大，及时撤离以保障人身安全。

灭火要针对起火原因采取合适的灭火方法和使用正确的灭火设备；化学实验室有其特殊的地方，某些化学药品(如金属钠)能和水发生剧烈反应，从而导致更大的火灾；某些有机溶剂(如苯、汽油)着火时，因与水互不相溶，又比水轻，故浮在水面上，水不仅不能灭火，反而使火场扩大。针对不同情况，实验室常用的灭火方法有以下几种。

(1)一般小火可用湿布或砂土覆盖在着火物体上。

(2)火势较大时可用灭火器，灭火器有泡沫、二氧化碳、干粉、1211、四氯化碳等种类。

①泡沫灭火器的药液成分是碳酸氢钠和硫酸铝。用灭火器喷射起火处，泡沫把燃烧物包住，使燃烧物隔绝空气而灭火。这类灭火器适用于油类起火，不能用于电线走火引起的火灾。

②二氧化碳灭火器,内装液态二氧化碳,是化学实验室最常使用,也是最安全的一种灭火器,适用于小范围油类、电器及忌水化学品起火的灭火,不能用于金属灭火。

③干粉灭火器的主要成分是碳酸氢钠等盐类物质及适量的润滑剂和防潮剂,适用于油类、可燃气体、电气设备、精密仪器、图书文件和遇水易燃化学品的初起火灾。

④1211灭火器含 CF_2ClBr 液化气体,是一种卤代烷灭火剂,以液态灌装在钢瓶内,使用时利用装在瓶内的氮气压力将1211灭火剂喷出灭火,适用于油类、有机溶剂、精密仪器、高压电气设备起火的灭火。

⑤四氯化碳灭火器中的四氯化碳沸点较低,喷出后形成沉且具有惰性的蒸气掩盖在燃烧物体周围,使它与空气隔绝而灭火。由于不导电,适用于扑灭带电物体的火灾。四氯化碳在高温下生成剧毒的光气,因此不能在狭小和通风不良的实验室中使用。四氯化碳与金属钠、钾接触有爆炸危险,所以有钾、钠等金属存在时也不能使用。

五、实验室废弃物的处理

实验过程中常产生毒害性的废弃物(废气、废液、废渣等),需要及时排出弃去,为避免直接排放产生的环境污染对人体的伤害,废弃物需经过一定的处理后再排放。

(1)气态废弃物:在实验室环境下,产生少量毒害气体的实验应在通风橱中进行,通过抽排风设备的集中抽取进入废气处理系统进行处理,达到排放标准后排到室外,再经过大气稀释降低其毒性。产生毒气量大的实验可以在实验装置中增加气体吸收装置使其被吸收固化后再做进一步处理。

(2)固态有害废弃物:过期的化学固体试剂、实验中产生的有毒废渣、盛放过危险化学品的空试剂瓶、实验中沾染了危险化学品的固体实验耗材等固体类有害废弃物可分类集中后交由专业处理废弃物化学品的机构进行处理,不得随意丢弃掩埋。

(3)液态有害废弃物:实验室中较多的是各类废液,下面简介一些常见的处理方法。

废酸液,将不溶物先行过滤后,可加碱中和至 pH=6~8 后排出,滤渣可参考上段少量废渣处理方法;重金属废液,加碱或者硫化钠使其生成沉淀,过滤分离,滤渣可分类集中后交由专业处理废弃物化学品的机构进行处理;有机类试剂废液,如乙醚、苯、丙酮、三氯甲烷、四氯化碳等不能直接倒入水槽(会腐蚀下水管、污染环境),应分类倒入回收瓶中,回收瓶中收集的有机溶剂体积不能超过器皿容积的80%,不宜超过5L,回收瓶应在阴凉避光处保存,并及时交由专业处理废弃物化学品的机构进行处理;含氰化物、丙酮、二氯甲烷、汞、六价铬、硼、氢氟酸等物质的回收废液应分别单独回收存放。

第三节 化学试剂和试纸的规格与取用

一、化学试剂的级别

化学试剂是指在化学试验、化学分析、化学研究及其他试验中使用的各种纯度等级的化合物或单质,是进行化学研究、成分分析的相对标准物质,广泛用于物质的合成、分离、定性和定量分析。

化学试剂按纯度分为若干等级,试剂的纯度对实验结果准确度的影响很大,不同实验对试剂纯度的要求也不同,超越具体实验条件去选用高纯试剂会造成浪费。同一试剂由于纯度等级不同,价格差别很大,选用试剂时,应本着节约原则,按实验要求,选用不同等级的试剂。表 1-1 是我国部分常用化学试剂等级信息。

表 1-1　化学试剂等级信息表

级别	优级纯	分析纯	化学纯	实验纯	光谱纯	生物试剂
编写或简称	GR	AR	CP	LR	SP	BR
标签颜色	绿色	红色	蓝色	棕色、黄色等		黄色等
性质	精准分析和研究工作,基准物质	分析试剂,工业分析及化学实验	化学实验和合成制备	一般化学实验和合成制备	主要成分纯度为 99.99%	

二、试剂的取用原则

避免污染:不能用手接触试剂,取用固体试剂时,先打开瓶塞或瓶盖,并将试剂瓶塞或瓶盖倒放在桌上,用干净的药匙从试剂瓶中取出试剂,取用后立即还原塞紧,试剂瓶盖决不能张冠李戴,否则会污染试剂,液体试剂可以直接倾倒或者采用洁净的量具取用。

节约:在实验中,试剂用量按规定量取;若书上没有注明用量,应尽可能取用少量;多余试剂可分给其他需要的同学使用,不要倒回原瓶,以免污染整瓶试剂。

试剂的取用原则见码1。

三、试剂的取用

码1 试剂的取用

实验室中一般只贮存固体试剂和液体试剂,气体物质使用压缩气瓶储存或者需用时临时制备。在取用和使用任何化学试剂时,首先要做到"三不",即不用手拿、不直接闻气味、不尝味道。

1. 液体试剂的取用

当实验要求取用液体试剂的量为适量、少许等非定量要求时,可以采取倾注法、滴管吸取法。

用倾注法取液体试剂时,取出瓶盖倒放在桌上,右手握住瓶子,使试剂瓶标签握在手心里,以瓶口靠住容器壁,缓缓倾出所需液体,让液体沿着器壁往下流。若所用容器为烧杯,则倾注液体时可用玻璃棒引入。用完后,立即将瓶盖盖上,见图 1-1a、图 1-1b。

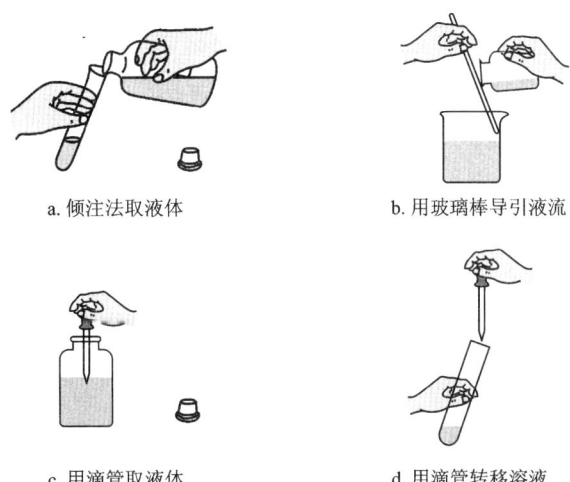

图 1-1　液体试剂的取用

采用滴管吸取法时,要用滴瓶中的滴管或者洁净的滴管。滴管必须保持垂直,避免倾斜,尤忌倒立,否则试剂流入橡皮头内而将试剂沾污。滴管的尖端不可接触承接容器的内壁,应在容器口上方将试剂滴入;更不能插到其他溶液里,也不能把滴管放在原滴瓶以外的任何地方,以免杂质沾污,见图 1-1c、图 1-1d。

加入反应容器中的液体总量不能超过总容量的 2/3,用试管不能超过总容量的 1/2。

定量取用液体试剂时,可依据实验要求的取样精度,选择量筒、移液管、移液器等不同类型的量具(具体见本章第五节)

2. 固体试剂的取用

当实验要求取用固体试剂的量为适量、少许等非定量要求时,可以采取下述方法。

用干净、干燥的药匙或干净的对折纸片装上固体试剂后伸进试管约 2/3 处;加入块状固体时,应将试管倾斜,使其沿管壁慢慢滑下,以免碰破管底。取出试剂后,一定要把瓶塞盖严并将试剂瓶放回原处,并将药匙洗净擦干,见图 1-2、图 1-3。

图 1-2　用药匙往试管中装试剂　　图 1-3　用纸条往试管中装试剂

称取一定质量的固体时,可按照实验精度要求在普通天平或分析天平及高精度电子天平上用直接法或减量法称取(见本章第六节称量仪器与方法)。

四、试纸的使用

使用试纸进行分析检测等化学反应,其本质就是把化学反应从试管里移到滤纸上进行,利用迅速产生明显颜色的化学反应定性或定量检测待测物质。试纸的制备一般是将溶液浸渍到纸质基底上,以适当的方法干燥后封装备用,使用时将被测物与试纸接触,在试纸上发生化学反应,试纸的颜色发生变化。由于操作简单快捷,试纸法往往应用于现场快速检测。在食品、水质、医疗及其他领域中试纸法发挥了越来越大的作用。

试纸种类很多,无机化学实验常用的有 pH 试纸、红色石蕊试纸、蓝色石蕊试纸、酚酞试纸、淀粉碘化钾试纸和醋酸铅试纸等。在使用试纸检测某物质时,应把试纸放在干燥洁净的表面皿或玻璃片上,用蘸有待测溶液的玻璃棒点试纸中部,试纸被润湿后,观察颜色变化,判断溶液性质。切记不要把试纸直接放在可能有污染物或杂质的实验台、器皿等物体上。

在使用试纸检验气体的性质时,可用蒸馏水或者纯水把试纸润湿,然后黏在玻璃棒的一端,把黏有试纸的玻璃棒放在待测气体的导气管口附近,观察试纸颜色的变化,判断气体性质。在用试纸检测气体性质时应注意:试纸首先要润湿;试纸不能直接接触溶液;切记不可手持试纸进行检验。取用试纸后,马上把剩下的封装好,以免试纸被沾污。用后的试纸丢弃在垃圾桶内,不能丢在水槽内,以免堵塞下水道。

表 1-2 列出了一些常用试纸的使用方法。

表 1-2　几种常用试纸的使用方法

名称	用途
pH 试纸	用来检验溶液的 pH 值,分广泛 pH 试纸(粗略地估计溶液的 pH 值,范围 pH=1~14)和精密 pH 试纸(较精确地测量溶液的 pH 值,根据其变色范围有许多种,如变色范围为 pH=3.8~5.4、pH=8.2~10)两类
红色石蕊试纸	被 pH≥8.0 的溶液润湿时变蓝;用纯水浸湿后遇碱性蒸气(溶于水溶液 pH≥8.0 的气体,如氨气)变蓝;用于检验碱性溶液或蒸气等
蓝色石蕊试纸	被 pH≤5 的溶液浸湿时变红;用纯水浸湿后遇酸性蒸气或溶于水呈酸性的气体时变红;用于检验酸性溶液或蒸气等
酚酞试纸	遇碱性溶液变红,用水润湿后遇碱性气体(如氨气)变红,用于检验 pH>8.3 的稀碱溶液或氨气等
淀粉碘化钾试纸	用于检测能氧化 I^- 的氧化剂如 Cl_2、Br_2、NO_2、O_3、$HClO$、H_2O_2 等,润湿的试纸遇上述氧化剂变蓝:$2I^- + Cl_2 == 2Cl^- + I_2$。如气体氧化性强,且浓度大时,还可进一步将 I_2 氧化成无色的 IO_3^-,使蓝色褪去:$I_2 + 5Cl_2 + 6H_2O == 2HIO_3 + 10HCl$
淀粉试纸	润湿时遇 I_2 变蓝,用于检验 I_2 及其溶液
醋酸铅试纸	遇 H_2S,S^{2-} 变黑色,用于检验痕量的 H_2S,S^{2-}:$Pb(Ac)_2 + H_2S == PbS\downarrow + 2HAc$ 溶液中 S^{2-} 浓度较小时,则不易检验出
淡黄铁氰化钾试纸	遇含 Fe^{2+} 的溶液变成蓝色,用于检验溶液中的 Fe^{2+}
淡黄亚铁氰化钾试纸	遇含 Fe^{3+} 的溶液变成蓝色,用于检验溶液中的 Fe^{3+}

第四节 常规玻璃仪器的使用

一、常规玻璃仪器

学习认识、正确选择及使用仪器进行实验是完成实验教学的基本要求。本节介绍化学实验室常规仪器的用途和方法。玻璃具有良好的化学稳定性，因而在化学实验中常规仪器以玻璃仪器为主。按玻璃的性质不同，可分为软质和硬质两类。软质玻璃的透明度好，但硬度、耐热性和耐腐蚀性较差，常用来制造量筒、吸管、试剂瓶等不需要加热的仪器；硬质玻璃的耐热性、耐腐蚀和耐冲击性较好，常用来制造烧杯、锥形瓶、试管等。根据玻璃仪器用途分为容器类、量器类及其他类型。实验室中常见的玻璃仪器及相关器材见表1-3。

表 1-3 常用玻璃仪器及相关器材

序号	仪器名称	样图	序号	仪器名称	样图
1	试管		2	烧杯	
3	锥形瓶		4	蒸发皿	
5	坩埚		6	滴瓶	
7	干燥器		8	洗瓶	

续表 1-3

序号	仪器名称	样图	序号	仪器名称	样图
9	试管架		10	试管夹 坩埚钳	
11	量筒		12	称量瓶	
13	玻璃棒、滴管和淀帚		14	表面皿	
15	石棉网		16	研钵	
17	试管刷		18	点滴板	
19	酒精灯		20	普通漏斗	

续表 1-3

序号	仪器名称	样图	序号	仪器名称	样图
21	酒精喷灯		22	布氏漏斗和抽滤瓶	
23	三角架		24	洗耳球	
25	漏斗架		26	铁架台	

二、常用玻璃仪器的洗涤

污物和杂质的存在会影响实验结果，反应结束后剩余的反应物及产物会在器皿或仪器吸附残留，因此实验前后必须对实验仪器进行洗涤。

玻璃仪器的洗涤方法很多，且不同的实验任务对玻璃仪器的洁净程度的要求也不相同，因此，应根据实验的要求、污物的性质、沾污程度以及仪器的属性来选用不同的洗涤方法。

洗涤的一般步骤：将容器内的物质倒掉后，先用自来水冲洗，再选用合适的毛刷配合刷洗，最后可用少量蒸馏水或者纯水润洗。洗涤的具体要求如下。

（1）用水刷洗：可除去仪器上的尘土、其他不溶性杂质和可溶性杂质。

（2）用去污粉、肥皂或合成洗涤剂（洗衣粉）洗：如果容器内有油污和有机物，可在使用毛刷刷洗前加去污粉、肥皂或合成洗涤剂（洗衣粉）刷洗，若油污和有机物仍不能被洗去，可用热的碱液洗涤。

（3）用铬酸洗液（简称洗液）洗：在进行精确的定量实验时，对仪器的洁净程度要求高，所用仪器形状特殊，这时可用洗液洗。洗液具有强酸性、强氧化性，能把仪器洗干净，但对衣服、皮肤、桌面、橡皮等的腐蚀性也很强，使用时要特别小心。由于 Cr(Ⅵ) 有毒，故洗液尽量少用，在本教材的实验中，只用于精度要求较高的实验的容量瓶、吸量管、滴定管、比色管、称量瓶的洗涤。在使用洗液时，为了防止洗液被冲稀，影响洗涤效果，被洗涤器皿不应有水，使用后的洗液可以反复使用,直至洗液的颜色变为绿色时,洗液失效才不能使用。

(4) 用浓盐酸洗:可以洗去附着在器壁上的氧化剂,如二氧化锰、氢氧化铁以及碱土金属碳酸盐等大多数不溶于水的无机物。

(5) 用氢氧化钠-高锰酸钾洗液洗:可以洗去油污和有机物。洗后在器壁上留下的二氧化锰沉淀可再用盐酸洗。

(6) 不溶于水,不溶于酸、碱的有机物和胶质可以用有机溶剂或者热的浓碱液洗,常用有机溶剂有乙醇、丙酮、四氯化碳、石油醚等。

(7) 除以上洗涤方法外,还可以根据污物的性质选用适当的试剂。如 AgCl 沉淀,可以选用氨水洗涤,硫化物沉淀可选用硝酸加盐酸洗涤。

用以上各种方法洗涤后,经自来水冲洗干净的仪器上往往还留有 Ca^{2+}、Mg^{2+}、Cl^- 等离子。最后,再用蒸馏水润洗数次(一般洗 3 次)。洗净的仪器壁上不应附着不溶物、油污,这样的仪器可被水完全湿润。把仪器倒转过来,水即顺器壁流下,器壁上只留下一层既薄又均匀的水膜,不挂水珠,这表示仪器已经洗干净。

三、仪器的干燥

洗净的仪器可用以下方法干燥。

(1) 晾干:洗净后倒置在干净的实验柜内或仪器滴水架上,任其自然干燥。

(2) 烘干:将洗净的仪器,尽量倒干水后倒挂于气流烘干器出风杆上或放进烘箱内。使用气流烘干器时,使用完毕注意先关闭加热开关,待机器冷却后再关闭出风开关;使用烘箱时应使仪器口朝下,并在烘箱的最下层放一托盘,承接从仪器上滴下的水,以免水滴到电热丝上,损坏电热丝(热玻璃器皿不能碰水以免炸裂)。

(3) 烤干:一些常用的烧杯、蒸发皿等可放在石棉网上,用小火烤干;试管可以用试管夹夹住后,在火焰上来回移动,直至烤干。但必须使管口低于管底,以免水珠倒流至灼热部位,使试管炸裂,待烤到不见水珠后,将管口朝上赶尽水汽。

(4) 用有机溶剂干燥:加一些易挥发的有机溶剂(常用乙醇和丙酮)到洗净的仪器中,把仪器倾斜并转动,使器壁上的水和有机溶剂互相溶解、混合,然后倒出有机溶剂,少量残留在仪器中的混合物很快挥发而干燥。带有刻度的计量仪器,不能用加热的方法进行干燥,因加热会影响其准确度。

第五节　液体体积的量度:仪器与方法

常用的量器一般有量筒、吸量管、移液器等。量筒用于量取对体积精度要求低的液体试剂体积;容量瓶、滴定管、能量管、移液器则有较高的精度,这些量器的精度一般可达到 $0.01\ cm^3$。

一、量筒、移液管、吸量管及移液器

1. 仪器

(1) 量筒:进行某些实验时,如不需要很精确量取液体的体积时,通常使用量筒。量筒有不同的容量,可根据不同的需要选用。读数时应使视线和量筒内凹面的最低点保持水平,如图 1-4 所示。

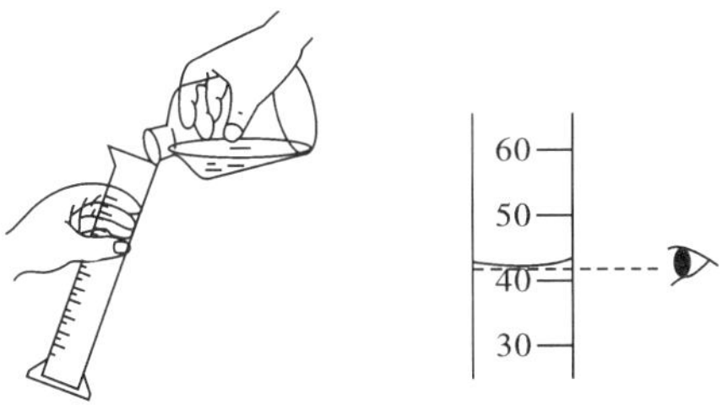

图 1-4　量筒取液和读数

(2) 移液管,又称单标线吸量管,是用来准确移取一定体积液体的量出式玻璃量器。常用移液管容积有 5 cm³、10 cm³、25 cm³ 和 50 cm³ 等。

(3) 吸量管,全称是分度吸量管,具有分刻度,用以吸取所需不同体积的液体。常用的吸量管有 1 cm³、2 cm³、5 cm³ 和 10 cm³ 等规格。移液管、吸量管如图 1-5 所示。

(4) 移液器(微量加样器、移液枪)也为一种量出式量器,如图 1-6 所示,其加样的物理学原理通常有两种:使用空气垫(又称活塞冲程)加样和使用无空气垫的活塞正移动加样。不同原理的移液器有不同的特定应用范围。移液量由一个配合良好的活塞在活塞套内移动的距离来确定。移液器的容量单位一般为 μL(10^{-3} cm³),主要用于仪器分析、化学分析、生化分析中取样和加液。

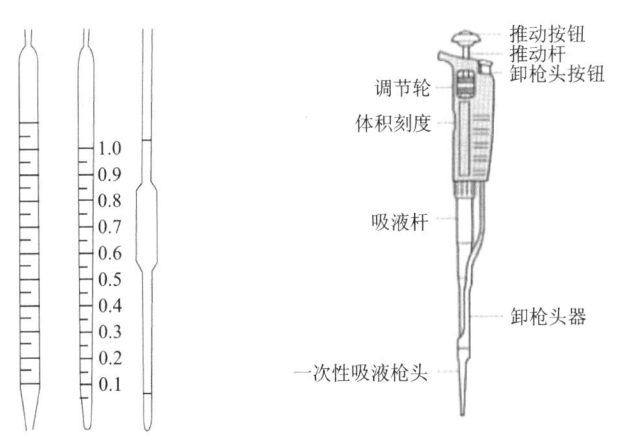

图 1-5　常用移液管和吸量管　　图 1-6　移液器(微量加样器)

2. 移液管、吸量管操作方法及注意事项

根据实验要求,选择适当量程的移液管或吸量管,并按以下步骤进行移液操作(码2)。

检查是否完好:管尖部分应无破损,管尖部分破损会导致吸液量损失;管口端应无破损,管端破损会导致洗耳球尖端无法与移液管形成密闭体系,无法进行吸液。

清洁:在使用前,需要依次用洗液或洗涤剂、自来水、蒸馏水洗涤,最后用少量待取液体荡洗 3 次,以保证被吸取的溶液浓度不变。

取液:吸取溶液时,非惯用手(以左手为例)拿洗耳球(预先排除空气),惯用

码2 移液管、吸量管的使用

(以右手为例)拇指及中指拿住移液管管颈上方(图1-7a)。管尖下端伸入液面1~2 cm。将洗耳球的尖端接在管口,慢慢松开左手使溶液吸入管内,当溶液上升到标线以上时迅速用右手食指紧按管口,将移液管的管尖端提出液面,左手拿住盛溶液的容器,使管尖靠在液面以上的容器壁,略微放松食指,用拇指和中指轻轻捻转管身,使液面平稳下降,直到溶液的凹面与标线相切时,立即紧按食指,使流体不再流出。

放液:取出移液管,以干净滤纸片擦去管尖端外部的溶液,但不得接触管尖口,再把移液管移入准备接收溶液的容器中(如锥形瓶),仍使其管尖接触容器壁,让接收容器倾斜约45°,移液管直立,抬起食指,溶液就自由地沿壁流下。待溶液流尽后,约等15s,取出移液管(图1-7b)。

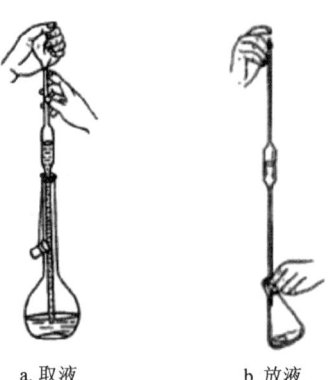

a. 取液　　b. 放液

图1-7　移液管和滴量管操作

注意,不要把残留在管尖的液体吹出,因为在校准移液管的容积时没有把这部分液体包括在内。

3. 移液器的操作方法及注意事项

根据实验要求,选择适当量程的移液器(图1-8a),并按以下步骤进行操作,详见码3。

调节量程:从大体积调节到小体积时,为正常调节方法,逆时针旋转活塞即可;从小体积调节至大体积时,可先顺时针旋转活塞至超过设定体积的刻度,再回调至设定体积,这样可以保证最佳的精确度(注意:不要将按钮旋出量程,否则会卡住内部机械装置而损坏移液器)。

装配吸头:将移液器吸头套柄垂直插入吸头,左右微微转动,上紧即可(注意:必须上紧才能确保良好的密封性,不能采用移液器反复撞击吸头来上紧的方法,这样会导致移液器部件因强烈撞击而松散,严重的情况会导致调节刻度的旋钮卡住)。

移液操作:吸液之前,可以先吸放几次液体以润湿吸液嘴(尤其吸取黏稠或密度与水不同的液体时)。吸头角度同样重要,尽量保持竖直状态,垂直角度不超过20°的范围。可以采取两种移液方法:一是正向移液法(图1-8b)。吸液时用大拇指将活塞按钮按下至第一停点,然后慢慢松开按钮回原点,吸取固定体积的液体。放液时将按钮按至第一停点排出液体,稍停片刻继续按按钮至第二停点吹出残余的液体,最后松开按钮。该方法应用最多。二是反向移液法(图1-8c)。此方法先吸入多于设置量程的液体,转移液体的时候不用吹出残余的液体。吸液时先按下按钮至第二停点,慢慢松开按钮至原点,吸上之后,斜靠一下容器壁将多余液体沿器壁流回容器。放液时将按钮按至第一停点排出设置好量程的液体(千万别再往下按)。此法一般用于转移高黏液体、生物活性液体、易起泡液体或极微量的液体。

移液器保养事项:使用完毕,把移液器量程调至最大值,且将移液器垂直放置在移液器架或固定器上;当移液器吸头里有液体时,切勿将移液器水平放置或倒置,以免液体倒流腐蚀活塞弹簧。移液器是精度较高的实验仪器,还包含一些配件,需保持清洁和定期进行适当的维护。

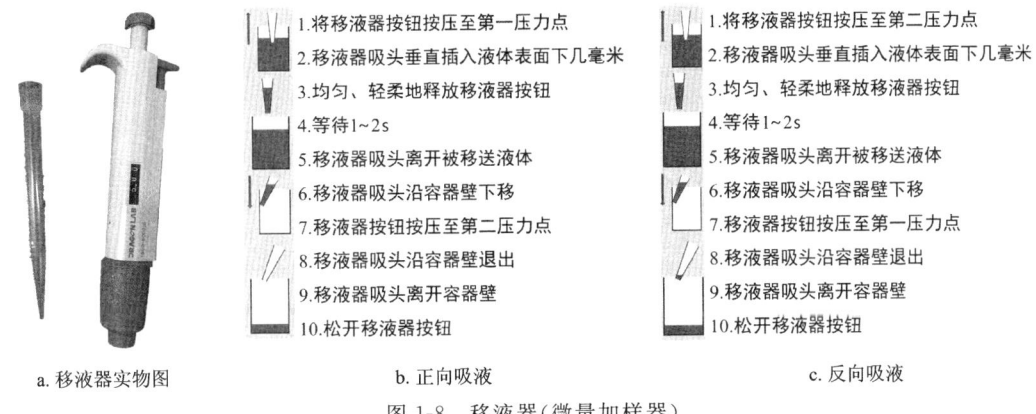

a. 移液器实物图　　　　　b. 正向吸液　　　　　c. 反向吸液

图 1-8　移液器(微量加样器)

二、容量瓶

1. 仪器

容量瓶比量筒准确,用来精确地配制一定体积和浓度的溶液。容量瓶瓶颈上刻有环形标线,瓶上标有它的容积和标定时的温度,通常有 25 cm^3、50 cm^3、100 cm^3、250 cm^3、500 cm^3、1000 cm^3 等规格。容量瓶及其使用见码 4。

2. 使用方法及注意事项

码4　容量瓶的使用

检漏:容量瓶在使用前应先检查瓶塞是否漏水。在瓶中放入自来水到标线附近,盖好塞子,左手按住塞子,右手指尖顶住瓶底边缘,倒立 2 min,观察瓶塞周围是否有水渗出。将瓶直立后,转动瓶塞约180°,再试一次。不漏水的容量瓶方可使用。为了避免打破磨口玻璃塞,也为了防止不配套瓶塞造成漏水,应用线绳把塞子系在瓶颈上。

清洁:容量瓶在使用前,需要用自来水和蒸馏水洗涤干净。

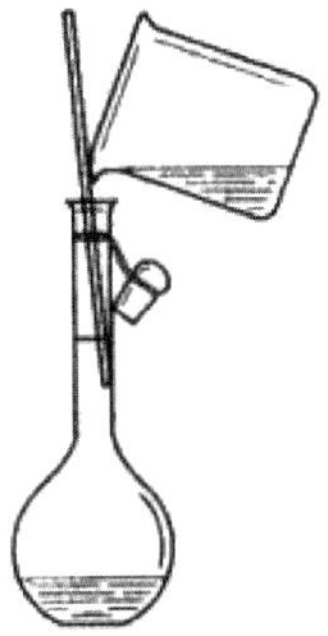

溶液配制:一般将准确称量的固体试样用少量蒸馏水(或其他溶剂)溶解在烧杯中,冷却至室温后定量地转移到容量瓶中。转移时,烧杯嘴紧靠玻璃棒,玻璃棒下端靠着瓶颈内壁,使溶液顺着玻璃棒加入(图 1-9)。待溶液全部流完后,将烧杯轻轻向上提,同时直立,使附着在玻璃棒和烧杯嘴之间的 1 滴溶液流入到烧杯中。

图 1-9　溶液的转移

用洗瓶洗涤玻璃棒、烧杯壁 3 次,每次的洗涤液都如上述操作转移到容量瓶中,再加蒸馏水(或其他溶剂)到容量瓶容积的 2/3。右手拇指在前,中指、食指在后,拿住瓶颈标线以上处,直立旋摇容量瓶,使溶液初步混合(此时切勿加塞倒立容量瓶)。然后慢慢加水(或其他溶剂)到接近标线 1 cm 左右,等 1~2 min,使黏附在瓶颈上的水流下,用滴管伸入瓶颈,但稍向旁侧倾斜,使水顺壁流下,直到凹面最低点和标线相切为止。盖好瓶塞,左手大拇指在前,中指及无名指、小指在后,拿住瓶颈标线以上部分,而以食指压住瓶塞上部,用右手指尖顶住瓶底边缘。将容量瓶倒转,使气泡上升到顶部,此时振荡容量瓶,再倒转仍使气泡上升到顶部,如此反复倒转几次即可。相关操作示意见图1-10。

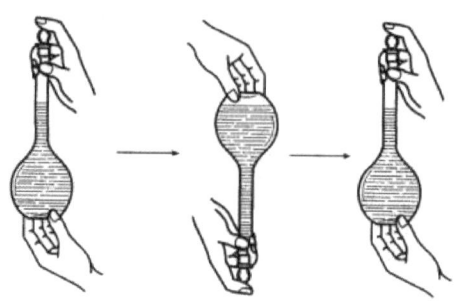

图1-10　容量瓶中溶液混匀操作

采取稀释法用浓溶液配制稀溶液时,可使用移液管或吸量管取准确体积浓溶液放入容量瓶中,用上述方法加液、旋摇及混匀步骤的操作完成配制。

注意:容量瓶用于配制溶液,不可用来久贮溶液,配好后应转移到其他容器中存贮,不可烘烤和加热。

三、滴定管

1. 仪器

滴定管是滴定时用来精确量度液体的量器,刻度由上而下数值增大。常用的滴定管容积为 50 cm³ 和 25 cm³,最小刻度为 0.1 cm³,在最小刻度之间可估读出 0.01 cm³,一般读数误差为 ±0.02 cm³。此外,还有 10 cm³ 及容积更小的微量滴定管,滴定管的使用见码5。

滴定管的主要部分管身用细长而内径均匀的玻璃管制成,上面刻有均匀的分度线,下端的流液口为一尖嘴,中间通过聚四氟乙烯旋塞连接以控制滴定速度。图1-11为常用滴定管。滴定管玻璃有无色的和棕色的,后者用于装见光易分解的高锰酸钾、硝酸银等溶液。

码5　滴定管的使用

2. 滴定操作方法及注意事项

为确保数据准确,滴定管应按照规范要求进行操作。

检漏:先关闭活塞,装水至"0"刻度,直立约 2 min,仔细观察有无水滴滴下,然后将活塞转 180°,再直立 2 min,观察有无水滴滴下。如发现有漏水或活塞转动不灵活的现象,需要调节旋塞松紧度,如旋紧后仍然漏水或无法旋紧,则需更换。

清洁:滴定管在使用前,需要用自来水冲洗,或用滴定管刷蘸上肥皂水或洗涤剂刷洗(不能用去污粉洗涤)。如果用肥皂水或洗涤剂不能洗干净,可用洗液清洗。然后用蒸馏水荡洗滴定管 3 次。洗涤滴定管时,应将滴定管平持(上端略向上倾斜)并不断转动,使洗涤的水或溶液与内壁的每一部分充分接触,然后用右手将滴定管持直,左手打开活塞,使洗涤的水或溶液通过阀门下面的一段玻璃管流出(起洗涤作用)。洗净的滴定管在装入滴定溶液之前,还需用少量滴定溶液(每次约 10 cm³)洗涤 2~3 次,以免滴定溶液被管内残留的水所稀释。

排除气泡:滴定管装好溶液后,必须将活塞下端的气泡排出。操作时可用一手拿住滴定管上部无刻度处,将滴定管倾斜 30°,另一手迅速打开活塞使溶液冲出(下接一个烧杯),从而使溶液布满滴定管下端。排除气泡后,再把滴定溶液加至"0"刻度处。滴定管下端如悬挂滴液也应当除去。

读数记录:滴定前后均需记录读数,终读数与初读数之差就是溶液的用量。读数时,滴定管应垂直夹在滴定管夹上,或用两个指头拿住滴定管上部无刻度处,让其自然下垂,以保证读数的准确性。

读数时应遵守下列规则:①放出溶液后,须等 1~2 min,使附着在内壁上的溶液流下后再读数。当放出溶液相当慢时,如滴定到最后阶段标准溶液每次只加 1 滴,则等 0.5~1 min 即可。②读数时,对无色或浅色溶液,应读取凹面的最低点处,而且视线要与凹面的最低点处液面成水平。若溶液颜色太深,不能观察到凹面时,可读两侧最高点,初读数与终读数必须取同一标准。③必须读到小数点后第二位,而且要求估读到 0.01 cm³。④为便于读数,可用一张黑纸或涂有一黑长方形的白纸做一读数卡,将其放在滴定管背后,使黑色部分在凹面下约 1mm,即看到凹面的反射层成为黑色,读此黑色凹面的最低点。

滴定:滴定时身体直立,开始滴定前,先将悬挂在滴定管尖端处的液滴除去,调整滴定管内液面到"0"刻度,记下初读数。进行滴定操作时,通常把滴定管夹在滴定管夹的右边,旋塞柄向外。非惯用手(以左手为例)的拇指、食指和中指轻轻拿住旋塞柄,无名指及小指抵住旋塞下部并且手心弯曲,食指和中指由下向上各顶住旋塞柄一段,拇指在上面配合转动。将滴定管下端伸入锥形瓶口约 1 cm(图 1-12),惯用手(以右手为例)前三指拿住瓶颈,一边滴定,手一边摇动锥形瓶(以同一方向做圆周运动)。瓶底离下面白或黑的瓷板 2~3 cm。在整个滴定过程中,左手一直不能离开活塞,也不要让手掌顶出旋塞而造成漏液。

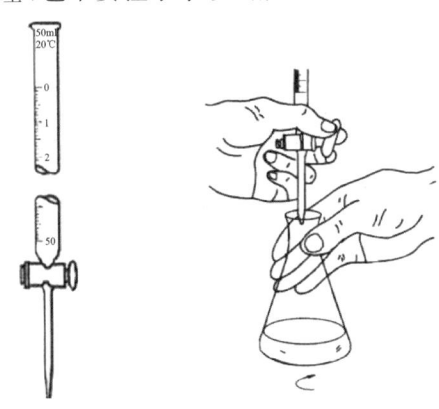

图 1-11 滴定管　　图 1-12. 滴定操作

在滴定时必须熟练掌握旋转活塞的方法,能根据不同的需要,控制旋转活塞的速度和程度,既能使溶液逐滴滴入,也能只滴加 1 滴就立即关闭活塞或使液滴悬而未落。一般在滴定开始时,由于离终点很远,液滴滴下时无明显变化,但滴定液加入到一定量后,液滴滴落点周围会出现暂时性的颜色变化。在离终点还比较远时,颜色变化一般立即消逝;随着终点越来越近,颜色消失渐慢,快到终点时,颜色甚至可以暂时扩散到全部溶液,转动1~2次后才完全消失,此时应改为加1滴,摇几下。

接近终点时,用洗瓶冲洗锥形瓶内壁,把壁上的溶液洗下。最后仅能微微转动活塞,使溶液悬在滴定管尖,用洗瓶洗下,并摇动锥形瓶。如此重复,直到出现达到终点时应有的颜色而不再消逝时为止。

实验完毕后,倒出滴定管内剩余溶液,用自来水冲洗干净,晾干后收好。

第六节 称量:仪器与方法

物质的称量是化学实验中必不可少的步骤,是基础实验最基本的操作之一。根据称量精度要求的不同,应选择不同的称量仪器。

一、托盘天平及使用

托盘天平用于精确度要求不高的称量,一般能称准至0.1 g,其结构见图1-13,使用方法如下。

托盘中未放物体时,如指针不在刻度零点附近,可用平衡调节螺丝调节。

称量时,称量物放在左盘上,砝码放在右盘上,如添加5 g或10 g以下的砝码时可以移动游码,直至指针与刻度盘的零点相符(可以偏差1格),记下砝码质量,即为物体质量。

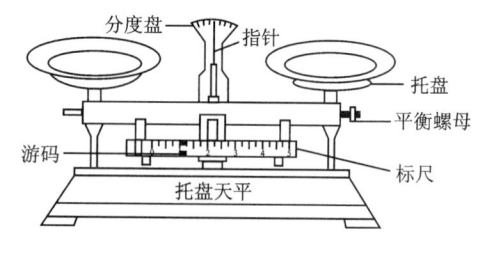

图1-13 托盘天平的构造

物品不能直接放在天平托盘上称量,应放在已称过质量的表面皿上,或放在称量纸上(左、右各放一张质量相等的称量纸),易潮湿的或具有腐蚀性的药品应放在玻璃容器内,避免天平盘受腐蚀;不能称过热物品;砝码只能放在托盘上或砝码盒里,不能随意乱放;称量完毕把砝码放回盒内,把标尺上的游码移到刻度"0"处,将台秤打扫干净。

目前很多实验室已使用精度较低的电子天平代替托盘天平,称量操作更简单方便。

二、精密电子天平及使用

分析天平是进行精确称量的传统精密仪器,包括空气阻尼天平、半自动电光天平、全自动电光天平、单盘电光天平、微量天平等。这些天平在构造和使用方法上有所不同,但基本原理都是根据杠杆原理制成的,它用已知质量的砝码来衡量被称物体的质量。习惯上将具有较高灵敏度、全载不超过200 g的天平称分析天平。

随着技术的发展,精密电子天平已基本取代了传统分析天平。精密电子天平利用电子装置完成电磁力补偿的调节,使物体在重力场中实现力的平衡,或通过电磁力矩的调节,使物体在重力场中实现力矩的平衡。根据精度不同,精密电子天平可作为普通天平和高精度天平使用。

常见电子天平的结构都是机电结合式的,由载荷接受与传递装置、测量与补偿装置等部件组成。它可分成顶部承载式和底部承载式两类,目前常见的大多数是顶部承载式的上皿天平。从天平的校准方法来分,则它有内校式和外校式两种。前者是标准砝码预装在天平内,启动校准键后,可自动加码进行校准;后者则需人工取拿标准砝码放到秤盘上进行校正。

图 1-14 是 ME104 电子天平外形图。电子天平具有结构简单、方便实用、称量速度快等特点,目前,它广泛应用于企业和实验室,用来测定物体的质量。

电子天平的操作非常简单,主要有以下几步。

(1) 调水平:查看水平仪,如不水平,通过调节地脚螺栓调至水平仪内的气泡正好位于圆环的中央。接通电源并预热至少 30 min,使天平处于备用状态。

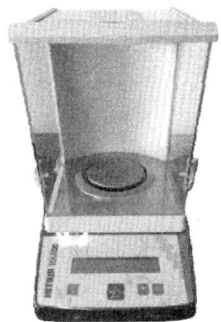

图 1-14　电子天平外形图

(2) 开机:轻按[ON]键,电子天平进行自检,最后显示"0.000 0 g"。

(3) 称量:置容器于秤盘上,显示出容器质量;之后将天平清零,点击"→0/T←"键,显示"+0.0 g",即出现全零状态,容器质量显示值已去除,即去皮重;放置被称物于容器中,这时显示值即为被称物的质量值。

(4) 清理:将器皿连同样品一起拿出。轻按天平"→0/T←"清零、去皮键,检查天平箱内是否清洁,如有灰尘,用毛刷刷净,以备再用。

三、天平的使用规则及注意事项

1. 天平使用规则

称量前的检查:检查天平箱内是否清洁,如有灰尘,用毛刷刷净;天平位置是否水平,观察水平仪视窗孔气泡是否居中,若非,需调节地脚螺栓至水平仪内的气泡正好位于圆环的中央;调节天平零点。

(1) 称量者必须面对天平正中端坐,称量中途尽量不要更换天平。

(2) 物品只能由边门取放,称量时,不能打开前门。

(3) 开启或关闭天平要轻缓,切勿用力过猛。

(4) 粉末状、潮湿、有腐蚀性的物质绝对不能直接放在秤盘上,必须用干燥、洁净的容器(称量瓶、坩埚等)盛好,才能称量。

(5) 物品应放在秤盘中央。被称物品的质量不得超过天平最大载荷,外形尺寸也不宜过大。

(6) 读数时,应关闭天平的门,以免受空气流动的影响。

(7) 称量结束时关闭天平,取出称量物指数盘恢复到"0.00"位,关好天平门,罩好天平罩,填写使用登记卡,经老师同意后,方可离开天平室。

2. 天平使用注意事项

(1) 有防风罩的电子天平在取放称量物前轻开轻闭罩门;称量读数时应注意将防风门关闭,以免造成误差。

(2) 电子天平自重较轻,容易被碰撞移位,造成不水平,从而影响称量结果,所以在使用时要特别注意,动作要轻、缓,并要经常查看水平仪,详见码6。

四、称量方法

根据待称量物质的不同性质和实验内容的具体要求,可采用直接称量法(简称直接法)、指定质量(固定样)称量法和差减称量法(也称减量法)进行称量。

码6 分析天平的使用

1. 直接称量法

对一些在空气中无吸湿性的称量物,如金属或合金等可用直接法称量。称量时将称量物放在干净而干燥的小表面皿上或油光纸上,一次称取一定质量的物质(图1-15a)。

2. 指定质量称量法

对于可用直接法称量的称量物,可将待称物质放在已知质量的称量容器(如表面皿或不锈钢等金属材料做成的小皿)内,直至达到所需要的质量。称量时,将称量容器置于天平秤盘正中,左手持药匙盛试样后小心地伸向表面皿的近上方,以手指轻击匙柄,将试样弹入。极其小心地以左手拇指、中指及掌心拿稳骨匙,以食指摩擦匙柄,让药匙里的试样以尽可能少的量慢慢抖入表面皿。这时,既要注意试样抖入量,同时也要注意天平视窗的读数,当读数正好变动到所需要的数值时,立即停止抖入试样。若不慎多加了试样,应将天平关闭,再用药匙取出多余试样(不要放回原试样瓶中)。称好后,用干净的小纸片衬垫取出表面皿,将试样全部转移到接受的容器内。试样若为可溶性盐类,可用少量蒸馏水将沾在表面皿上的粉末吹洗进容器。

在进行以上操作时,应特别注意:试样绝不能失落在秤盘上和天平箱内;称好的试样必须定量地由称量器皿中转移到接受容器内;称量完毕后要仔细检查是否有试样失落在天平箱内外,必要时加以清除。

3. 差减称量法

如果称取粉末或易吸湿的物质,则需把待称量物质装在称量瓶内称量。倒出一份试样前后两次质量之差,即为该份试样的质量。称量时,用纸条叠成宽度适中的两三层纸带,毛边朝下套在称量瓶上。一手拇指与食指拿住纸条,由天平的一侧门放在天平盘的正中,取下纸带,称出瓶和试样的质量。然后,一手仍用纸带把称量瓶从盘上取下,放在容器上方,另一手用另一小纸片衬垫打开瓶盖,但勿使瓶盖离开容器上方。慢慢倾斜瓶身至接近水平,瓶底略低于瓶口,切勿使瓶底高于瓶口,以防试样冲出。此时原在瓶底的试样慢慢下移至接近瓶口。在称量瓶口离容器上方约1 cm处,用盖轻轻敲瓶口上部使试样落入接受的容器内(图1-15b)。

倒出试样后,把称量瓶轻轻竖起,同时用盖敲打瓶口上部,使黏在瓶口的试样落下(或落入称量瓶或落入容器,所以倒出试样的操作必须在容器口正上方进行)。

盖好瓶盖,放回到天平秤盘上,称出其质量。两次质量之差,即为倒出的试样质量。若不慎倒出的试样超过了所需的量,则应弃之重称。如果接受的容器口较小(如锥形瓶等),也可以在瓶口上放一只洗净的小漏斗,将试样倒入漏斗内,待称好试样后,用少量蒸馏水将试样冲洗到容器内。

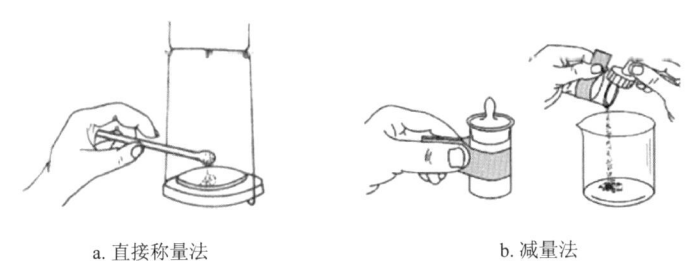

a. 直接称量法　　　　　　　　b. 减量法

图 1-15　称量方法

第七节　固、液分离方法与重结晶

实验室常用的固、液分离方法有 3 种:倾析法、过滤法和离心分离法。

一、倾析法

当沉淀的颗粒较大或相对密度较大时,静置一段时间后,沉淀物发生沉降到达容器底部,与溶剂层有较明显的分层界面。此时可用倾析法进行分离。

具体操作如下:待溶液和沉淀分层后,倾斜器皿,把上部溶液慢慢倾入另一容器中,即能达到分离的目的。例如沉淀需要洗涤时,可往沉淀中加入少量蒸馏水(或其他洗涤液),用玻璃棒充分搅拌、静置、沉降,倾去上层清液。重复洗涤几次,即可洗净沉淀。

二、过滤法

实验室常用的过滤方法有常压和减压两种过滤法,详见码7。

码7 常压过滤

1. 常压过滤

常压过滤是常用的一种过滤方法,用内衬滤纸的锥形玻璃漏斗过滤,滤液靠自身的重力透过滤纸流下,实现分离的目的。

在进行过滤操作时,首先将滤纸轻轻地对折后再对折(暂不压紧),然后展开成圆锥体,与漏斗的角度相符(图 1-16),放入预先洗净的漏斗中。滤纸的边缘宜低于漏斗口 5mm 左右。若滤纸圆锥体与漏斗不密合,可改变滤纸折叠的角度,直到与漏斗密合为止(这时可把滤纸压紧,但不能用手指在纸上抹,以免滤纸破裂造成沉淀穿滤)。可将三层外面的两层撕去一角,以便使内层滤纸能紧贴漏斗。

滤纸有多种型号,按照孔隙度不同,分为快速、中速和慢速 3 种,孔隙度大则流速快。过滤时根据沉淀的性质选择不同孔隙度的滤纸,如 $BaSO_4$ 细晶形沉淀,应选用"慢速"滤纸;NH_4MgPO_4 为粗晶沉淀,宜选用"中速";$Fe_2O_3 \cdot H_2O$ 是胶状沉淀,需选用"快速"滤纸。

用手指按住滤纸中三层的一边,以少量的水润湿滤纸,使它紧贴在漏斗壁上。轻压滤纸,赶走滤纸与漏斗壁间的气泡(切勿上下搓揉,湿滤纸极易破损!)。加水至滤纸边缘,使之形成水柱(即漏斗颈中充满水)。过滤时,该水柱重力可产生抽滤作用,加快过滤速度。若不能形成完整的水柱,可一边用手指堵住漏斗下口,一边稍掀起三层那一边的滤纸,用洗瓶在滤纸和漏斗之间加水,使漏斗颈和锥体的大部分被水充满,然后一边轻轻按下掀起的滤纸,一边断续放开堵在出口处的手指,即可形成水柱。为尽可能利用滤纸有效面积,加快过滤速度,滤纸折成菊花状更合适。

将准备好的漏斗安放在漏斗架上,下接一洁净烧杯,烧杯的内壁与漏斗出口尖处接触,如图 1-17 所示。采用倾析法首先将上层清液沿着玻璃棒倾入漏斗,玻璃棒直立于漏斗中,下端对着三层滤纸的那一边约 2/3 滤纸高处,尽可能靠近滤纸,但不要碰到滤纸;漏斗中的液面不得高于滤纸高度的 2/3,以免部分沉淀可能因毛细管作用越过滤纸上缘而损失。

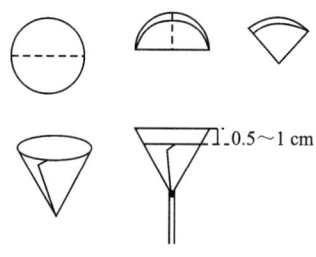 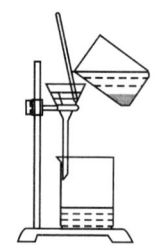

图 1-16 滤纸的折叠和安放　　　图 1-17 常压过滤

用洗涤液吹洗玻璃棒、杯壁和留在烧杯中的沉淀,澄清后再滤去上层清液,经几次洗涤后,最后转移沉淀。可用少量洗涤液将沉淀稍微搅拌后将悬浮液按上述操作步骤立即转移到滤纸上,如此重复几次即可将绝大部分沉淀转移到滤纸上,最后残留的少量沉淀按照如图 1-18a 所示操作,一手持烧杯倾斜着置于漏斗上方,烧杯嘴向着漏斗,用食指将玻璃棒横架在烧杯口上,玻璃棒的下端向着滤纸三层处,用洗瓶吹出洗液,冲洗烧杯内壁,沉淀连同溶液沿玻璃棒流入漏斗中,最后如仍有少量沉淀黏附在杯壁上,可用淀帚(图 1-18b)将其擦扫收集,再用洗液进行冲洗。

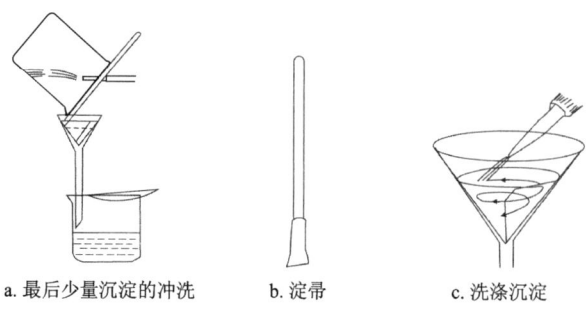

a. 最后少量沉淀的冲洗　　b. 淀帚　　c. 洗涤沉淀

图 1-18 沉淀的洗涤

沉淀全部转移到滤纸上后,仍需在滤纸上洗涤沉淀以除去沉淀表面吸附的杂质和残留的母液。该方法是从滤纸边缘稍下部位开始,用洗瓶吹出的水流,按螺旋形向下移动,并借此将沉淀集中到滤纸椎体的下部(图 1-18c)。洗涤时注意不要快速将水流冲到沉淀上,以免造成溅失。

为了检查沉淀是否洗净,先用洗瓶将漏斗颈下端外壁洗净,用小试管收集滤液少许,用适当的方法(例如用 $AgNO_3$ 检验是否有氯离子)进行检验。过滤和洗涤沉淀的操作必须不间断地一气呵成。否则搁置较久的沉淀干涸后,因结块而几乎无法将其洗涤干净。

2. 减压过滤

减压过滤又称抽气过滤或真空过滤,利用抽气减压装置抽除滤纸下方滤瓶中的空气,造成压差,使液体在重力与压力差的双重作用下加速过滤,以达到快速分离液体与固体沉淀物的目的。

减压过滤装置包括抽气泵、抽气过滤器(实验室常用玻璃吸滤瓶,简称吸滤瓶)、吸滤漏斗(布氏漏斗、玻璃砂芯漏斗)、安全瓶(又称缓冲瓶)、截流瓶等。常用的抽气泵有玻璃水流抽气泵、循环水真空泵、隔膜泵、油泵等,其作用是抽走吸滤瓶中的空气,使之产生负压,加快过滤的速度(码 8)。

吸滤瓶是连接整个装置的核心部件,吸滤漏斗安放在吸滤瓶上口,吸滤瓶承接滤液,吸滤瓶的支管用橡胶管与抽气泵相连形成负压。吸滤漏斗目前常用的有布氏漏斗、玻璃砂芯漏斗等。布氏漏斗是陶瓷质地,有一个多孔圆形底板,选用适当的滤纸贴合在底板上,溶液通过滤纸从小孔流出。玻璃砂芯漏斗本体是玻璃质地,其圆柱形底板是块玻璃滤板,由烧结玻璃料制成,溶液通过滤板中的微孔流出。不适合过滤氢氟酸、热磷酸、浓碱性溶液。吸滤漏斗的颈部可套入橡皮塞,后者塞入吸滤瓶上口,因此橡皮塞的口径应和吸滤瓶的口径匹配。有些吸滤漏斗的颈部制成磨口类型,可和同口径磨口吸滤瓶配套使用。

吸滤瓶的支管与抽气泵之间可用橡胶管与安全瓶相连接,安全瓶的作用是防止水泵中的水产生溢流而倒灌入吸滤瓶中。若不需要收集滤液,也可以不用安全瓶。按照图 1-19 连接减压过滤装置,用耐压橡胶管将吸滤瓶、安全瓶和抽气泵连接,保持系统的气密性。布氏漏斗颈口斜面应与吸滤瓶的支管相对应,便于吸滤。

码8 减压过滤

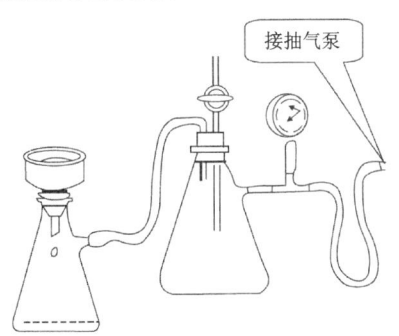

图 1-19 减压过滤装置

连接好设备后,即可进行减压过滤操作:首先,将滤纸放入布氏漏斗内,滤纸的直径应略小于布氏漏斗的内径,能把全部瓷孔盖住,滤纸的直径不可过大,以免边缘部分形成凹褶向上,造成气密度丧失、混合液自皱褶处溢流,使固体漏过而导致过滤不完全。放好滤纸后,用少量溶剂润湿滤纸,开启抽气泵,使滤纸吸紧在漏斗上。

过滤时,应先用倾析法将澄清的溶液沿玻璃棒倒入漏斗中,滤完后再将沉淀移入滤纸的中间部分(注意:溶液不要超过漏斗总容量的2/3)。留在容器内的少量固体可加少量冷的溶剂淋洗,将固体转移到漏斗中,淋洗操作可重复2~3次。洗涤沉淀时,拔掉橡皮管,关掉水龙头,加入洗涤液润湿沉淀,让洗涤液慢慢透过全部沉淀,然后再进行吸滤。

过滤时需注意吸滤瓶内的滤液面不能达到支管的水平位置,否则滤液将被水泵抽出。因此,当滤液快上升至吸滤瓶的支管处时,应拔去吸滤瓶上的橡皮管,取下漏斗,从吸滤瓶的上口倒出滤液后再继续吸滤。

过滤完成后,利用持续抽气的方式,将吸附在固体表面的溶剂加速挥发,使固体表面干燥,然后先断开橡胶管的连接。后关闭抽水泵,取下布氏漏斗,将漏斗的颈口朝上,轻轻敲打漏斗边缘,使沉淀脱离漏斗,落入预先准备好的滤纸上或容器中。如果要收集的是滤液,则应由吸滤瓶的上口瓶口倒出,不可经由抽气支管倒出。

在对一些特定物质进行分离的装置中会在吸滤瓶与泵之间连接一个截留瓶,目的是防止溶液进入泵内对泵造成损害。此外,滤纸不能耐强酸、强碱和强氧化性物质,在过滤强碱性溶液时,可用石棉纤维代替滤纸;在过滤强酸性和强氧化性溶液时,应该用砂芯漏斗代替布氏漏斗。

三、离心分离法

离心分离法是借助离心力使密度不同的物质进行分离的方法。当非均相体系围绕一中心轴做旋转运动时,运动物体会受到离心力的作用,旋转速率越高,运动物体所受到的离心力越大。相同的转速下,容器内不同密度的物质会以不同的速率沉降。如果颗粒密度大于液体密度,则颗粒将沿离心力的方向而逐渐远离中心轴。经过一段时间的离心操作,就能实现密度不同物质的分离。化学实验中,少量沉淀与溶液分离时,常用离心机(图1-20)进行离心分离。

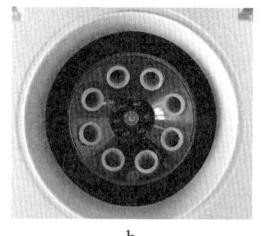

a   b

图1-20 离心机(a)和开盖后俯视(b)

离心分离法的操作及注意事项(码9):

(1)试管放在金属或塑料套管中,位置要对称,质量要平衡,否则易损坏离心机的轴。如果只有一支试管中的沉淀需要分离,则可取一支空的试管盛以相应质量的水,以维持平衡。

码9 离心机的使用

(2)打开旋钮,逐渐旋转变阻器,速度由小到大。1 min后慢慢恢复变阻器到原来的位置,令其自行停止。

(3)离心时间与转速应根据沉淀的性质来决定。结晶形的紧密沉淀,大约1000 r/min,

1～2 min；无定形疏松沉淀，沉降时间稍长些，转速一般为 2000 r/min。如经 3～4 min 仍不能分离，则应通过加入电解质或者加热的方法促使沉淀沉降，然后离心分离。

由于离心作用，沉淀紧密地聚集于离心管底部，上方的清液可以用滴管小心的吸出，也可以将其倾出。

四、溶解和结晶

1. 固体的溶解

固体溶解的一般步骤：先用研钵将固体研细，再将固体粉末倒入烧杯中，先加少量的水将固体粉末润湿，然后再加入适量的水，所加水量应是固体粉末能完全溶解，然后用玻璃棒搅拌，必要时还应加热促进溶解。可以根据物质的热稳定性选择直接用明火加热或用水浴等方法间接加热。待试样完全溶解后，用洗瓶吹洗容器内壁，将黏附的溶液洗回到容器内。

2. 蒸发浓缩

为了使溶质从溶液中析出，一般需要对溶液进行蒸发浓缩，使溶液中溶剂蒸发、溶液浓度增大的过程称为浓缩（图 1-21）。蒸发浓缩可根据溶质的性质采用直接加热或水浴加热的方式进行。固态时带有结晶水或低温受热易分解的物质，一般采取水浴加热。常用蒸发容器是瓷质蒸发皿。蒸发皿内所盛液体的量不应超过其容量的 2/3，当蒸发接近沸腾时，应不断搅拌并调小火焰或暂时移开火源，以防止爆沸。随着水分的蒸发，溶液逐渐被浓缩。浓缩的程度取决于溶质溶解度的大小及对晶粒大小的要求，一般浓缩到表面出现晶膜，冷却后即可结晶出大部分溶质（码 10）。

图 1-21　蒸发浓缩

码10　蒸发浓缩

3. 结晶

结晶是提纯固体物质的重要方法之一。通常有两种方法：一是蒸发溶剂法，通过蒸发和气化部分溶剂，使溶液浓缩到过饱和状态后析出晶体，它适用于温度对溶解度影响不大的物质；另一种是冷却法，当某种物质的溶解度随温度变化较大时，加热到较高的温度并使溶液达到饱和，然后冷却析出晶体，此法适用于温度升高，溶解度增加较多的物质。

晶体的析出分为两步：第一步是形成一个微小的晶核，第二步是晶核长大成为晶体。晶体的析出首先与晶核形成的速度有关，对一般物质而言，过饱和状态是一种不稳定状态，在过饱和溶液中加入一小粒晶体（晶种）、搅拌或用玻璃棒摩擦器皿都可以促成晶核的形成，从而加快晶体的析出。因此，溶液的过饱和程度越大，形成晶核的速度也越大，晶体析出的速度也越快。此外，形成晶体颗粒的大小还与结晶时的温度和搅拌等因素有关，如果溶液的过饱和程度大，形成的晶核多，则易形成细小的晶体；如果溶液的过饱和程度小，形成的晶核少，晶体容易长大，当溶液慢慢冷却并进行适当的搅拌时，则得到较大颗粒的晶体。实际操作中，常根据需要,控制适宜的结晶条件,以得到大小合适的晶体颗粒。

4. 重结晶

假如第一次得到晶体纯度不合乎要求,可将得到的晶体溶于少量溶剂中,然后进行蒸发或冷却,结晶,分离,如此反复的操作过程称为重结晶,其一般流程如图 1-22 所示。重结晶操作的基本原理是利用固体混合物中目标组分在某种溶剂中的溶解度随温度变化有明显差异进行分离提纯。进行重结晶操作时,将含有杂质的固体物质在加热的条件下溶解在适宜的溶剂中,配成饱和溶液。趁热过滤,除去其中的不溶物后,冷却使欲提纯的物质重新结晶出来,从而达到提纯目的(码 11)。

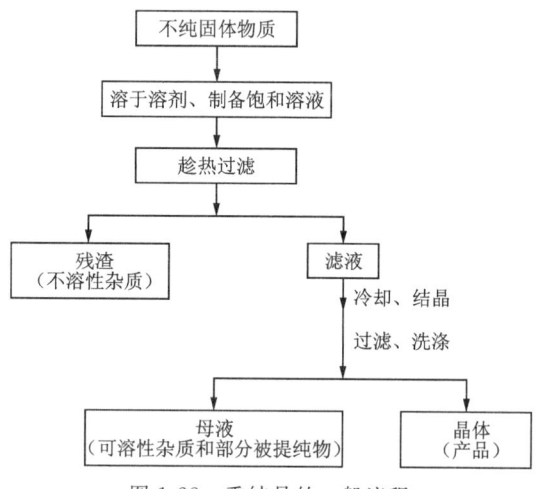

码11 重结晶

图 1-22 重结晶的一般流程

在重结晶操作中,最重要的是选择合适的溶剂,选择溶剂应遵循以下原则:

(1)与被提纯的物质不发生化学反应。

(2)被提纯的物质的溶解度随温度的升高而增大较多。

(3)对杂质的溶解度非常大或非常小(前一种情况杂质将留在母液中不析出,后一种情况是使杂质在热过滤时被除去)。

(4)对被提纯物质能生成较整齐的晶体。

第八节 气体的发生、收集、净化与干燥

一、气体的产生

1. 实验室常用气体制备方法

实验室常用分解固体或者液体与固体作用等方法来制备少量的气体。

用分解固体的方法制备气体(如用氯酸钾分解制备氧气)常用图 1-23 的装置;用液体与

固体反应制备气体时,常采用如图 1-24 所示的启普发生器,启普发生器不能加热,特别适合制备 H_2、CO_2、H_2S 等气体。启普发生器是由中间狭窄的球形玻璃容器和大的球形漏斗所组成,二者以磨口相配合。容器的上半球有一侧口,用橡皮管与导气管相连接(气体出口),下半球有一排液口(液体出口),球形漏斗上装有安全漏斗。

向启普发生器装入固体前,首先在漏斗前端缠一些玻璃棉,防止固体掉入下面的溶液中。漏斗与球体的磨口处要均匀涂抹一层凡士林油,防止漏气。固体(必须是颗粒较大或块状的)从中球侧面的出气口装入,装入量不超过球体的 1/3。从漏斗加入酸液时,要先打开出气口的活塞,当酸液快要与固体接触时,关闭活塞,继续加酸至漏斗球体的 1/3 - 1/2 处。使用时打开活塞,酸液自动进入球内,与固体试剂接触而产生气体,停止使用时关闭活塞,产生的气体将酸液压入到球形漏斗,使酸液与固体样品不再接触而停止反应,下次再用时,只需打开活塞即可。产生的废酸液可由下半球的排液口放出。

当反应须在加热情况下才能进行(如 Cl_2 的制备)时,可采用图 1-25 的装置,固体装在蒸馏瓶内,液体装在(恒压)漏斗中,使用时打开滴液漏斗的活塞,使液体滴在固体上产生气体,由活塞控制酸液的滴加速度,使气体不断的缓慢的产生。

 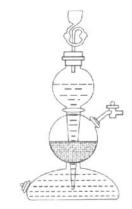 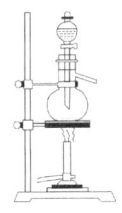

图 1-23 加热固体生成气体的装置　　图 1-24 启普发生器　　图 1-25 气体发生装置

2. 压缩气体

实验室使用大量气体一般由气体钢瓶提供。钢瓶内气体的压力较大,可通过减压阀控制气体的流量。钢瓶内气压很大,有时高达 150atm(约 15MPa)以上,使用时应注意安全,在使用前必须详细了解操作规定,确保安全。气体钢瓶可由瓶身颜色和字的颜色来区分,例如氧气用蓝色钢瓶和黑色字;氢气用深绿色钢瓶和红色字;二氧化碳用黑色钢瓶和黄色字等,见表 1-4。

表 1-4　气体钢瓶标色

气瓶名称	瓶表面颜色	字样	字样颜色	横条颜色
氮气瓶	黑	氮	黄	棕
压缩空气瓶	黑	压缩空气	白	—
二氧化碳气瓶	黑	二氧化碳	黄	—
氧气瓶	天蓝	氧	黑	—
医用氧气瓶	天蓝	医用瓶	黑	—
氢气瓶	深绿	氢	红	红
氯气瓶	草绿	氯	白	白

续表 1-4

气瓶名称	瓶表面颜色	字样	字样颜色	横条颜色
氟氯烷气瓶	铝白	氟氯烷	黑	—
乙烯气体瓶	紫	乙烯	红	—
石油气体瓶	灰	石油气体	红	—

二、气体的净化和干燥

实验室制备的气体常常带有水气、酸雾等杂质，因此对于气体纯度要求较高的实验，在使用前必须进行净化和干燥。通常选用洗气瓶和干燥塔等仪器对气体进行净化和干燥，用水或者玻璃棉可以除去酸雾，水汽则可以通过浓硫酸、无水 $CaCl_2$、硅胶等除去。

通常净化气体的方法是利用气体吸收剂除去气体中的杂质。选择气体吸收剂应根据气体和杂质的性质而确定，所选用的吸收剂只能吸收气体中的杂质，而不能与被提纯的气体发生化学反应。一般情况下：①易溶于水的气体杂质可用水来吸收；②酸性杂质可用碱性物质吸收；③碱性杂质可用酸性物质吸收；④能与杂质反应生成沉淀（或可溶物）的物质也可作为吸收剂；⑤水分可用干燥剂来吸收。

常用的气体干燥剂（表 1-5）根据酸碱性的不同可分为 3 类。

表 1-5 常用气体干燥剂

气体	常用干燥剂
H_2、O_2、N_2、CO、CO_2、SO_3	H_2SO_4（浓）、$CaCl_2$、P_2O_5
Cl_2、HCl、H_2S	$CaCl_2$
NH_3	CaO（$CaO+KOH$）
HI、HBr	CaI_2、$CaBr_2$
NO	$Ca(NO_3)_2$

（1）酸性干燥剂，如浓硫酸、五氧化二磷、硅胶。干燥酸性或中性的气体，如 CO_2、SO_2、NO_2、HCl、H_2、Cl_2、O_2、CH_4 等气体。

（2）碱性干燥剂，如生石灰、碱石灰、固体 $NaOH$。干燥碱性或中性的气体，如 NH_3、H_2、O_2、CH_4 等气体。

（3）中性干燥剂，如无水氯化钙。干燥中性、酸性、碱性气体，如 O_2、H_2、CH_4 等。

在实际操作中，一般液体（如水、浓硫酸）装在洗气瓶中（图 1-26a），固体（如无水氯化钙、硅胶）装在干燥塔或"U"形管内（图 1-26b、c、d、e）。

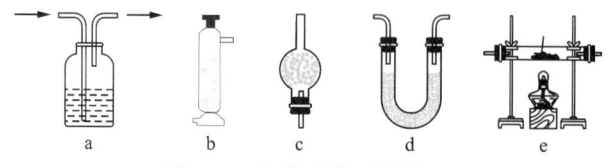

图 1-26 气体净化干燥装置

连接洗气瓶时,必须使气体由长管进入液体中,再由不与液体接触的短管导出气体。一般情况下,若采用溶液作除杂试剂,则是先除杂后干燥;若采用加热除去杂质,则是先干燥后加热。

三、气体的收集

根据气体在水中的溶解度和气体密度大小,采用排水集气和排气集气法收集气体。在水中溶解度很小的气体可用排水集气法(图 1-27a),如 O_2、H_2 等;易溶于水而密度比空气大的气体,可采用向上排气集气法(图 1-27b),如 SO_2、NO_2 等;易溶于水而密度比空气小的气体,可采用向下排气集气法(图 1-27c),如 NH_3 等。

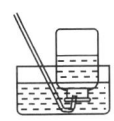  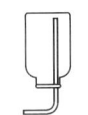

a. 排水集气法　　b. 向上排气集气法　　c. 向下排气集气法

图 1-27　气体的收集方法

四、尾气的吸收

对于实验中产生的有毒、有害的气体尾气必须用适当的溶液加以吸收(或点燃),使它们变为无毒、无害、无污染的物质。如尾气 Cl_2、SO_2、Br_2(蒸气)等可用 NaOH 溶液吸收;尾气 H_2S 可用 $CuSO_4$ 或 NaOH 溶液吸收;尾气 CO 可用点燃法,将它转化为 CO_2 气体。常用的尾气处理装置如图 1-28 所示。对于极易溶于水的气体可用水吸收,注意防止倒吸(图 1-28a);对于溶解速率不快的气体可使气体与吸收剂发生化学反应而被吸收(图 1-28b);对于可燃性有毒气体,可经点燃除掉(图 1-28c)。

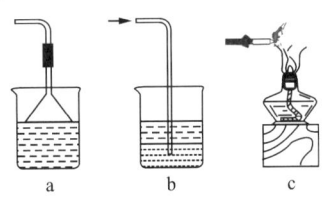

图 1-28　常用尾气处理装置

第九节　加热与冷却:仪器及方法

一、常用加热装置

化学实验中,常用的加热方式有火焰加热、热浴加热和电加热。热浴加热分为水浴(100 ℃以下)、油浴(400 ℃以下)、沙浴(400 ℃以上)加热,特点是在加热的温度范围内受热均匀。常见的电加热装置包括电炉、电热板、电加热套、管式炉、马弗炉、干燥箱等,一般都可恒温操作,温度可高达 1000 ℃以上。各种加热装置的操作要领、注意事项及详细的适用范围可查阅相关文献或参看仪器说明,这里不再赘述。

二、加热方法

1. 直接加热

直接加热液体:适用于在较高温度下不分解的溶液或纯液体。少量的液体可装在试管中加热,用试管夹夹住试管的中上部(不用手拿,以免烫伤),试管口向上,微微倾斜(图1-29),管口不能对着自己和其他人,以免溶液沸腾时溅到脸上。管内所装液体的量不能超过试管高度的1/3。加热时,先加热液体的中上部,再慢慢往下移动,然后不时地上下移动,使溶液受热均匀。不能集中加热某一部分,否则会引起爆沸。如需要加热的液体较多,则可放在烧杯或其他器皿中,待溶液沸腾后,再把火焰调小,使溶液保持微沸,以免溅出。

直接加热固体:少量固体药品可装在试管中加热,加热方法与直接加热液体的方法稍有不同,此时试管口向下倾斜,使冷凝在管口的水珠不倒流到试管的灼烧处,而导致试管炸裂(图1-30)。

较多固体的加热,应在蒸发皿中进行。先用小火预热,再慢慢加大火焰,但火也不能太大,以免溅出,造成损失。要充分搅拌,使固体受热均匀。需高温灼烧时,则把固体放在坩埚中,用小火预热后慢慢加大火焰,直至坩埚红热(图1-31),维持一段时间后停止加热。稍冷,用预热过的坩埚钳将坩埚夹持到干燥器中冷却。

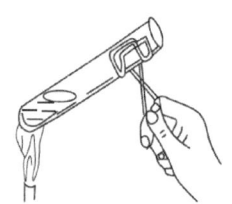   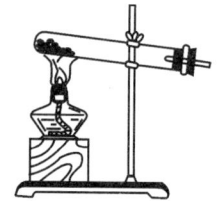   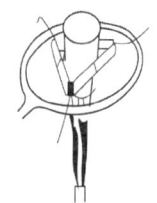

图1-29 直接加热液体   图1-30 直接加热少量固体   图1-31 灼烧坩埚内固体

2. 水浴加热

当被加热物质要求受热均匀,而温度又不能超过100 ℃时,采用水浴加热。水浴锅内盛放水量不超过其总容量的2/3,在加热过程中要随时补充水以保持原体积,切不能烧干。加热过程中注意勿使玻璃容器接触锅底(图1-32)。

3. 油浴及沙浴加热

当被加热物质要求受热均匀,而温度又需要高于373 K

图1-32 电热恒温水浴锅

时,可用油浴或沙浴。油浴的优点是温度容易控制在规定范围内,容器内反应物受热均匀。常用的有液体石蜡、豆油、棉籽油、硬化油等。用油浴加热时要特别小心,防止着火,当油的冒烟情况严重时,必须立即停止加热。万一着火,应先停止加热,移去周围易燃物,再用石棉板盖住油浴口,即可灭火。以细砂作为热介质可以是反应容器达到比油浴更高的温度。

三、冷却方法

使受热的物品冷却,主要有自然冷却、流水冷却、冰水冷却和冰盐浴冷却等方式。冰盐浴可冷至 273 K 以下,所能达到的温度由冰盐的比例和盐的品种决定,干冰和有机溶剂混合时,其温度更低。表 1-6 是常用的制冷剂及其达到的温度。为了避免固体样品在冷却过程中吸收空气中的水分,常将灼烧过的固体样品放在干燥器中冷却。

表 1-6 制冷剂及其达到的温度

制冷剂	T/K	制冷剂	T/K
30 份 NH_4Cl＋100 份水	270	125 份 $CaCl_2 \cdot 6H_2O$＋100 份碎冰	233
4 份 $CaCl_2 \cdot 6H_2O$＋100 份碎冰	264	150 份 $CaCl_2 \cdot 6H_2O$＋100 份碎冰	224
29 g NH_4Cl＋18 g KNO_3＋冰水	263	5 份 $CaCl_2 \cdot 6H_2O$＋4 份冰块	218
100 份 NH_4NO_3＋100 份水	261	干冰＋二氯乙烯	213
75 g NH_4SCN＋15 g KNO_3＋冰水	253	干冰＋乙醇	201
1 份 NaCl(细)＋3 份冰水	252	干冰＋乙醚	196
100 份 NH_4NO_3＋100 份 $NaNO_3$＋冰水	238	干冰＋丙酮	195

第十节 基本测量仪器介绍

一、pH 计

pH 计(也称酸度计)是用电势法测定溶液 pH 值的仪器,除测量溶液的酸度外,还可以粗略地测量氧化还原电对的电极电势值(mV)及配合电磁搅拌器进行电位滴定等。实验室常用的酸度计有多种规格的型号,目前常用的往往将测量电极与参比电极集成到一起,使用更简单方便。

1. 基本原理

不同类型的 pH 计都是由测量电极(玻璃电极)、参比电极(银-氯化银、甘汞电极)和精密电位计 3 部分组成。

玻璃电极的结构如图 1-33 所示,其主要部分是头部的玻璃泡,它由特殊的敏感玻璃薄膜构成(膜厚约 0.2 mm),对 H^+ 敏感。在玻璃泡中装有 0.1 $mol \cdot dm^{-3}$ HCl 和 Ag-AgCl 电极作为内参比电极。将玻璃电极插入待测溶液中,便组成以下电极:

Ag,AgCl(s)|0.1 $mol \cdot dm^{-3}$ HCl|玻璃|待测溶液

玻璃薄膜把两种不同 H^+ 浓度的溶液隔开,在玻璃与溶液的接触界面之间产生一定的电势差。由于玻璃电极中内参比电

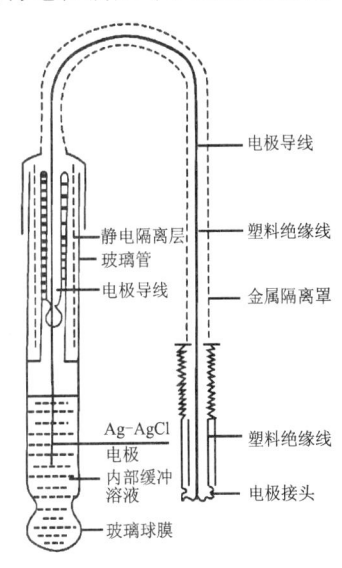

图 1-33 玻璃电极

极的电势是恒定的,所以在玻璃与溶液接触界面之间所形成的电势差只与待测溶液的 pH 有关。

$$E(玻璃) = E^{\ominus}(玻璃) - 0.0592\text{pH} \tag{1-1}$$

未吸湿的玻璃膜不能响应 pH 的变化,因此玻璃膜只有浸泡在水中(或水溶液中)才能显示测量电极的作用,所以在使用玻璃电极前一定要在蒸馏水中浸泡 24h。每次测量完毕后仍需把它浸泡在蒸馏水中。

玻璃电极头部的玻璃膜非常薄,容易破损。使用时应注意:切忌与硬物接触;尽量避免在强碱溶液中使用玻璃电极,如欲使用,操作必须迅速,测后立即用蒸馏水冲洗干净,并浸泡于饱和 KCl 溶液中;玻璃电极球泡存放时间过长(两年以上)后,容易有裂纹或老化,需及时检查,更换新电极。

复合电极是将作为指示电极的玻璃电极和作为参比电极的 Ag-AgCl 电极组装在两个同心玻璃管中,构成一支电极,称为复合电极(图 1-34)。复合电极主要部分是电极下端的玻璃球和玻璃管中的一个直径约为 2 mm 的素瓷芯。

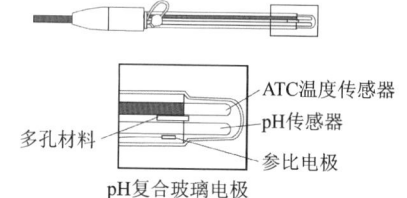

图 1-34 复合电极结构

当复合电极插入溶液时,素瓷芯起盐桥作用,将待测试液和参比电极的饱和 KCl 溶液沟通,电极内部的内参比电极(另一个 Ag-AgCl 电极)通过玻璃球与待测试液接触。两个 Ag-AgCl 电极通过导线分别与电极的插头连接。内参比电极与插头顶部相连接,为负极;参比电极与插头的根部连接,为正极。

复合电极使用方便,不受氧化性或还原性物质的影响,且平衡速度较快。使用时,将电极加液口上所套的橡胶套和下端的橡皮套全取下,以保持电极内氯化钾溶液的液压差。

复合电极不用时应浸泡在 4 mol·dm^{-3} 氯化钾溶液中。忌用洗涤液或其他吸水性试剂浸洗。使用前,检查玻璃电极前端的球泡。正常情况下,电极应该透明而无裂纹;球泡内要充满溶液,不能有气泡存在。清洗电极后,不要用滤纸擦拭玻璃膜,而应用滤纸吸干,避免损坏玻璃薄膜,防止交叉污染,影响测量精度。

将测量电极(玻璃电极)和参比电极(甘汞电极)一起浸入待测溶液中组成原电池,并接上精密电位计,即可测得该电池的电动势:

$$E_x = E(\text{Hg}_2\text{Cl}_2/\text{Hg}) - E(玻璃) = E(参比) - E^{\ominus}(玻璃) + 0.0592\text{pH} \tag{1-3}$$

整理得:

$$\text{pH} = \frac{E_x + E^{\ominus}(玻璃) - E(参比)}{0.0592\text{ V}} \tag{1-4}$$

在一定的温度下,$E(参比)$ 为定值。对于一个给定玻璃电极的电极电势可以用一个已知 pH 值的缓冲溶液代替待测溶液而求得。

分析可知,酸度计的主体是精密电位计,用它可测量电池的电动势,根据式(1-4)即可求得待测溶液的 pH 值。为了省去计算手续,酸度计把测得电池的电动势直接用 pH 刻度值表示,因此从酸度计上可直接测得溶液的 pH 值。

2. pH 计的使用

以 PB-10 标准型 pH 计为例进行介绍。PB-10 标准型 pH 计的外形、面板结构、仪器与电源连接、电极与仪器连接如图 1-35、图 1-36 所示（码 12）。

码12 pH计的使用

pH 计的操作步骤如下。

(1) 将电缆插头与仪器接口相连，并接通电源，打开电源开关，让仪器预热 30 min。

(2) 将电极与仪器的相应插口连接。

(3) 按"Mode"转换键，选择的工作模式，测定溶液 pH 值时，将仪器的工作模式置于"pH"状态下。

(4) 用标准缓冲液对仪器进行校准。按如下步骤进行操作：

① 按"Setup"键，显示屏显示"Clear"，按"Enter"键确认，清除以前的校准数据。

② 按"Setup"键直至显示屏显示缓冲溶液组"1.68，4.01，6.86，9.18，12.46"，按"Enter"键确认。

③ 将电极从电极储存液中取出，用去离子水充分冲洗电极，冲洗干净后用滤纸吸干电极表面的水（注意不要擦拭电极）。

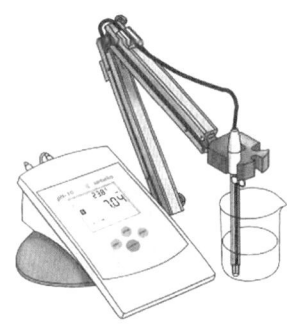

图 1-35 PB-10 型 pH 计

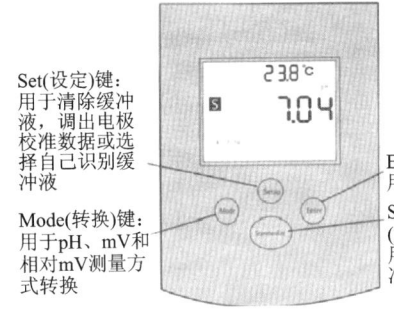

a. 仪器正视图

b. 显示内容

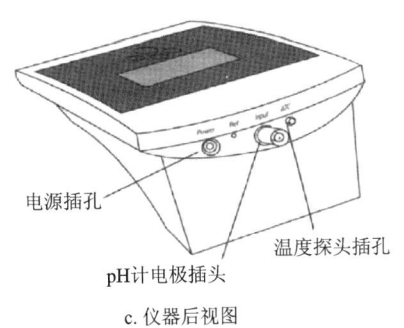

c. 仪器后视图

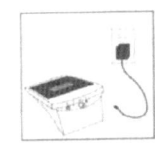

1. 将变压器插头与pH计Power(电源)接口相连，并接好交流电

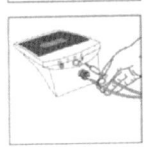

2. 将pH复合玻璃电极与BNC(电极)和ATC(温度探头)输入孔连接

d. 电源、电极连接

图 1-36 PB-10 型 pH 计概貌

④ 将电极浸入 pH=6.86 的缓冲溶液中，搅拌均匀。等到数值稳定并出现"S"后，按"Standardize"键，等待仪器自动校准，如果校准时间过长，可按"Enter"键手动校准。校准成

功后,作为第一校准点数值被存储,显示"6.86"和电极斜率。

⑤将电极从 pH=6.86 的缓冲溶液中取出,重复步骤③洗净电极后,将电极浸入 pH=4.01 的缓冲溶液(若需要测定碱性溶液的 pH 值时,应选择 pH=9.18 的缓冲溶液校准),搅拌均匀,等到数值达到稳定并出现"S"后,按"Standardize"键,等待仪器自动校准,如果校准时间过长,可按"Enter"键手动校准。校准成功后,作为第二校准点数值被存储,显示(4.01 6.86)和信息"%SlopeXX"。XX 显示测量的斜率值,该测量值在 90%~105% 范围内可以接受。如果与理论值有更大偏差,将显示错误信息(Err),电极应清洗,并重复上述步骤重新校准。至此完成仪器的校准,完成仪器的校准后,不能再按仪器的任何键,否则必须重新进行校准。

(5)测量:用去离子水反复冲洗电极,滤纸吸干电极表面残留水分后将电极浸入待测溶液。待测溶液如果辅以磁搅拌器搅拌,可使电极响应速度更快。测量过程中等待数值达到稳定出现"S"时,即可读取测量值。

使用完毕后,将电极用去离子水冲洗干净,滤纸吸干电极上的水分,浸于 4 mol·dm^{-3} KCl 溶液中保存。

(6)注意事项:pH 玻璃电极末端的玻璃薄膜是最容易受到损伤的部位,在使用过程中,应避免任何由于不小心造成的碰撞,使用滤纸吸干电极表面残留液时也要小心,不要反复擦拭。

如果使用磁力搅拌,在测量时应保证电极与溶液底部有一定的距离,以防止磁棒碰到电极上。如发现电极有问题,可用 0.1 mol·dm^{-3} HCl 溶液浸泡电极半小时后再放入 4 mol·dm^{-3} KCl 溶液中保存。

二、电导率仪

1. 工作原理

电解质溶液的导电能力常用电导 G 来衡量,电导 G 是电阻 R 的倒数,ρ 为电阻率。测量溶液电导的方法通常是用 2 个电极插入溶液中,测出二极间的电阻。根据欧姆定律,在温度一定时,二电极间的电阻与二电极间的距离 L(m)成正比,与电极的截面积 A(m^2)成反比,即

$$R = \rho \frac{L}{A} \tag{1-5}$$

对于一个电极而言,电极面积 A 与间距 L 都是固定不变的,称 L/A 为电极常数(或电导池常数),以 Q 表示。于是电解质溶液的电导可以表示为:

$$G = \frac{1}{R} = \frac{1}{\rho Q} = \frac{\kappa}{Q} \tag{1-6}$$

其中 $\kappa = 1/\rho$ 称为电导率,它是间距为 1m,面积为 1m^2 二个电极之间的溶液电导。κ 的单位为 S·m^{-1},由于 S·m^{-1} 的单位太大,常用 mS·cm^{-1} 或 μS·cm^{-1} 表示,它们之间的换算关系为:1S·m^{-1}=10^6 μS·m^{-1}。电导率仪的工作原理见图 1-37。由图可知:

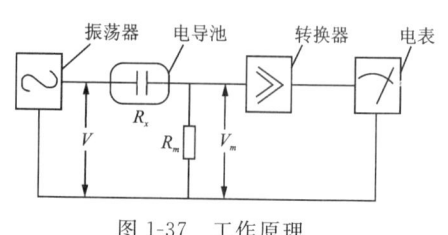

图 1-37 工作原理

$$V_{\mathrm{m}} = \frac{VR_{\mathrm{m}}}{R_{\mathrm{m}} + R_{\mathrm{x}}} = \frac{VR_{\mathrm{m}}}{R_{\mathrm{m}} + Q/K} \tag{1-7}$$

式中, R_{x} 为溶液的电阻, R_{m} 为分压电阻。当式(1-7)中的 V、R_{m} 和 Q 均为常数时,电导率 κ 的变化必引起 V_{m} 做相应的变化,所以通过测量 V_{m} 的大小就可以知道溶液电导率的数值。

2. 电导率仪的使用方法

以 DDS-307A 型电导率仪(图 1-38)为例,简单介绍电导率仪的使用方法、注意事项等。仪器的使用方法如下:

在测量状态下,按"电导率/TDS"键可以切换显示电导率以及 TDS;按"温度"键设置当前温度值;按"电极常数"和"常数调节"键进行电极常数的设置。如果仪器连上温度电极,将温度电极放入溶液中,此时仪器显示的温度值为自动测量出的溶液温度值,仪器自动进行温度补偿,操作者不必进行温度设置操作。

图 1-38 DDS-307A 型电导率仪前面板示意图

由于电导电极可测量范围较大,具体测量时需选取具有不同电极常数的电极(表 1-10),操作者需要在测量前进行电极常数设置。按"电极常数"和"常数调节"键,仪器进入电极常数设置状态,按"常数调节▽"或"常数调节△"进行操作,并确认。

表 1-10 选用电极规格常数对应被测液介质电导率量程

电极规格常数	0.01~0.1	0.1~1.0	1.0(光亮铂)	1.0(铂黑)~10	10
适用测量范围/$\mu S \cdot cm^{-1}$	0~20	0~200	200~2000	2000~20 000	20 000~200 000

经过温度设置和常数设置后,仪器可以进行测量,按"电导率/TDS"键仪器进入电导率测量状态。将电导电极、温度电极浸入被测溶液中,在显示屏上数值稳定后,读取的数值即为该溶液该温度下的电导率值。

三、分光光度计

1. 基本原理

分光光度计是分光光度法常用仪器,分光光度法是根据物质对光选择性吸收而进行分析的方法,分光光度法的理论基础是光的吸收定律。

物质的吸收光谱本质上就是分子和原子吸收了入射光中某些特定波长的光,相应地发生了分子振动能级跃迁和电子能级跃迁的结果。由于各种物质具有各自不同的分子、原子和不同的分子空间结构,其吸收光的情况也不相同,因此每种物质就有特征吸收光谱,利用这些特征光谱可对物质进行定性分析;根据吸收光谱上的某些特征波长处的吸光度的大小可以测定该物质的含量,这就是分光光度定性和定量分析的基础。分光光度分析就是根据物质的吸收光谱研究物质的成分、结构和物质间相互作用的有效手段。

用透光率或光密度表示物质对光的吸收程度。当一束单色光通过有色溶液时,如果入射光强度用 I_0 表示,透射光强度用 I_t 表示,则光的透光率为 $T=I_t/I_0$。有色溶液的吸光度则可定义为 $\lg(I_0/I_t)$,以 A 表示,即 $A=\lg(I_0/I_t)$。显然,T 越小,A 越大,则溶液对光的吸收程度越大。吸光度 A 与有色溶液的浓度 c 和溶液厚度 d 的关系符合 Lambert-Beer(朗伯-比尔)定律,其数学表达式为:

$$A = \varepsilon dc \tag{1-8}$$

式中,ε 为摩尔吸光系数($dm^3 \cdot mol^{-1} \cdot cm^{-1}$),它与物质的性质、入射光的波长和溶液的温度等因素有关。d 为有色溶液的厚度(cm),c 为有色溶液的浓度($mol \cdot dm^{-3}$)。

分光光度计主要由光源、分光器、比色器、光电元件和测量记录仪五大部分组成,如图 1-39 所示。

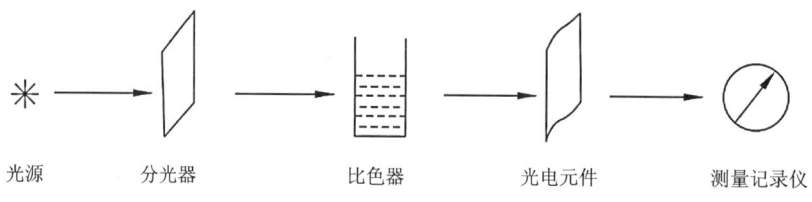

图 1-39　分光光度计主要部件示意图

由光源发出的复合光,经光源聚光镜、滤光片、保护窗片汇聚在入射狭缝上,并进入单色器;入射光经过平面反射镜改变方向照在准直镜上,经准直后,成为平行光照在光栅上;经光栅色散后,光束投射到准直镜上;经过聚焦,色散光束聚焦通过出射狭缝出单色器成为单色光;单色光经过聚光镜汇聚,通过样品池中样品后到达接收器光电管。光电管将光信号转为电信号,经前置放大器放大,信号进入 A/D 转换器,A/D 转换器将模拟信号转换成数字信号送往处理器进行数据处理。操作者将自己要做的事通过键盘输入到处理器中,处理器将各种处理结果通过显示窗口或打印机传送给操作者。

2. 分光光度计的使用(码 13)

实验室常用的分光光度计有多种型号,本节以 1800/1600 型紫外-可见分光光度计为例进行介绍,仪器外观如图 1-40a 所示。

1800/1600 型紫外-可见分光光度计主要有以下功能。

光度计模式:光度计模式可切换测量结果显示模式(吸光度、透过率、能量),并可用单点法测量浓度;定量测量有系数法或标准样品标定法,此两种方法可建立标准曲线,将回归方程和测量结果可保存在仪器存储器中或打印输出;多波长模式:同一样品在不同波长下测量吸光度和透过率,最多测试 8 个波长下的数据;动力学模式:测量样品在一定时间内的变化值,可计算 $\Delta A/t$;光谱模式:测定同一样品在某波长范围内的吸光度和透过率曲线。1800/1600 型紫外-可见分光光度计操作面板如图 1-40b 所示。

下面以"光度模式"为例详细介绍 1800/1600 型紫外-可见分光光度计的测量步骤:

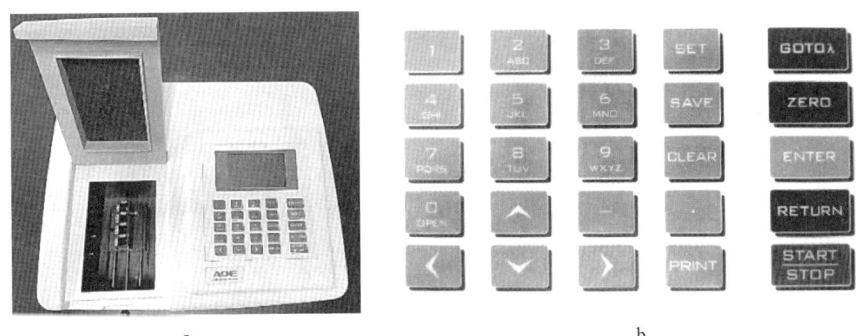

图 1-40　1800/1600 型紫外-可见分光光度计仪器照片(a)和操作面板(b)

(1)开机自检:确认仪器光路中无阻挡物,关上样品室盖,打开仪器电源开始自检。

(2)预热:仪器自检完成后进入预热状态,若要精确测量,预热时间需在 30 min 以上。

(3)进入光度模式:在主界面按数字键"1",选择"光度"进入,再按"GO TO λ"设置测试波长。

(4)设置测量模式:按"SET"键进入设置,按数字"1",进入选择模式,按"▲"或"▼"选择"吸光度""透过率""能量"模式,点击"ENTER"键确认;按数字"2"键设置系数 K 值($-9999.9\sim9999.9$),点击"ENTER"键确认;按"START/STOP"确定所有设置内容。

(5)设置波长:按"GO TO λ"进入设置波长,数字键输入波长值,点击"ENTER"键确定波长值;按键"START/STOP"进入光度数据表。

(6)校准 100%T/0Abs:将参比置于光路中,"ZERO"校准 100%T/0Abs 校准。

(7)测量样品:将样品置于光路中,测量结果显示在屏幕上。

(8)按键"START/STOP"数据进入光度数据表。重复第(6)步和第(7)步,按"START/STOP"把数据计入数据表,把所有样品测量完毕。

(8)保存/打开/打印 数据:数据表下"SAVE"保存数据,按选择保存的位置,再按下"SAVE"可以输入文件名,点击"ENTER"键保存完毕。保存光度参数及测试数据。光度模式下按"OPEN",按"▲"或"▼"选择保存的文件,点击"ENTER"键打开,直接进行测试。数据表中按"ENTER",打印测试数据。

以"光谱模式"进行测量时首先主界面按数字键"5"选择"光谱"进入此模式,后续具体操作步骤与"光度模式"类似。

3. 注意事项

(1)样品室检查:测试完成后及时将溶液从样品室中取出,避免液体挥发导致镜片发霉,易挥发和腐蚀性的液体尤其要注意。样品室中遗漏撒溢的溶液需及时擦拭干净,否则会导致样品室内的部件腐蚀和螺钉生锈。

(2)比色器清洗:测量结束或溶液更换后,要对比色器进行清洗,否则比色器内壁残液会引起测量误差。

五、光化学反应仪

光化学反应仪,又称为光化学反应釜、多功能光化学反应器、光催化反应装置,主要用于研究气相,液相固相,流动体系在模拟紫外光、模拟可见光、特种模拟光照射下,是否负载TiO_2光催化剂等条件下的光化学反应。它具有提供分析反应产物和自由基的样品,测定反应动力学常数,测定量子产率等功能,因而广泛应用化学合成、环境保护以及生命科学等研究领域。此反应仪加快了实验步伐,实现多个平行样的反应,提高了实验效率,有效保证实验条件的一致性。

光化学反应仪主体部分一般包括反应暗箱、光源控制器、石英冷阱、光源、八位磁力搅拌器以及冷却循环水系统。其中反应暗箱提供了光反应的场所,箱体内部通常为黑色,以降低光反射;独立的排风系统可保证实验箱内部空气的流动性。光源配置包括氙灯:1000W(功率可无级调节);汞灯:1000W(功率可无级调节)。光源控制器可以给光源提供稳定的电压和电流,确保光源可以在特定的功率下稳定正常地工作;配置光化学反应仪8位专用搅拌器,同时可以处理8个样品,可以实现双旋转运动(每个试管自身有搅拌的同时,试管又可以围绕冷阱旋转,保证光照均匀);石英冷阱通过水管与冷却循环水系统连接,可以充分吸收灯管发出的热量,避免光源温度过高受损;冷却循环水系统可控制冷阱温度在实验所需的温度范围内。

本书以上海比朗仪器有限公司 BL-GHX-V 型光化学反应仪(图 1-41)为例介绍光化学反应仪的操作。

图 1-41 光化学反应仪

1. 操作说明

(1)使用该仪器前首先把8位反应器(或磁力搅拌器)放入反应暗箱中,电源线接入暗箱正上方的电源接口。

(2)石英反应管(或反应容器)内放入磁子。石英冷阱固定在8位反应器中央,用固定装置将其固定在8位反应器中央位置(限V型和IV型)。或将石英冷阱插入反应瓶中,用固定装置将其固定在磁力搅拌器中央位置(限I型和II型)。

(3)将光源放入石英冷阱中,电源线连接暗箱正上方电源接口。

(4)将暗箱内的温度传感器放在石英冷阱开口处,用固定圈将其固定,当石英冷阱温度高于50℃时将会断电保护,此时应检查冷却水是否通入。再次开启灯开关正常工作。

(5)使用软管将冷却循环装置和石英冷阱连接好,开启冷却水循环装置使冷却水进入石英冷阱。进、出水口切勿接反。

(6)将光源功率调至最大。依次打开控制器上面的风扇开关,反应器和灯开关。待光源稳定后再按需调节光源功率。打开8位反应器(或磁力搅拌器)上面的电源开关,按需调节搅拌速度。

2. 注意事项

(1)无论使用汞灯或氙灯做实验时,必须将灯源放置在石英冷阱内使用。

(2)使用该设备时必须有冷却水通入,避免温度过高造成仪器损坏。

(3)温度传感器需有1/3左右插入石英冷阱内部或紧贴其外壁。

六、恒电位仪

恒电位仪是电化学测试中的重要仪器,可用来控制工作电极与参比电极之间电位差为指定值,以达到恒电位极化的目的。若给以指令信号,则可以使工作电极电位自动跟踪指令信号而发生变化。例如,将恒电位仪配以线性扫描信号、三角波信号、方波或正弦波信号发生器,就可以使工作电极电位按照给定的波形发生变化,从而可以自动进行(准)稳态极化曲线的测量或者研究电化学体系的各种暂态行为。恒电位仪不但可用于各种电化学测试中,而且还可用于电解、电镀、腐蚀防护以及各种电化学能源器件充放电等实际生产中。图1-42为恒电位仪实物图。

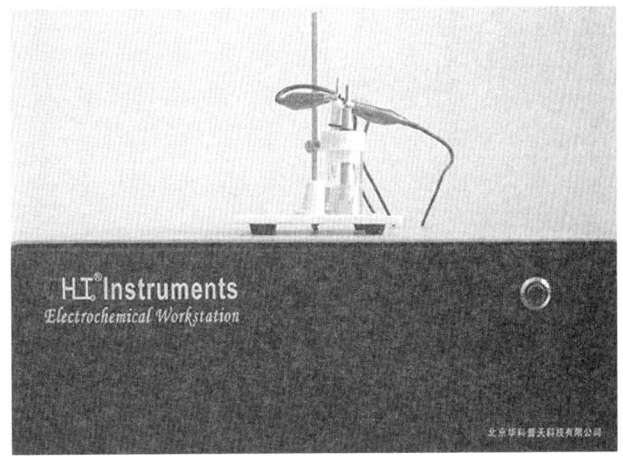

图1-42 恒电位仪实物图

电化学测量通常在电化学电解池中进行,其结构主要包括电极和电解液,以及连通的容器。连通容器常常装有玻璃烧结物、隔板或隔膜,用来将阳极电解液和阴极电解液隔开。电化学测量体系通常采用3个电极:确定被研究界面的工作电极、保持恒定参考电位的参比电极,以及提供电流回路的对电极(或称辅助电极)。根据电子学观点,一个电化学电解池可以看成如图1-43所示的等效电路中的阻抗网络,图中 Z_c 和 Z_w 表示对电极和工作电极上的界面阻抗,溶液电阻分成 R_Ω 和 R_u 两部分,分别与电流通路中参比电极尖端的位置有关。

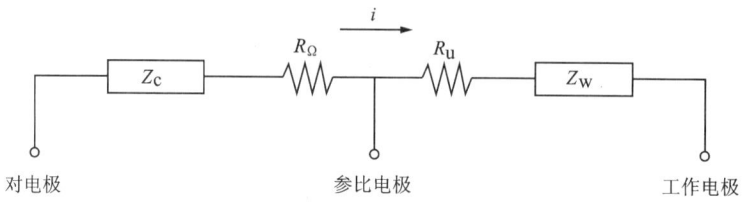

图1-43 电解池阻抗网络示意图

常用的电化学测试技术有循环伏安法、恒电位阶跃法等。线性电势扫描伏安法(linear Sweep Voltammetry, LSV)是指控制工作电极电位以恒定的扫描速率线性变化。一般情况下,线性电势扫描伏安法测得的电流响应为非法拉第电流与法拉第电流之和。测得的电流出峰与否,以及峰电流、峰电位、峰形等,不仅受电化学反应的动力学性质及反应物、产物的扩散性质影响,还与电位扫描速率有关。循环伏安法(Cyclic Voltammetry, CV)是指采用的电势控制信号为连续三角波信号。记录下的电流-电位曲线,称为循环伏安曲线。恒电位跃迁法,是指突然给处于开路状态的电化学体系施加一个恒电位阶跃信号,同时开始测量通过工作电极的电流随时间的变化,又称计时电流法(Chrono Ampometry, CA)。

第十一节 实验数据的表达与处理

一、误差与有效数字

化学是一门以实验为基础的学科,许多化学理论和规律是对大量实验资料进行分析、概括、综合而成的。在化学实验的过程中,常常要测量一些物理量或参数,通过实验测量,得到大批数据是实验的主要成果之一。但在实验中,由于测量仪表、测量方法、周围环境和人的观察等方面的原因,实验数据总存在一些误差,所以在整理这些数据时,首先应对实验数据的可靠性进行客观的评定。

1. 误差

在测定某一物理量时,往往要求实验结果具有一定的准确度,否则将导致错误的结论。但是通过实验得到的数据不可能绝对准确,总伴有一定的误差。真实值与测量值之间的差别就叫做误差。通常用准确度和精密度来评价测量误差的大小。

准确度是测量值与真实值相接近的程度,通常以误差 ΔA 的大小来表示; ΔA 值越小,准确

度越高。误差又分为绝对误差和相对误差,如果用 A 表示测量值,用 A_0 表示真实值,那么

$$\Delta A = A - A_0 \tag{1-9}$$

就称为绝对误差,而将

$$E = \frac{|\Delta A|}{A_0} \times 100\% \tag{1-10}$$

称为相对误差,用相对误差来表示分析结果的准确度是比较合理的,它反映了误差值在真实值中所占的比例。

精密度是指在相同条件下多次测量结果相互接近的程度,表现了测量结果的重现性。精密度用偏差表示,偏差越小,说明测量结果的精密度越高。偏差也有绝对偏差和相对偏差之分。若一组多次平行测量得到的数据分别为 $x_1, x_2, \cdots, x_n$,则某单次测量结果 x_i 与 n 次测量结果的平均值 $\bar{x}$ 之差定义为绝对偏差 d,即

$$d = x_i - \bar{x} \tag{1-11}$$

而相对偏差则为测量的绝对偏差 d 在 n 次测量结果的平均值中所占的比例。

$$相对偏差 = \frac{绝对偏差}{平均值} \times 100\% = \frac{d}{\bar{x}} \times 100\% \tag{1-12}$$

测量结果的好坏必须从准确度和精密度两个方面进行评判,测量结果的精密度高,不一定能保证测量结果的准确度高;而测量结果的准确度高,一定是测量的精密度也高,精密度是保证准确度的先决条件,如果精密度极差,所得结果不可靠,也就失去了衡量准确度的前提。

根据误差的性质与产生的原因,可将误差分为系统误差和偶然误差两类。系统误差(诸如方法误差、仪器误差、试剂误差、操作误差等)是由于测量过程中某些经常发生的原因造成的。对测量结果的影响比较固定,在同一条件下,重复测定时,它会重复出现。例如天平砝码和量器刻度不够准确、滴定管读数偏高或偏低、某种颜色的变化辨别不够敏锐等造成的误差都是系统误差。检验系统误差的有效方法是对照试验,即用已知结果的试样与待测试样在相同的条件下,同时进行试验,或用其他可靠的测定方法进行对照试验。

偶然误差是由于某些偶然的因素,如测定时环境的温度、湿度和气压的微小波动,仪器性能的微小变化等所引起的。由于引起误差具有随机性,误差是可变的,误差的数值时大时小,时正时负。在各种测量中,偶然误差是不可避免的,通常可以采用"多次测定,取平均值"的方法来减小偶然误差。

2. 有效数字及其运算规则

为了得到准确的测量结果,不仅要准确的测量,而且要根据实验测得的数据进行正确的记录和运算。实验所获得的数据不仅表示某个量的大小,而且还应反映量的精确程度。

当对一个测量的量进行记录时,所记数字的位数应与仪器的精密度相符合,即所记数字的最后一位为仪器最小刻度以内的估计值,称为可疑值,其他几位为准确值,这样一个数字称为有效数字,它的位数不可随意增减。例如,普通 $50\ cm^3$ 的滴定管,最小刻度为 $0.1\ cm^3$,则记录 $26.55\ cm^3$ 是合理的;记录 $26.5\ cm^3$ 和 $26.556\ cm^3$ 都是错误的,因为它们分别缩小和夸大了仪器的精密度。为了能方便地表达有效数字位数,一般用科学记数法记录数字,即用一

个带小数的个位数乘以 10 的相应幂次表示。例如 0.000 567 可写为 5.67×10^{-4}，有效数字为 3 位；10 680 可写为 $1.068\ 0\times10^{4}$，有效数字是 5 位，如此等等。

有效数字中的"0"，具有双重意义。若作为普通数字使用，它就是有效数字；若作为定位用，则不是有效数字。例如，滴定管读数 25.00 cm³，两个"0"都是测量数字，都是有效数字，此有效数字为 4 位。若改用升表示则是 0.025 00 dm³，这时前面的两个"0"仅起定位作用，不是有效数字，此数仍是 4 位有效数字，改变单位应不改变有效数字的位数。在化学中常见的 pH、pK 等对数值，有效数字的位数仅取决于小数部分的位数。因整数部分只说明 10 的方次数。例如 pH=10.68，即 $c(H^+)=2.1\times10^{-11}$ mol·dm⁻³ 是两位有效数字，不是四位有效数字。至于在测定中遇到一些倍数和分数的关系，如 Na_2CO_3 与 HCl 反应时物质的量的关系：

$$n(Na_2CO_3)=\frac{1}{2}n(HCl)$$

分母上的"2"并不意味着只有一位有效数字，它是自然数，非测量所得，应视为无限多位有效数字。

在处理数据的过程中，涉及的各测量值的有效数字位数可能不同，在计算时应弃去多余的数字，此过程称为"数字修约"。"数字修约"有采用"四舍六入五取双"的规则弃去多余的数字。这个规则是：当尾数小于等于 4 时舍去；当尾数大于等于 6 时进位；当尾数等于 5 时，若 5 前面的一位数是奇数时进位，若 5 前面的一位数是偶数（包括 0）时则舍去。例如将 9.435、4.685 修约为三位有效数字时，根据上述法则，修约后的数值为 9.44 与 4.68。

有效数字是由可靠数字与可疑数字两部分组成的，当两个有效数字进行运算时，应遵循下面几个原则：

(1) 可靠数字与可靠数字相运算，其结果仍为可靠数字。

(2) 可靠数字与可疑数字或可疑数字之间相运算，其结果均为可疑数字。

(3) 运算的结果只保留一位可疑数字，利用"数字修约"将末尾多余的可疑数字舍去。

(4) 误差一般只取一位有效数字，最多两位。

(5) 若第一位的数值等于或大于 8，则有效数字的总位数可多算一位，如 9.23 虽然只有 3 位，但在运算时，可以看作 4 位。

(6) 在加减运算中，各数值小数点后所取的位数，以其小数点后位数最少者为准。例如：
$$56.38+17.889+21.6=56.4+17.9+21.6=95.9$$

(7) 乘除运算时，以参与运算的各数中有效数字位数最少的为准，将其他数据按有效数字修约规则取齐后进行运算。
$$4.386\times5.97\div8.4=3.117$$

在这 3 个数中 8.4 的有效位数最少，由于首位是 8，所以可以看成 3 位有效数字，故结果应保留 3 位有效数字，写为 3.12。

有效数字及其运算是每一个实验都要遇到的问题，实验者必须养成按有效数字及其运算规则进行读数、记录及处理和表示运算结果的习惯。当使用计算器进行计算时，要会正确取舍数据，切不可照抄计算器上显示的计算结果。

二、实验数据的处理方法

在整个实验过程中实验数据处理是一个重要的环节。数据处理是指从获得的数据得出结果的加工过程,包括记录、整理、计算、分析等处理方法。用简明而严格的方法把实验数据所代表的事物内在的规律提炼出来,就是数据处理。正确处理实验数据是实验能力的基本训练之一。根据不同的实验内容、不同的要求,可采用不同的数据处理方法。数据处理主要有 2 种方法。

1. 列表法

列表是有序记录原始数据的必要手段,也是用实验数据显示函数关系的原始方法。在记录和处理实验数据时,经常是制成一份适当的表格,把被测量及测得的数据一一对应地排列在表中,称为列表法。将数据列成表,不但可以粗略地看出有关量之间的变化规律,还便于检查测量结果和运算结果是否合理。列表时应注意以下几点。

(1)在表格的上方写出表格的标题。

(2)每行(或列)的开头一栏都要列出物理量的名称和单位,并把二者表示为相除的形式。因为物理量的符号本身是带有单位的,除以它的单位,即等于表中的纯数字。

(3)列入表中的主要是原始数据,有时处理过程中的一些重要的中间运算结果也可列入表中。

(4)数字较大或较小时要用科学计数法表示,将 $10^{\pm n}$ 记入表头,注意:参数$\times 10^{\pm n}$ = 表中数字。

(5)若是有函数关系的测量数据,则应按自变量由小到大或由大到小的顺序排列。

(6)科学实验中,记录表格要正规,原始数据要书写清楚整齐,不得潦草,要记录各种实验条件,不可随意用纸张记录,要在实验记录本上记录,以便保管。

2. 作图法

在研究两个物理量之间的关系时,把测得的一系列相互对应的数据及变化的情况用曲线表示出来,称为作图法。作图法的优点是直观清晰,便于比较,容易看出数据中的极值点、转折点、周期性、变化率以及其他特性;在曲线上可直接读出没有进行测量的某些数据,在一定条件下还可以从曲线的延伸部分外推读得测量范围以外的数值。根据曲线的斜率、截距等还可以求出某些其他的待测量。

整理实验数据的第一步工作是制表。第二步工作是按表中的数据绘制曲线。作图时应注意如下几点。

(1)曲线必须用坐标纸绘制,并选择种类合适的坐标纸。常用坐标纸有直角坐标纸、对数坐标纸等,应根据要表示的函数性质正确选用。

(2)标明坐标轴代表的物理量名称(或符号)和单位。一般以横轴代表自变量,纵轴代表因变量。

(3)根据实验数据确定坐标轴的起始点(原点)和对坐标轴进行分度,所谓坐标轴分度就是选择坐标每刻度代表的数值大小。一般原则：坐标轴最小刻度能表示出实验数据的有效数字，以保证数据中的有效数字都能在图上得到正确的反映。坐标轴的起始点不一定从零开始。

(4) 标绘实验数据，应选用适当大小的坐标纸，使其能充分表示实验数据大小和范围。

(5) 在图上用"×"或"+"等符号标出各实验数据点。若在同一张坐标纸上要绘制不同的曲线时，要用不同的符号标示数据点。

(6) 连线时应使用直尺或曲线板把点连成直线或光滑曲线；曲线并不一定通过所有的数据点，而应该使数据点大致均匀地分布在所绘曲线的两侧，对个别偏离大的数据点应进行分析，并删除。

(7) 在横轴的下方或图的其他地方注明曲线名称。应该指出，由于手工绘图很容易受到人的主观影响，不同的人利用同一组数据绘图，其结果会有明显的差异；即使是同一个人，利用同一组数据，也不能保证每次作图的结果完全相同，这就限制了图解法的精度。但随着计算机制图技术的发展与普及，用计算机绘制实验曲线已经非常普遍。常用的应用软件，如Excel、FoxPro、Origin等都可以处理实验数据和作图。

第二章　基本操作与技能训练实验

实验一　摩尔气体常数的测定

一、实验目的

(1) 掌握一种测定气体常数的原理和方法。
(2) 掌握理想气体状态方程和分压定律的应用。
(3) 学习量气管和气压计的使用方法。

二、实验原理

由理想气体状态方程可知，理想气体的气体常数(R)可以由下式表示：

$$R = \frac{pV}{nT} \tag{2-1}$$

因此，若能在一定的温度和压力条件下，测出一定量的气体所占体积，则可以求得气体常数。

本实验通过金属镁（也可用铝或锌代替）置换盐酸中的氢来测定气体常数R。

$$Mg + 2HCl == MgCl_2 + H_2 \uparrow$$

在一定温度和压力下，用已知质量的镁条与过量的盐酸反应，则可以测出反应所放出的氢气的体积。反应生成氢气物质的量可以通过反应中镁条的质量来求得。

$$n(H_2) = \frac{m(H_2)}{M(H_2)} = \frac{m(Mg)}{M(Mg)} \tag{2-2}$$

式中，$M(H_2)$和$M(Mg)$分别为氢气和金属镁的摩尔质量。由气压计测得的压力是干态氢气的分压$p(H_2)$和相应温度下水的饱和蒸气压$p(H_2O)$的和。

$$p = p(H_2) + p(H_2O) \tag{2-3}$$

$$p(H_2) = p - p(H_2O) \tag{2-4}$$

相应温度下水的饱和蒸气压$p(H_2O)$可在手册中查出，将相关数据代入理想气体状态方程，可以得到理想气体的气体常数。

三、仪器与试剂

仪器：测定气体常数的装置一套（图 2-1）、10 cm³ 量筒、长颈漏斗、电子天平、气压计、细砂纸、搅拌棒。

试剂：6 mol·dm⁻³ HCl 溶液、镁条 3 根（0.030～0.040 g/根）。

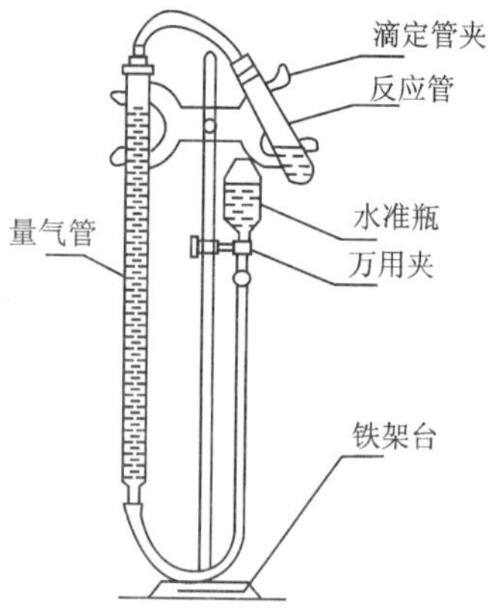

四、实验内容

1. 称量

取 3 份镁条，用砂纸擦去镁条表面的氧化膜，在电子天平上准确称出每根镁条的质量（准确至 0.000 1 g），记录镁条的质量。

2. 检查实验装置的气密性

按图 2-1 装置实验仪器。注意将万用夹装在滴定管夹的下面以便可以移动水准管。往量气管 1 中装入水，使水位略低于刻度"0"的位置。上下移动水准瓶 2，以赶尽附着于胶管和量气管内壁的气泡，然后塞紧连接反应管 3 和量气管 1 的塞子。将水准瓶下移到量气管 30 cm³ 刻度左右，此时可见量气管的液面下降，但下降一小段后就不再下降。继续观察几分钟，确认液面不再下降，说明实验装置不漏气，可以进行下面的操作。若液面继续下降，甚至降到水准瓶的高度，说明实验装置漏气，应检查和调整各连接处的严密性，再重复试验，直至不漏气为止。

3. 加酸、放置镁条

取下反应管，量取 5 cm³ 6 mol·dm⁻³ 的 HCl，用漏斗注入反应管中（不能将盐酸沾在反应管上部），然后将镁条沾少许水贴在倾斜的反应管内壁，确保镁条不与盐酸接触。再将反应管固定，调节量气管内的液面至合适高度，塞紧橡皮塞，并再次检查装置是否漏气。

4. 氢气的产生和量取

调整水准瓶的位置，使量气管的液面与水准瓶的液面在同一水平面上。记下量气管中水面读数 V_1。轻轻摇动反应管，使镁条落入酸中。反应产生的氢气，使量气管中的水面下降，为避免氢气压力过大而使装置漏气，在量气管水面下降的同时，水准瓶也相应地向下移动，使两者水面保持在同一水平面上。反应停止后，待试管冷却到室温（约 10 min），再移动水准瓶，使两液面处于同一水平面，记下量气管中水面读数 V_2。

图 2-1 测定气体常数的装置

5. 用另两份已称重的镁条重复实验

6. 测量并记录实验温度 T 和大气压 p

将实验数据和处理结果记入表 2-1 中。

表 2-1　实验数据和实验结果　　　室温_____℃　气压_____Pa

实验序号		1	2	3
镁条质量/g				
反应前量气管内液面读数 V_1/cm³				
反应后量气管内液面读数 V_2/cm³				
氢气的体积 (V_2-V_1)/cm³				
氢气的物质的量 $n(H_2)$				
水的饱和蒸汽压 $p(H_2O)$/Pa				
摩尔气体常数 R/J·K⁻¹·mol⁻¹	测定值			
	平均值			
误差 $=\dfrac{R(\text{实验值})-R(\text{理论值})}{R(\text{理论值})}\times 100\%$				

五、思考题

(1) 为什么必须检查装置是否漏气？本实验检查漏气的方法基于什么原理？
(2) 读取量气管内液面读数时，为什么要使水准管中液面与量气管中的液面相同？
(3) 实验中测得氢气的体积 V 与相同温度、相同压力下等摩尔干燥气体的体积是否相同？
(4) 讨论下列情况对实验结果有何影响：① 量气管中的气泡没有赶净；② 反应过程中实验装置漏气；③ 镁条表面有氧化膜；④ 反应过程中，如果从量气管中压入漏斗的水过多而使水从漏斗中溢出。
(5) 镁与盐酸作用完毕后，为什么要等试管冷却至室温时方可读数？
(6) 实验造成误差的原因有哪些？哪几步是关键操作？
(7) 扩展实验，利用这套仪器还可以测哪些物理量？设计相应的实验方案。

实验二 称量与酸碱滴定

一、实验目的

(1) 掌握电子分析天平的使用方法及基本称量操作。
(2) 学习标准溶液的配制方法。
(3) 掌握酸碱滴定的基本操作技能。

二、实验原理

滴定分析是将一种已知准确浓度的标准溶液滴加到被测试样溶液中,直至化学反应进行完全,然后根据标准溶液的浓度、体积及待测溶液体积,求得被测试样中组分含量的一种方法。酸碱滴定是基于酸碱中和反应的滴定分析法。例如酸 A 和碱 B 发生以下中和反应:

$$a\text{A} + b\text{B} = c\text{C} + d\text{H}_2\text{O}$$

当两者恰好反应时,A 和 B 的物质的量 n_A 和 n_B 之间有如下关系:

$$n_A = \frac{a}{b} n_B \tag{2-5}$$

所以

$$c_A \times V_A = \frac{a}{b} c_B V_B \tag{2-6}$$

$$c_B = \frac{b}{a} \times \frac{c_A \times V_A}{V_B} \tag{2-7}$$

通过酸碱滴定,确定酸碱中和时消耗的酸碱各自的体积,如其中一种溶液浓度已确定,即可计算出另外一种溶液的浓度($\text{mol} \cdot \text{dm}^{-3}$)。

酸碱中和反应的终点,常用酸碱指示剂的变色来确定。酸碱滴定中常用的指示剂是甲基橙和酚酞,甲基橙的变色范围是 pH 3.1(红)~4.4(黄)。本实验称取无水 Na_2CO_3 配制标准溶液,以甲基橙为指示剂,滴定未知 HCl 溶液浓度。

三、仪器与试剂

仪器:台秤、电子天平、称量瓶、干燥器、滴定管(50 cm^3)、锥形瓶(250 cm^3)、洗瓶、滴定管夹和铁架、小烧杯(100 cm^3)、容量瓶(100 cm^3)、移液管(25 cm^3)、多用滴管、玻璃棒。

试剂:无水 Na_2CO_3(将无水 Na_2CO_3 置于烘箱内,在 180 ℃下,干燥 2~3h,然后放到干燥器内冷却备用)、HCl 溶液(约 0.1 $\text{mol} \cdot \text{dm}^{-3}$)、甲基橙(0.1% 水溶液)。

四、实验内容

1. 基准物质的称取

在电子天平(码 6)上,用减量法精确称取无水 Na_2CO_3 0.50~0.65 g(精确至 0.000 1 g)于

$100\ cm^3$ 烧杯中。

2. Na_2CO_3 标准溶液的配制

在装有无水 Na_2CO_3 的烧杯中,加入少量(约 $30\ cm^3$)蒸馏水,用玻璃棒搅拌使 Na_2CO_3 完全溶解,而后转移到 $100\ cm^3$ 容量瓶中,用少量蒸馏水洗涤玻璃棒及烧杯 3 次,洗涤液一并转移到容量瓶(码 4)中,加蒸馏水至刻度,混匀。计算 Na_2CO_3 标准溶液的浓度(保留 4 位有效数字)。

3. HCl 溶液浓度的标定

将洗净的滴定管,用少量待测 HCl 溶液润洗 2～3 次,然后加入 HCl 溶液,排除滴定管(码 5)下端尖嘴中的气泡,记录液面起始刻度(通常调节为零刻度)。

使用移液管移取 $25.00\ cm^3$ 标准 Na_2CO_3 溶液,置于锥形瓶中,加入 1～2 滴甲基橙指示剂,在不断摇动锥形瓶的情况下进行滴定操作。开始可稍快一些,但必须成滴而不能形成一股水流,当溶液的局部出现橙红色,当摇动锥形瓶橙红色消失较慢时,表示已接近终点,这时应逐滴加入;每加一滴 HCl 溶液,都应观察在摇动锥形瓶时,颜色是否消褪,再决定是否续加 HCl 溶液,直到溶液由黄色变为橙色,即到达了滴定终点。取下滴定管,记录液面刻度,计算所消耗的 HCl 溶液体积。

另取 $25.00\ cm^3\ Na_2CO_3$ 溶液,用 HCl 溶液滴定。要求两次滴定所耗 HCl 溶液的体积之差小于 $0.05\ cm^3$,若超过 $0.05\ cm^3$,则要滴定第 3 份。

实验数据填入表 2-2 中并进行处理。

滴定过程中应注意以下问题。

(1)滴定开始及完成时,滴定管下端尖嘴外不应挂有液滴,尖嘴内不应留有气泡。

(2)滴定过程中,可能有 HCl 溶液溅到锥形瓶内壁的上部;最后半滴酸液也是由锥形瓶内壁滴下来,因此接近终点时,应该用洗瓶以少量蒸馏水淋洗锥形瓶内壁。

表 2-2 实验数据记录及处理　　　　　　室温_____℃

实验编号		1	2	3
Na_2CO_3 溶液的浓度/$mol \cdot dm^{-3}$				
Na_2CO_3 溶液的用量/cm^3				
HCl 溶液的用量/cm^3	始读数/cm^3			
	终读数/cm^3			
	净用量/cm^3			
HCl 溶液的浓度/$mol \cdot dm^{-3}$				
HCl 溶液平均浓度/$mol \cdot dm^{-3}$				

五、思考题

(1)下列情况对标定 HCl 浓度有何影响？①滴定前未赶尽滴定管中的气泡；②滴定结束后,滴定管尖嘴内有气泡；③滴定结束后,滴定管尖嘴外挂有液滴；④滴定过程中,往锥形瓶内加少量蒸馏水。

(2)使用称量瓶应注意什么？从称量瓶向外取样品时应怎样操作,为什么？

(3)为什么移液管和滴定管必须用欲装入的溶液润洗？锥形瓶是否也须如此？

实验三 平衡常数的测定

一、实验目的

(1)学会测定 $I_3^- \rightleftharpoons I_2 + I^-$ 的平衡常数。
(2)掌握化学平衡和平衡移动的原理。
(3)巩固滴定操作。

二、实验原理

I_2 溶于 KI 溶液中形成离子 I_3^-,并建立下列平衡。

$$I_3^- \rightleftharpoons I_2 + I^-$$

在一定温度条件下,其平衡常数为

$$K^\ominus \approx \frac{c(I^-)c(I_2)}{c(I_3^-)} \tag{2-8}$$

通过测定平衡时的 $c(I^-)$、$c(I_2)$、$c(I_3^-)$,可以得到式(2-8)的平衡常数。硫代硫酸钠可以与 I_2 及 I_3^- 发生反应:

$$2S_2O_3^{2-} + I_2 \rightleftharpoons 2I^- + S_4O_6^{2-}$$

$$2S_2O_3^{2-} + I_3^- \rightleftharpoons 3I^- + S_4O_6^{2-}$$

用 $Na_2S_2O_3$ 标准溶液滴定。由于溶液中存在 $I_3^- \rightleftharpoons I_2 + I^-$ 的平衡,所以用 $Na_2S_2O_3$ 溶液滴定,最终测到的是平衡时 I_2 和 I_3^- 的总浓度。设这个浓度为 $c(总)$,则:

$$c(总) = c(I_2) + c(I_3^-) \tag{2-9}$$

在相同温度条件下,过量固体 I_2 与水处于平衡时,溶液中 I_2 的浓度 c' 可近似代替平衡式(2-7)达平衡时 I_2 的浓度,即

$$c(I_2) = c' \tag{2-10}$$

将式(2-10)带入式(2-9),得

$$c(I_3^-) = c(总) - c(I_2) = c(总) - c' \tag{2-11}$$

从平稳式(2-7)可以看出,形成一个 I_3^- 就需要一个 I^-,所以平衡时 $c(I_2)$ 为

$$c(I^-) = c_0 - c(I_3^-) \tag{2-12}$$

式中,c_0 为 KI 的起始浓度。

将 $c(I_2)$、$c(I_3^-)$ 和 $c(I^-)$ 代入式(2-8)即可求得在此温度条件下平稳式(2-7)的平衡常数 $K^\ominus$。

三、仪器与试剂

仪器:磁力搅拌器、碘量瓶(100 cm^3,250 cm^3)、移液管(10 cm^3,50 cm^3)、滴定管(25 cm^3)、锥形瓶(250 cm^3)、量筒(100 cm^3)、电子天平。

试剂:KI 溶液(0.010 0 $mol \cdot dm^{-3}$、0.020 0 $mol \cdot dm^{-3}$)、$I_2(s)$、淀粉溶液(0.2%)、标准 $Na_2S_2O_3$ 溶液(0.005 000 $mol \cdot dm^{-3}$)。

四、实验内容

(1)取两只干燥的 100 cm³ 碘量瓶和一只干燥的 250 cm³ 碘量瓶,分别标记为 1、2、3 号。用量筒取 80 cm³ 0.010 0 mol·dm⁻³ 的 KI 溶液加入 1 号瓶,取 80 cm³ 0.020 0 mol·dm⁻³ KI 溶液加入 2 号瓶,取 200 cm³ 蒸馏水加入 3 号瓶。然后在每个瓶内各加入 0.5 g 研细的 I_2 固体,盖好瓶塞。

(2)将 3 只碘量瓶于室温下在磁力搅拌器上搅拌 30 min,静置 10 min,待过量固体 I_2 完全沉于瓶底后,取上层清液进行滴定。

(3)用移液管吸取两份 10.00 cm³ 1 号瓶的上层清液,分别注入 250 cm³ 锥形瓶中,再各加入 40 cm³ 蒸馏水,用 0.005 000 mol·dm⁻³ 的标准 $Na_2S_2O_3$ 溶液滴定,当溶液呈淡黄色时(注意不要滴过量),加入 4 cm³ 0.2% 淀粉溶液,此时溶液应呈蓝色,继续滴定,至蓝色刚好消失。记下所消耗的 $Na_2S_2O_3$ 溶液的体积数 $V(Na_2S_2O_3)$。由于 I_2 容易挥发,吸取清液后应尽快滴定,不要放置太久,在滴定时不宜过于剧烈地摇动溶液。

按照步骤(3)的操作方法,滴定 2 号瓶上层的清液。

(4)用移液管吸取两份 50.00 cm³ 3 号瓶的上层清液,用 0.005 000 mol·dm⁻³ 的标准 $Na_2S_2O_3$ 溶液滴定,方法同上。记下所消耗的 $Na_2S_2O_3$ 溶液的体积数 V(碘水)。

用式(2-13)计算相应 I_2 的浓度:

$$1、2 号瓶\ c(总) = \frac{c(Na_2S_2O_3)V(Na_2S_2O_3)}{2V(KI-I_2)} \tag{2-13}$$

$$3 号瓶\ c' = \frac{c(Na_2S_2O_3)V(Na_2S_2O_3)}{2V(I_2-H_2O)} \tag{2-14}$$

将实验数据和数据处理结果一并记入表 2-3 中。

表 2-3 数据记录和数据处理 室温_____ ℃

实验编号		1	2	3
取样体积 V/cm^3		10.00	10.00	50.00
$Na_2S_2O_3$ 溶液的用量/cm^3	Ⅰ			
	Ⅱ			
	平均			
$Na_2S_2O_3$ 溶液的浓度/mol·dm⁻³				
$c(I_2)$ 和 $c(I_3^-)$ 的总浓度/mol·dm⁻³				
水溶液中碘的平衡浓度 c'/mol·dm⁻³				
$c(I_2)$/mol·dm⁻³				
$c(I_3^-)$/mol·dm⁻³				
c_0/mol·dm⁻³				
$c(I^-)$/mol·dm⁻³				
$K^\ominus$				
$K^\ominus$ 平均值				

本实验测定 $K^\ominus$ 值在 $1.0×10^{-3} \sim 2.0×10^{-3}$ 范围内合格(文献值 $K=1.5×10^{-3}$)。

五、思考题

(1) 由于 I_2 易挥发,所以在取溶液和滴定操作上要注意什么?

(2) 本实验中固体 I_2 和 KI 溶液反应时,如果 I_2 的量不够,对结果有影响吗?为什么?

(3) 实验中碘的用量是否要准确称取?配制平衡体系是用量筒量取 KI 溶液,而滴定分析时却要用移液管准确移取碘溶液,为什么?

(4) 以淀粉为指示剂,加指示剂时的注意事项?

(5) 本实验在配制 $I_2(s)$ 的饱和 KI 溶液时为什么花时较多,需要在室温下搅拌 30 min,并静止 10 min 待 I_2 沉于瓶底,再取上层清液滴定?

实验四　醋酸解离度与解离常数的测定（pH 法和电导率法）

一、实验目的

(1) 学习测定醋酸解离度和解离常数的基本原理和方法。
(2) 学会正确使用 pH 计和电导率仪。
(3) 进一步掌握滴定管、移液管的使用等定量分析的基本操作技能。

二、实验原理

醋酸（HAc）是弱电解质，在水溶液中存在如下解离平衡：

$$HAc + H_2O \rightleftharpoons H_3O^+ + Ac^-$$

在一定的温度下，HAc 在水溶液中达到解离平衡时，其解离常数 $K_a^\ominus$、解离度 α 和 HAc 的起始浓度 c_0 有如下关系：

$$K_a^\ominus = \frac{c_0 \alpha^2}{1-\alpha} \tag{2-15}$$

HAc 的解离度 α 指的是平衡时 HAc 溶液中氢离子浓度 $c(H^+)$ 与 HAc 的起始浓度的比值，可以表示为：

$$\alpha = \frac{c(H^+)}{c_0} \tag{2-16}$$

利用式（2-15）和式（2-16），就可以通过实验的方法测定 HAc 的解离度 α 和解离常数 $K_a^\ominus$。测定 HAc 的解离度 α 和解离常数 $K_a^\ominus$ 的方法很多，本实验只介绍 3 种测定方法。

1. pH 值法

在一定温度下，利用酸碱滴定法，可以准确测定 HAc 的起始浓度；利用 pH 计可以测定平衡时，HAc 溶液的氢离子浓度 $c(H^+)$。因此，在一定的温度下，配制一系列不同浓度的 HAc 溶液，并用 pH 计测量 HAc 溶液的氢离子浓度 $c(H^+)$，代入式（2-15）和式（2-16），就可以计算得到 HAc 解离度 α 和解离常数 $K_a^\ominus$。这种测定 HAc 解离常数的方法称为 pH 值法。

2. 半中和法

缓冲溶液的 pH 值可用下式计算：

$$pH = pK_a^\ominus - \lg \frac{c(HAc)}{c(Ac^-)} \tag{2-17}$$

用 NaOH 标准溶液滴定 HAc 溶液时，若消耗的 NaOH 标准溶液的量正好等于 HAc 溶液的起始量的一半时，其混合溶液为缓冲溶液，且有 $c(HAc) = c(Ac^-)$，于是用 pH 计测量此缓冲溶液的 pH 值可以得到醋酸的解离常数。这种方法称为半中和法。

3. 电导率法

电解质溶液的导电能力可以用电导(G)来衡量。电导为电阻 R 的倒数,其单位为西(S)。温度一定时,两电极间溶液的电导与电极间的距离 l 成反比,与电极的面积 A 成正比。

$$G = \kappa \frac{A}{l} \tag{2-18}$$

式中,κ 称为电导率,即在相距 1m、面积为 $1m^2$ 的两个电极之间所包含的电解质溶液的电导。它与温度和电解质溶液的浓度有关,当温度一定时,若两电极间溶液的体积为 $1\ m^3$,且电解质的物质的量为 1 mol,则此时电解质溶液的电导率称为摩尔电导率,用 $\varLambda_m$ 表示,其单位为 $S·m^2·mol^{-1}$。摩尔电导率 $\varLambda_m$ 与电导率 κ 的关系为:

$$\varLambda_m = \frac{\kappa}{1000c} \tag{2-19}$$

式中,c 为电解质溶液的物质的量浓度($mol·dm^{-3}$)。

溶液无限稀释时的摩尔电导率称为极限摩尔电导率 $\varLambda_m^\infty$。一定温度下,当溶液无限稀释时,弱电解质可看作全部解离,此时测得的电导率为弱电解质的极限摩尔电导率。表 2-4 是 HAc 的极限摩尔电导率。

表 2-4 HAc 的极限摩尔电导率

T/K	273	291	298	303
$\varLambda_m^\infty / S·m^2·mol^{-1}$	245×10^{-4}	349×10^{-4}	390.7×10^{-4}	421.8×10^{-4}

对于某一弱电解质,其解离度 α 等于浓度为 c 的摩尔电导率和无限稀释时的极限电导率之比:

$$\alpha = \frac{\varLambda_m}{\varLambda_m^\infty} \tag{2-20}$$

将式(2-20)代入式(2-15)得

$$K_a^\ominus = \frac{c(\varLambda_m)^2}{\varLambda_m^\infty(\varLambda_m^\infty - \varLambda_m)} \tag{2-21}$$

将式(2-19)代入式(2-21)得

$$K_a^\ominus = \frac{\kappa^2}{10^3\ \varLambda_m^\infty (10^3 c\ \varLambda_m^\infty - \kappa)} \tag{2-22}$$

所以只要测定 HAc 溶液的浓度和相应电导率,便可求得 HAc 的解离度和解离常数。

三、仪器与试剂

仪器:滴定管($20\ cm^3$)1 支、移液管($25\ cm^3$)1 支、吸量管($5\ cm^3$、$10\ cm^3$)各 1 支、锥形瓶($250\ cm^3$)3 个、烧杯($10\ cm^3$)4 个、容量瓶($50\ cm^3$)3 个、pH 计、电导率仪。

药品:待测醋酸溶液(约 $0.1\ mol·dm^{-3}$)、标准 NaOH 溶液(约 $0.1\ mol·dm^{-3}$)、NaAc 溶液($0.10\ mol·dm^{-3}$)、酚酞指示剂、标准缓冲溶液(pH=4.00)。

四、实验内容（码2）

1. 醋酸溶液浓度的测定

用移液管分别吸取 20.00 cm³ 待测醋酸溶液，分别放入 3 个 250 cm³ 锥形瓶中，各加酚酞指示剂 1~2 滴，用标准 NaOH 溶液分别滴定至溶液呈微红色且半分钟不褪色为止（注意每次滴定都从 0 cm³ 开始），将所用 NaOH 溶液的体积和相应数据记入表 2-5。

表 2-5　醋酸溶液浓度的测定表　　　　　　　　　　　　　室温_____℃

滴定序号		1	2	3
标准 NaOH 溶液浓度/mol·dm⁻³				
HAc 溶液的体积/cm³				
标准 NaOH 溶液的体积/cm³				
HAc 溶液的浓度/mol·dm⁻³	测定值			
	平均值			

2. 配制不同浓度的醋酸溶液（码4）

分别取 2.50 cm³、5.00 cm³、20.00 cm³ 待测 HAc 溶液，放入 3 支洗净干燥的 50 cm³ 容量瓶中，用蒸馏水稀释至刻度，摇匀，待用。

3. 测定醋酸溶液的 pH 值（码5）

将上面得到的 3 种醋酸溶液和一种未经稀释的待测醋酸溶液，分别装入 4 个干燥的 10 cm³ 烧杯中，按照 pH 计的使用方法，用 pH 计由稀到浓测定它们的 pH 值，将实验数据、室温以及计算结果一并填入表 2-6。

表 2-6　pH 值法测醋酸的解离度和解离常数　　　　　　　室温_____℃

编号	$c(HAc)$ /mol·dm⁻³	pH	$c(H^+)$ /mol·dm⁻³	α	$K_a^\ominus$	
					测定值	平均值
1						
2						
3						
4						

4. 测定醋酸溶液的电导率

按照电导率仪的使用方法，用电导率仪由稀到浓测定实验内容 3 中 4 份溶液的电导率，将实验数据、室温以及计算结果一并填入表 2-7。

表 2-7　电导率法测醋酸的解离度和解离常数　　　　　　　　室温_____ ℃

编号	$c(HAc)$ /mol·dm^{-3}	k/S·m^{-1}	Λ_m /S·m^2·mol^{-1}	α	$K_a^{\ominus}$ 测定值	$K_a^{\ominus}$ 平均值
1						
2						
3						
4						

5. 测定 HAc/NaAc 缓冲溶液的 pH 值

用 5 cm³ 吸量管取 5.00 cm³ 待测 HAc 溶液和 5.00 cm³ 的 0.10 mol·dm^{-3} NaAc 溶液于 10 cm³ 的干燥烧杯中，混合均匀，测量其 pH 值，记录实验数据，并计算醋酸解离常数。

五、思考题

(1) 根据实验结果讨论 HAc 解离度和解离常数与其浓度的关系，如果改变温度，对 HAc 的解离度和解离常数有何影响？

(2) 烧杯是否必须烘干？还可以做怎样的处理？做好本试验操作的关键是什么？

(3) "解离度越大，酸度就越大"这句话正确吗？为什么？

(4) 已知 pH 值的有效数字只有 2 位，那么表 2-6 中的 $c(H^+)$、$K_a^{\ominus}$ 和 α 的有效数字分别应保留几位？

实验五 PbCl₂标准溶度积常数的测定

一、实验目的

(1) 了解离子交换法测难溶强电解质标准溶度积常数的原理和方法。
(2) 进一步练习酸碱滴定等基本操作。

二、实验原理

$PbCl_2$ 是典型难溶强电解质,在含过量 $PbCl_2$ 固体的饱和溶液中存在如下平衡:

$$PbCl_2 \downarrow \rightleftharpoons Pb^{2+} + 2Cl^-$$

$PbCl_2$ 标准溶度积常数可由式(2-23)计算:

$$K_{sp}^{\ominus}(PbCl_2) = [c(Pb^{2+})/c^{\ominus}][c(Cl^-)c^{\ominus}]^2 \qquad (2\text{-}23)$$

本实验采用离子交换树脂与 $PbCl_2$ 饱和溶液进行离子交换,测定室温下 $PbCl_2$ 溶液中 Pb^{2+} 的浓度,从而计算其标准溶度积常数。

离子交换树脂是人工合成的不溶性高分子聚合物,含有特定的活性基团,能选择性地与溶液中的某些离子进行交换。能与正离子进行离子交换的树脂称阳离子交换树脂,通常含有磺基、羧基等活性基团;能与负离子交换的树脂称阴离子交换树脂,一般具有胺基、季胺基等碱性基团。最常用的阳离子交换树脂,其活性基团一般是强酸性,如聚苯乙烯磺酸型树脂,用 $R\text{-}SO_3H$ 表示(R 为高聚物母体)。在交换柱中,与一定量的饱和 $PbCl_2$ 溶液充分接触后,发生如下交换过程:

$$2R-SO_3H \downarrow + Pb^{2+} \rightleftharpoons (R-SO_3)_2Pb \downarrow + 2H^+$$

通过移取一定体积的 $PbCl_2$ 饱和溶液,使之与阳离子交换树脂充分交换后,使用酸碱滴定确定其交换出的酸的量,求出 $PbCl_2$ 饱和溶液中 Pb^{2+} 的准确浓度,从而计算 $PbCl_2$ 的标准溶度积常数。

$$K_{sp}^{\ominus}(PbCl_2) = [c(Pb^{2+})/c^{\ominus}][c(Cl^-)/c^{\ominus}]^2 = 4[c(Pb^{2+})/c^{\ominus}]^3 \qquad (2\text{-}24)$$

市售阳离子交换树脂多为钠型($R\text{-}SO_3Na$),为使之能与 $PbCl_2$ 完全交换,使用前需将树脂用稀酸处理,转换为酸型,该过程称为转型。使用过的树脂,也需用稀酸浸泡或淋洗,重新转化为酸型,此过程称为再生。

三、仪器与试剂

仪器:滴定管(50 cm³)、移液管(25 cm³)、锥形瓶(250 cm³)、量筒(20 cm³、50 cm³)、烧杯(100 cm³)、漏斗及漏斗架、滴定管架及管夹、螺丝夹、滤纸、玻璃棒。

试剂:阳离子交换树脂、$PbCl_2$ 饱和溶液或固体(A.R.)、HCl(1.0 mol·dm⁻³)、标准

NaOH 溶液(约 0.05 mol·dm^{-3})、甲基红指示剂、pH 试纸。

四、实验内容

1. PbCl$_2$ 饱和溶液的配制(可由实验室统一进行)

称取 1 g 左右分析纯 PbCl$_2$ 固体于烧杯中,加 70 cm^3 经煮沸除 CO$_2$ 的蒸馏水溶解,加热并充分搅拌 15 min,冷至室温后过滤(所用器皿均需干燥),即得 PbCl$_2$ 饱和溶液。

2. 树脂转型

取阳离子交换树脂(R-SO$_3$Na),加适量 1.0 mol·dm^{-3} HCl 浸泡 24h,转型为 R-SO$_3$H,然后用蒸馏水反复洗至中性,供装柱用(码 14)。

3. 装柱

取一支滴定管,固定在滴定管架上,先在柱中加蒸馏水适量,除去底部气泡,用螺丝夹调适当流速,再将已转型的树脂与水调成的糊状物通过漏斗加入管中,注意使树脂充填紧密,不留气泡,否则将影响交换效果。在任何情况下,树脂上方应保持一定量的溶液,以免气泡进入树脂层。交换树脂层高 25 cm 即可。

装柱后,由滴定管上方加入蒸馏水淋洗树脂,直至 pH 值 6~7。旋紧螺丝夹,备用。

4. 再生

若交换柱系循环使用,则用过的树脂需再生,即将吸附的 Pb^{2+} 离子交换下来,使树脂重新转化为酸型。可用 20 cm^3 浓度 0.1 mol·dm^{-3} 的 HNO$_3$ 以每分钟 40 滴的流速通过交换柱,再用蒸馏水洗至 pH 值 6~7。

5. 交换

用移液管移取 25.00 cm^3 PbCl$_2$ 饱和溶液小心注入交换柱内,使溶液以 25~30 滴/min 的流速通过交换柱,流出液用 250 cm^3 锥瓶承接。当 PbCl$_2$ 溶液接近树脂层表面时,再用约 50 cm^3 蒸馏水分批淋洗树脂至 pH 值 6~7。在此过程中应控制流速并不得让树脂暴露于空气中,也不宜频繁用试纸检测溶液的 pH 值,详见码 5。

6. 滴定

向锥形瓶中加 2 滴甲基红指示剂(变色范围 4.4~6.2),用标准 NaOH 溶液滴至终点(溶液由红色变为黄色),记录所用体积。将相关实验数据填入表 2-8 中,并计算 $K_{sp}^{\ominus}$(PbCl$_2$)。

表 2-8 数据记录及处理   室温_____℃

实验温度/K	
所取 $PbCl_2$ 饱和溶液体积/cm^3	
标准 NaOH 溶液浓度/$mol \cdot dm^{-3}$	
滴定前 NaOH 液面刻度/cm^3	
滴定后 NaOH 液面刻度/cm^3	
标准 NaOH 溶液用量/cm^3	
$PbCl_2$ 饱和溶液中 Pb^{2+} 浓度/$mol \cdot dm^{-3}$	
$K_{sp}^{\ominus}(PbCl_2)$	

五、思考题

(1)过滤 $PbCl_2$ 饱和溶液用的漏斗、承接容器及在交换过程中承接交换液的锥瓶是否均需干燥?

(2)再生及交换过程中,若流出液 pH 值未洗至 6~7,对结果有何影响?

(3)本实验中树脂再生时所用为 HNO_3,能否用 HCl 代替?

(4)制备 $PbCl_2$ 饱和溶液时,为什么要使用已除去 CO_2 的蒸馏水?

(5)进行离子交换时,为何需 $PbCl_2$ 溶液接近树脂层表面时,再用蒸馏水分批淋洗?

(6)离子交换时,为何要控制流速?

实验六　磺基水杨酸合铁(Ⅲ)配合物的组成和稳定常数的测定

一、实验目的

(1) 了解分光光度法测定配合物的组成和稳定常数的原理和方法。
(2) 学习分光光度计的使用及有关实验数据的处理方法。

二、实验原理

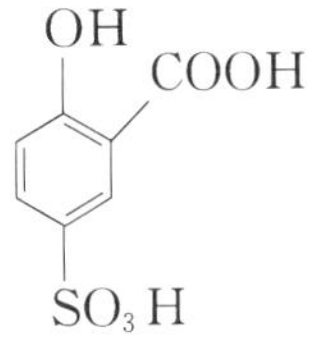

磺基水杨酸(图 2-2)与 Fe^{3+} 离子可形成稳定的配合物。配合物的组成随 pH 值的不同而发生变化：pH = 2～3 时，生成紫红色螯合物(含 1 个配位体)；pH = 4～9 时，生成红色螯合物(含 2 个配位体)；pH = 9～11.5 时，生成黄色螯合物(含 3 个配位体)。pH＞12 时，有色螯合物被破坏，生成 $Fe(OH)_3$ 沉淀。

图 2-2　磺基水杨酸

设中心离子和配体分别以 M 和 L 表示，且在给定条件下只生成一种有色配离子 ML_n(略去电荷符号)，反应式如下：

$$M + nL = ML_n$$

若 M 和 L 都无色而只有 ML_n 有色，则溶液的吸光度 A 与有色配合物的浓度 c 成正比。本实验用等物质的量连续变更法(也叫浓度比递变法)测定配合物的组成，即在保持金属离子与配体两物质的总量不变的前提下，改变金属离子和配体的相对比例，配制一系列溶液。显然在此系列溶液中，有些溶液中的金属离子是过量的，而另一些溶液中配体是过量的。在这两部分溶液中，配合物的浓度都不可能达到最大值，只有当溶液中金属离子与配体两物质的量之比恰与配合物的组成一致时，所生成的配合物的浓度才会最大，因而有最大吸光度。故可借测定该系列溶液的吸光度，求此配合物的组成和稳定常数，具体方法如下。

配制一系列含有中心离子 M 和配体 L 的溶液，M 和 L 两物质的总量相等，但各自的物质的量分数连续变更。例如，使溶液中 L 的物质的量分数依次为 0.0, 0.1, 0.2, 0.3, …, 0.9, 1.0(为方便计算，计算量分数时只考虑 M 和 L)，而 M 的物质的量依次作相应递减。然后在配合物的最大吸收波长，分别测定此系列溶液的吸光度。显然，有色配合物的浓度越大，溶液颜色越深，其吸光度越大。当 M 和 L 恰好全部形成配合物时(不考虑配合物的离解)，ML_n 的浓度最大，吸光度也最大。

以溶液吸光度 A 为纵坐标，以配体的物质的量分数 x_L 为横坐标作图，得一曲线(图 2-3)，所得曲线出现一个高峰 M 点。将曲线两边的直线部分延长，相交于 N 点，N 点即假定配合物无离解时的最大吸收处。由 N 点对应的横坐标即可算出配合物中心离子与配体的物质量之比，从而确定配合物的组成。

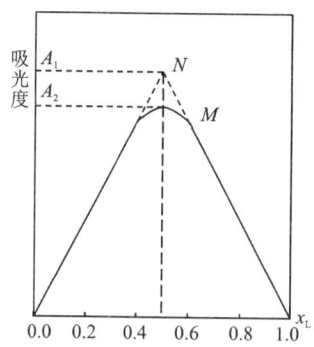

图 2-3 物质的量分数与溶液吸光度曲线

若 N 点对应的 $x_L=0.5$,则中心离子物质的量分数为 $1.0-0.5=0.5$,所以:

$$配位数 = \frac{配体物质的量}{中心离子物质的量} = \frac{配体的量分数}{中心离子的量分数} = \frac{0.5}{0.5} = 1 \quad (2-25)$$

由此可知,该配合物组成为 ML 型。

配合物的稳定常数也可根据图 2-3 求得。从图 2-3 可看出,对于 ML 型配合物,若它全部以 ML 形式存在,则其最大吸光度应在 N 处,吸光度为 A_1,但由于配合物有一部分离解,其实际浓度要稍小些,所以,实测的最大吸光度在 M 处,吸光度为 A_2。配合物的解离度 α 为:

$$\alpha = \frac{A_1 - A_2}{A_1} \quad (2-26)$$

配离子(或配合物)的表观稳定常数 $K_f^{\ominus}$(表观)与离解度 α 的关系如下:

$$\mathrm{ML} \rightleftharpoons \mathrm{M} + \mathrm{L}$$

起始浓度/$\mathrm{mol \cdot dm^{-3}}$ c_0 0   0

平衡浓度/$\mathrm{mol \cdot dm^{-3}}$ $c_0 - c_0\alpha$ $c_0\alpha$ $c_0\alpha$

$$K_f^{\ominus}(表观) = \frac{1-\alpha}{c_0\alpha^2} \quad (2-27)$$

式中,c_0 表示 N 点所对应配离子的浓度(假定配离子未离解时)。

本实验用 $\mathrm{HClO_4}$ 控制溶液的 pH 值,在 pH 值为 2~3 的条件下,测定磺基水杨酸合铁(Ⅲ)的组成和稳定常数。实验测得的稳定常数是没有考虑溶液中 $\mathrm{Fe^{3+}}$ 的水解及磺基水杨酸解离平衡的表观稳定常数。如考虑到这两个因素,则需对所测常数加以校正。pH=2 时,

$$K_f^{\ominus} = K_f^{\ominus}(表观)10^{10.297} \quad (2-28)$$

三、仪器与试剂

仪器:比色皿(1 cm)、移液管或者移液器(5 cm³)、容量瓶(50 cm³)、枪头、洗耳球、镜头纸、滤纸片、坐标纸、分光光度计。

试剂:$\mathrm{HClO_4}$ 溶液($0.01\ \mathrm{mol \cdot dm^{-3}}$)、$\mathrm{(NH_4)Fe(SO_4)_2}$ 溶液($0.010\ 0\ \mathrm{mol \cdot dm^{-3}}$)、磺基水杨酸溶液($0.010\ 0\ \mathrm{mol \cdot dm^{-3}}$)。

四、实验内容

1. 溶液的配制(码2)

(1)配制 $0.001\ 00\ mol\cdot dm^{-3}\ Fe^{3+}$ 溶液:用移液管移取 $5.00\ cm^3$ 的 $0.010\ 0\ mol\cdot dm^{-3}$ $(NH_4)Fe(SO_4)_2$ 溶液,注入 $50\ cm^3$ 容量瓶中,用 $0.01\ mol\cdot dm^{-3}\ HClO_4$ 溶液稀释至刻度,摇匀备用。

(2)配制 $0.001\ 00\ mol\cdot dm^{-3}$ 磺基水杨酸溶液:用移液管准确移取 $5.00\ cm^3$ 的 $0.010\ 0\ mol\cdot dm^{-3}$ 磺基水杨酸溶液注入 $50\ cm^3$ 容量瓶中,用 $0.01\ mol\cdot dm^{-3}\ HClO_4$ 溶液稀释至刻度,摇匀备用。

2. 测定系列溶液的吸光度(码13)

(1)用移液管按表2-9的用量取各溶液,分别放入已编号的洗净且干燥的11支 $10\ cm^3$ 比色管中,用 $0.01\ mol\cdot dm^{-3}$ 的 $HClO_4$ 稀释至刻度,使总体积为 $10.00\ cm^3$,摇匀各溶液。

(2)接通分光光度计电源,调整好仪器,选择测定波长为 500 nm。

(3)取4只厚度为 1 cm 的比色皿,往其中一只中加入约比色皿 3/4 体积的参比溶液(可用 $0.01\ mol\cdot dm^{-3}\ HClO_4$ 溶液或表2-9中的 11 号溶液),放在比色架中的第一格内,其余 3 只依次分别加入各编号的待测溶液。测定各待测溶液的吸光度,将实验数据记录于表2-9中。

表2-9 系列溶液的配制及吸光度测定　　　　　　　　室温_____ ℃

溶液编号	$0.001\ 00\ mol\cdot dm^{-3}$ Fe^{3+} 的体积 V_M/cm^3	$0.001\ 00\ mol\cdot dm^{-3}$ 磺基水杨酸的体积 V_L/cm^3	磺基水杨酸物质的量分数 x_L	吸光度 A
1	5.00	0.00		
2	4.50	0.50		
3	4.00	1.00		
4	3.50	1.50		
5	3.00	2.00		
6	2.50	2.50		
7	2.00	3.00		
8	1.50	3.50		
9	1.00	4.00		
10	0.50	4.50		
11	0.00	5.00		

以配合物吸光度 A 为纵坐标,磺基水杨酸的物质的量分数 x_L 为横坐标作图(图2-3)。对配体物质的量分数-吸光度图进行相关处理,获取所需数据,算出磺基水杨酸合铁(Ⅲ)配离子

的组成和稳定常数。

五、思考题

(1) 本实验测定配合物的组成及稳定常数的原理是什么？

(2) 何谓连续变更法？如何用作图法来计算配合物的组成和稳定常数？

(3) 连续变更法测定配离子组成时，如所配系列溶液中没有恰与配合物组成相同的溶液，还能否用此法进行测定？

(4) 使用比色皿时，操作上有哪些应注意的问题？

(5) 本实验为何选用 500 nm 波长的光源来测定溶液的吸光度？在使用分光光度计时应注意哪些事项？

实验七 银氨配离子配位数及稳定常数的测定

一、实验目的

(1)应用配位平衡和沉淀-溶解平衡原理测定银氨配离子$[Ag(NH_3)_n]^+$的配位数并计算稳定常数。

(2)掌握滴定操作。

(3)练习作图法处理实验数据。

二、实验原理

在$AgNO_3$溶液中,加入过量的$NH_3 \cdot H_2O$生成稳定的银氨配离子$[Ag(NH_3)_n]^+$。

$$Ag^+ + n\,NH_3 \rightleftharpoons [Ag(NH_3)_n]^+ \quad \text{(反应1)}$$

$$K_{\text{稳}}^{\ominus} = \frac{c\{[Ag(NH_3)_n]^+\}/c^{\ominus}}{[c(Ag^+)/c^{\ominus}][c(NH_3)/c^{\ominus}]^n} \quad (2\text{-}29)$$

向此溶液中加入KBr溶液,直到刚出现的AgBr沉淀不消失为止。这时,在混合溶液中同时存在着溶解-沉淀平衡。

$$Ag^+(aq) + Br^-(aq) \rightleftharpoons AgBr(s) \quad \text{(反应2)}$$

$$K_{sp}^{\ominus}(AgBr) = [c(Ag^+)/c^{\ominus}][c(Br^-)/c^{\ominus}] \quad (2\text{-}30)$$

反应2-反应1得:

$$[Ag(NH_3)_n]^+(aq) + Br^-(aq) \rightleftharpoons n\,NH_3(aq) + AgBr(s) \quad \text{(反应3)}$$

其平衡常数为:

$$K^{\ominus} = \frac{[c(NH_3)/c^{\ominus}]^n}{[c\{[Ag(NH_3)_n]^+\}/c^{\ominus}][c(Br^-)/c^{\ominus}]} = \frac{1}{K_{\text{稳}}^{\ominus}\{[Ag(NH_3)_n]^+\}K_{sp}^{\ominus}(AgBr)} \quad (2\text{-}31)$$

式(2-31)中,$c\{[Ag(NH_3)_n]^+\}$、$c(NH_3)$和$c(Br^-)$都是平衡浓度,可以通过下述近似方法计算得到:设每份混合溶液最初取用的$AgNO_3$的体积为$V(Ag^+)$(每份相同),其浓度为$c_0(Ag^+)$,每份加入的氨水(大量或过量)和KBr溶液的体积分别为$V(NH_3)$和$V(Br^-)$,它们的浓度分别为$c_0(NH_3)$和$c_0(Br^-)$;混合溶液的总体积为$V(总)$,则混合后达到平衡时:

$$c\{[Ag(NH_3)_n]^+\} = \frac{c_0(Ag^+) \times V(Ag^+)}{V(总)} \quad (2\text{-}32)$$

$$c(Br^-) = \frac{c_0(Br^-) \times V(Br^-)}{V(总)} \quad (2\text{-}33)$$

$$c(NH_3) = \frac{c_0(NH_3) \times V(NH_3)}{V(总)} \quad (2\text{-}34)$$

将式(2-32)、式(2-33)、式(2-34)代入式(2-31),经整理后得:

$$V(Br^-) = \frac{K_{sp}^{\ominus}(AgBr)K_{\text{稳}}^{\ominus}\{[Ag(NH_3)_n]^+\}\left[\dfrac{c(NH_3)}{c^{\ominus}V(总)}\right]^n[V(NH_3)]^n}{\dfrac{c(Br^-)}{c^{\ominus}V(总)} \times \dfrac{c(Ag^+)V(Ag^+)}{c^{\ominus}V(总)}} \quad (2\text{-}35)$$

式(2-35)等号右边除 $[V(NH_3)]^n$ 外,其他皆为常数,故式(2-35)可写为:
$$V(Br^-) = K' \cdot [V(NH_3)]^n \tag{2-36}$$
将式(2-36)两边取数得:
$$\lg\{V(Br^-)\} = n\lg[V(NH_3)] + \lg\{K'\} \tag{2-37}$$

以 $\lg\{V(Br^-)\}$ 为纵坐标,$\lg[V(NH_3)]$ 为横坐标作图,得到一条直线,直线的斜率是 $[Ag(NH_3)_n]^+$ 的配位数 n,由直线在纵轴上的截距和式(2-35)可以求得 $K_稳^\ominus\{[Ag(NH_3)_n]^+\}$。

三、仪器与试剂

仪器:锥形瓶(150 cm³)、滴定管(25 cm³)、移液管(5 cm³、10 cm³)。

试剂:$AgNO_3$ 溶液(0.010 mol·dm^{-3})、KBr 溶液(0.010 mol·dm^{-3})、$NH_3·H_2O$ 溶液(2.0 mol·dm^{-3})。

四、实验内容

将 4.00 cm³ 的 0.010 mol·dm^{-3} $AgNO_3$ 溶液,8 cm³ 的 2.0 mol·dm^{-3} $NH_3·H_2O$ 和 8 cm³ 蒸馏水放入 150 cm³ 锥形瓶中。在不断摇动下,从滴定管滴加 0.010 mol·dm^{-3} KBr,直至溶液刚开始出现浑浊并不再消失为止。记下所消耗的 KBr 溶液的体积 $V(Br^-)$ 和溶液的总体积 $V(总)$。

重复上述方法,按表 2-10 所示的各试剂的用量进行其他各组实验,从第 2 组实验开始,当滴定接近终点时应补加适量的蒸馏水使溶液的总体积都与第 1 组的总体积基本相同。

表 2-10 记录与结果　　　　室温_____℃

实验编号	$V(Ag^+)$/cm³	$V(NH_3)$/cm³	$V(H_2O)$/cm³	$V(Br^-)$/cm³	$V(总)$/cm³	$\lg[V(NH_3)]$	$\lg[V(Br^-)]$
1	4.00	8.00	8.00				
2	4.00	7.00	9.00				
3	4.00	6.00	10.00				
4	4.00	5.00	11.00				
5	4.00	4.00	12.00				

以 $\lg[V(Br^-)]$ 为纵坐标,$\lg[V(NH_3)]$ 为横坐标作图,求出直线斜率 n,由直线在纵坐标上的截距和式(2-35),求得 $K_稳^\ominus\{[Ag(NH_3)_n]^+\}$。将实验数据和处理结果一并记入表 2-10。

五、思考题

(1)在重复滴定操作过程中,为什么要补加一定量的蒸馏水使溶液的总体积 $V(总)$ 与第一个组实验的 $V(总)$ 相同?

(2)在计算平衡浓度 $c(Br^-)$、$c\{[Ag(NH_3)_n]^+\}$ 和 $c(NH_3)$ 时,为什么可以忽略生成 AgBr 沉淀时所消耗的 Br^- 离子和 Ag^+ 离子的浓度,同时也可以忽略 $[Ag(NH_3)_n]^+$ 解离出来的 Ag^+ 离子浓度以及生成 $[Ag(NH_3)_n]^+$ 时所消耗的 NH_3 的浓度?

实验八 氧化还原反应与电极电势的测定

一、实验目的

(1) 了解测定电极电势的原理与方法。
(2) 掌握用 pH 计测定原电池电动势的方法。
(3) 掌握电极电势和氧化还原反应的关系。
(4) 掌握浓度、酸度对电极电势和氧化还原反应的影响。

二、实验原理

测量某一电对的电极电势,是将该电对组成的电极与标准氢电极构成原电池,测量该原电池的电动势。原电池的电动势 E 与电极电势有如下关系:

$$E = E_+ - E_- \tag{2-38}$$

根据测量得到的电动势,可以求出该电对的电极电势,然后利用能斯特方程式求得该电对的标准电极电势:

$$E = E^{\ominus} + \frac{0.059\ 2\ \text{V}}{n} \lg \frac{c(\text{氧化型})}{c(\text{还原型})} \tag{2-39}$$

在实际测量电极电势时,由于标准氢电极使用不太方便,因此常用甘汞电极(当 KCl 为饱和溶液,温度为 298 K 时,电势值为 0.241 5 V)作为参比电极,以代替标准氢电极。

测定锌电极的电极电势时,可以将锌电极与甘汞电极组成原电池,测出该原电池的电动势 E,即能求出锌电极的电极电势:

$$\left.\begin{array}{l} E = E_+ - E_- = E(\text{甘汞}) - E(\text{Zn}^{2+}/\text{Zn}) \\ E(\text{Zn}^{2+}/\text{Zn}) = E(\text{甘汞}) - E = 0.241\ 5 - E \end{array}\right\} \tag{2-40}$$

由能斯特方程式可知,对于任意一个电极反应,溶液中离子浓度的变化将影响电极电势的数值,因此改变电极中还原态或氧化态的浓度,都可以使电极的电极电势发生变化。而对于有氢离子或者氢氧根离子参加的电极反应,氢离子或者氢氧根离子浓度变化也会影响电极电势的数值。

氧化还原反应是物质间发生电子转移的一类重要反应。氧化剂在反应中得电子,还原剂失去电子,其得、失电子能力的大小,即氧化、还原能力的强弱,可用其电极电势的相对高低来衡量。电对的电极电势越高,其氧化型物质的氧化能力越强,而还原型物质的还原能力越弱,反之亦然。当氧化剂所对应电对的电极电势与还原剂所对应电对的电极电势的差值:①大于 0 时,反应能自发进行;②等于 0 时,反应处于平衡状态;③小于 0 时,反应不能进行。通常用标准电极电势进行比较,当代数差值小于 0.2 时,则考虑反应物浓度、介质酸碱性对电极电势的影响,用能斯特方程计算来确定氧化还原反应的方向,因此反应物浓度、介质酸碱性对氧化还原反应的方向和反应产物均有重要影响。

三、仪器与药品

仪器：烧杯（10 cm³、50 cm³）、试管、试管架、表面皿、盐桥、导线（带 Zn 棒和 Cu 棒）、砂纸、温度计、pH 计、甘汞电极、量筒（10 cm³）。

试剂：H_2SO_4 溶液（1.0 mol·dm⁻³，2.0 mol·dm⁻³）、NaOH 溶液（2.0 mol·dm⁻³，6.0 mol·dm⁻³）、$CuSO_4$ 溶液（0.1 mol·dm⁻³）、$ZnSO_4$ 溶液（0.1 mol·dm⁻³）、NaCl 溶液（0.1 mol·dm⁻³）、酚酞指示剂、铜试剂、$KMnO_4$ 溶液（0.01 mol·dm⁻³）、Na_2SO_3 溶液（0.5 mol·dm⁻³）、饱和 KCl 溶液、$NH_3 \cdot H_2O$（6 mol·dm⁻³）、NH_4F 固体、$K_3[Fe(CN)_6]$（0.50 mol·dm⁻³）、H_2O_2（12.3%）、KBr 溶液（0.1 mol·dm⁻³）、KI 溶液（0.1 mol·dm⁻³）、$K_2Cr_2O_7$ 溶液（0.1 mol·dm⁻³）、$FeCl_3$ 溶液（0.1 mol·dm⁻³）、$MnSO_4$ 溶液（0.2 mol·dm⁻³）、淀粉溶液（0.5%）、酸性 KIO_3 溶液（0.2 mol·dm⁻³）、丙二酸-$MnSO_4$-淀粉混合溶液、CCl_4、溴水、碘水、$(NH_4)_2Fe(SO_4)_2$ 溶液（0.1 mol·dm⁻³）。

四、实验内容

1. Zn^{2+}/Zn 电极电势测定

取两只干燥的 10 cm³ 烧杯，在一个烧杯中加入 4 cm³ 的 0.1 mol·dm⁻³ 的 $ZnSO_4$ 溶液，将锌电极插入到 $ZnSO_4$ 溶液中，另一个烧杯中加入 4 cm³ 饱和 KCl 溶液，插入饱和甘汞电极，用盐桥将两个烧杯中的溶液连通起来，组成原电池（装置见图 2-4）。

将准备好的待测电池的两极分别与调试好的 pH 计的两极连接，然后按 pH 计电极电势测定法测量待测电池的电动势。根据测得的电动势，计算锌电极在 0.1 mol·dm⁻³ 的 $ZnSO_4$ 溶液中的电极电势，并利用能斯特方程式计算出锌电极的标准电极电势。

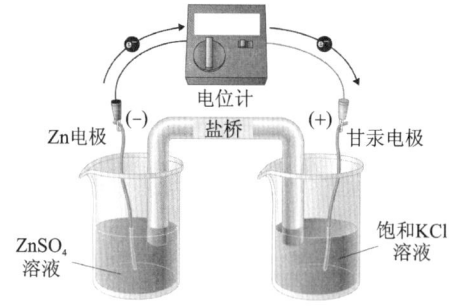

图 2-4　原电池装置图

(−)Zn│$ZnSO_4$(0.10 mol·dm⁻³)‖饱和 KCl│Hg_2Cl_2│Hg│Pt(+)

做完实验后，将 $ZnSO_4$、$CuSO_4$ 溶液留做下面实验 2 中的(1)和(3)。

2. 浓度对电极电势的影响

(1) 在 2 只 10 cm³ 小烧杯中分别加入约 2 cm³ 0.1 mol·dm⁻³ 的 $ZnSO_4$ 溶液和 0.1 mol·dm⁻³ 的 $CuSO_4$ 溶液，将锌棒和铜棒分别插入 $ZnSO_4$ 和 $CuSO_4$ 溶液中，放入盐桥组

成原电池,用 pH 计测量原电池电动势 E。

(2) 取出盐桥和铜棒,在 $CuSO_4$ 溶液中滴加 6 mol·dm^{-3} 的 $NH_3·H_2O$ 并不断搅拌,直至生成的浅蓝色沉淀全部消失,生成深蓝色溶液,放入盐桥和铜棒,测其电动势 E。

(3) 将(2)产生的深蓝色溶液倒入废液桶洗净,另加入 2 cm^3 0.1 mol·dm^{-3} $CuSO_4$,取出 Zn 棒,在 $ZnSO_4$ 溶液中滴加 6 mol·dm^{-3} 的 $NH_3·H_2O$ 并不断搅拌至沉淀完全消失,形成透明溶液,将锌棒和铜棒分别插入 $ZnSO_4$ 和 $CuSO_4$ 溶液中,加入盐桥组成原电池,测其电动势 E。从电动势的变化说明浓度对电极电势的影响。

3. 电解池

取 2 只 10 cm^3 小烧杯中分别加入约 2 cm^3 0.1 mol·dm^{-3} 的 $ZnSO_4$ 溶液和 0.1 mol·dm^{-3} 的 $CuSO_4$ 溶液,作为电解装置的原电池(图 2-4)。在电解池中加入约 5 cm^3 0.5 mol·dm^{-3} 的 NaCl 溶液及 2 滴酚酞指示剂,待数分钟后观察电解池中电极附近有何现象。然后滴加铜试剂,再观察有何现象。

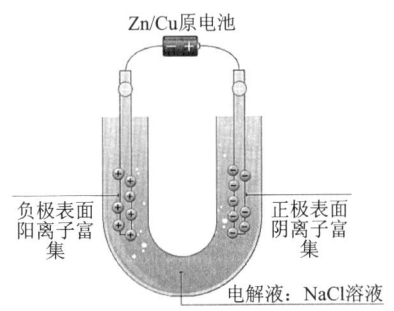

图 2-4 电解池装置图

根据实验结果,判断原电池的正负极和电解池的阴阳极。

4. 电极电势和氧化还原反应

(1) 往试管中加入 5 滴 0.1 mol·dm^{-3} 的 KI 溶液和 2 滴 0.1 mol·dm^{-3} 的 $FeCl_3$ 溶液,摇匀后加入 5 滴 CCl_4,充分振荡,观察 CCl_4 层有无变化(若 CCl_4 层看不清楚,可往试管中补加少量水稀释一下)。

用同浓度的 KBr 溶液代替 KI 溶液进行相同的实验,观察反应能否发生,为什么? 根据实验结果,定性比较 Br_2/Br^-、I_2/I^-、Fe^{3+}/Fe^{2+} 三个电对电极电势的相对高低,并指出三者中哪个物质是最强的氧化剂,哪个是最强的还原剂。

(2) 分别用 5 滴碘水和溴水与 2 滴 0.1 mol·dm^{-3} 的 $(NH_4)_2Fe(SO_4)_2$ 溶液反应,观察 CCl_4 层有无变化。

根据上面的实验结果说明电极电势与氧化还原反应方向的关系。

5. 酸度对氧化还原反应的影响

(1) 酸度对某些物质氧化还原能力的影响。

试管中加入 2 滴 $0.1\ mol\cdot dm^{-3}$ 的 KI 溶液和 $0.1\ mol\cdot dm^{-3}$ 的 $K_2Cr_2O_7$ 溶液,混合均匀后,加入 5 滴去离子水和 5 滴 CCl_4,振荡,观察 CCl_4 层有何变化?再加入数滴 $1\ mol\cdot dm^{-3}$ 的 H_2SO_4 溶液,观察 CCl_4 层有何变化?写出反应方程式,并用能斯特公式解释上述实验现象。配平下列反应离子方程式:

$$Cr_2O_7^{2-} + I^- + H^+ \longrightarrow Cr^{3+}(绿色) + I_2$$

试管中加入 5 滴 $0.2\ mol\cdot dm^{-3}$ 的 $MnSO_4$ 溶液,加入 5 滴 $2.0\ mol\cdot dm^{-3}$ 的 NaOH,观察实验现象,放置后再观察,用电极电势解释所观察到的现象。

(2) 酸度对氧化还原反应方向的影响(卤素在不同介质中的歧化反应及其逆反应)。

试管中加入 5 滴碘水,滴加 $6.0\ mol\cdot dm^{-3}$ 的 NaOH 至颜色刚好褪去,然后再往其中滴加 $2.0\ mol\cdot dm^{-3}$ 的 H_2SO_4 溶液,观察颜色的变化(如果现象不明显,可往其中滴入 1 滴淀粉溶液)。配平下列方程式:

$$I_2 + OH^- \longrightarrow IO_3^- + I^-$$
$$IO_3^- + I^- + H^+ \longrightarrow I_2$$

并用标准电极电势定性解释实验现象。

(3) 酸度对氧化还原反应产物的影响。

3 只试管中各加入 2 滴 $0.01\ mol\cdot dm^{-3}$ 的 $KMnO_4$ 溶液,依次加入 2 滴 $2.0\ mol\cdot dm^{-3}$ 的 H_2SO_4 溶液、2 滴去离子水、2 滴 $6.0\ mol\cdot dm^{-3}$ 的 NaOH 溶液,再分别滴加 5 滴 $0.5\ mol\cdot dm^{-3}$ 的 Na_2SO_3 溶液,观察实验现象有何不同,写出有关反应方程式。

6. 浓度对氧化还原反应的影响

(1) 在 2 支试管中各加入 5 滴 $0.1\ mol\cdot dm^{-3}$ 的 KI 溶液和 2 滴 $0.1\ mol\cdot dm^{-3}$ 的 $FeCl_3$ 溶液,再向其中 1 支试管中加入少量 NH_4F 固体,摇动试管,观察两支试管的颜色有什么不同(加入 NH_4F 固体后将有配离子 FeF^{2+} 生成,使反应物 Fe^{3+} 的浓度减小)。

(2) 往小试管中加 $0.5\ cm^3$ $0.1\ mol\cdot dm^{-3}$ 的 KI 溶液、2 滴 $0.50\ mol\cdot dm^{-3}$ 的 $K_3[Fe(CN)_6]$ 和 2 滴 CCl_4,振荡,观察有无 I_2 的生成?再往其中加入几滴 $0.1\ mol\cdot dm^{-3}$ 的 $ZnSO_4$ 溶液,充分震荡后静置,观察现象,配平下列反应式:

$$[Fe(CN)_6]^{3-} + I^- + Zn^{2+} \longrightarrow Zn_2[Fe(CN)_6]\downarrow(白) + I_2$$

用电极电势解释实验现象。

7. 摇摆反应

在小烧杯中先加入 $2\ cm^3$ 的 12.3% H_2O_2 溶液,然后再同时加等体积的 $0.2\ mol\cdot dm^{-3}$ 的酸性 KIO_3 溶液和丙二酸-$MnSO_4$-淀粉混合液(调至 22~23 ℃),观察溶液颜色的变化,说明 H_2O_2 在反应中的作用。

五、思考题

(1)如何用 pH 计测量原电池的电动势?

(2)如果没有电表,你将如何用简便的方法辨认原电池的正负极?

(3)介质的 pH 值、浓度对电极电势有何影响?

(4)如何根据标准电极电势判断氧化还原反应的方向及程度,氧化剂、还原剂的相对强弱?

实验九　化学反应级数与活化能的测定

一、实验目的

(1)掌握浓度、温度和催化剂对化学反应速率的影响。
(2)测定$(NH_4)_2S_2O_8$(过二硫酸铵)与KI(碘化钾)反应的平均反应速率和反应级数。
(3)测定不同温度下的速度常数并计算反应的活化能。
(4)学习数据处理的一般方法及作图方法。

二、实验原理

在水溶液中$(NH_4)_2S_2O_8$与KI发生如下反应：

$$(NH_4)_2S_2O_8 + 3KI = (NH_4)_2SO_4 + K_2SO_4 + KI_3 \quad \text{（反应1）}$$

速率方程为：

$$r = kc^m(S_2O_8^{2-})c^n(I^-) \tag{2-41}$$

式中，r 是瞬时速率。但在实验中只能测定在一段时间内反应的平均速率。

$$\bar{r} = \frac{-\Delta c(S_2O_8^{2-})}{\Delta t} \tag{2-42}$$

在实际实验操作中，可近似地用平均速率代替瞬时速率：

$$\bar{r} = \frac{-\Delta c(S_2O_8^{2-})}{\Delta t} \approx kc_0^m(S_2O_8^{2-})c_0^n(I^-) \tag{2-43}$$

为了能测出反应在Δt时间内$S_2O_8^{2-}$浓度的改变量，需要在混合$(NH_4)_2S_2O_8$和KI溶液的同时，加入一定体积已知浓度的$Na_2S_2O_3$(硫代硫酸钠)溶液和淀粉溶液，这样在反应1进行的同时还进行着下面的反应：

$$2S_2O_3^{2-} + I_3^- = S_4O_6^{2-} + 3I^- \quad \text{（反应2）}$$

反应2速率非常快，几乎是瞬间完成，反应1比反应2慢很多。因此，反应1生成的I_3^-立即与$S_2O_3^{2-}$反应，生成无色的$S_4O_6^{2-}$（连四硫酸根）离子和I^-离子，这样就观察不到碘与淀粉呈现的特征蓝色。一旦$S_2O_3^{2-}$消耗完全，反应1所生成的微量I_3^-遇到淀粉，使溶液呈现蓝色。从反应开始到溶液出现蓝色这一段时间Δt里，$S_2O_3^{2-}$已全部耗尽，$S_2O_3^{2-}$浓度的改变值就是反应开始时$Na_2S_2O_3$的浓度：

$$-\Delta c(S_2O_3^{2-}) = c_0(S_2O_3^{2-}) \tag{2-44}$$

由反应1和反应2的化学计量关系可以看出，$S_2O_8^{2-}$消耗的量等于$S_2O_3^{2-}$消耗量的一半，

$$\Delta c(S_2O_8^{2-}) = \frac{\Delta c(S_2O_3^{2-})}{2} \tag{2-45}$$

因此,反应1的平均反应速率可通过下式计算:

$$\bar{r}=\frac{-\Delta c(S_2O_8^{2-})}{\Delta t}=\frac{-\Delta c(S_2O_3^{2-})}{2\Delta t}=\frac{c_0(S_2O_3^{2-})}{2\Delta t} \tag{2-46}$$

将式(2-43)两边同时取对数得:

$$\lg \bar{r}=\lg k+m\lg c_0(S_2O_8^{2-})+n\lg c_0(I^-) \tag{2-47}$$

可见,当 $S_2O_8^{2-}$ 浓度不变时,以 $\lg \bar{r}$ 对 $\lg c_0(I^-)$ 作图,得一直线,斜率为 n;同理 I^- 的浓度固定时,以 $\lg \bar{r}$ 对 $\lg c_0(S_2O_8^{2-})$ 作图,可求得 m。

将 $\bar{r}$、m 和 n 代入反应的速率方程可以求得反应速率常数。

温度对反应速率影响十分显著,一般有以下关系:

$$\lg k=A-E_a/2.303RT \tag{2-48}$$

式中,E_a 为反应的活化能($J \cdot mol^{-1}$),R 为气体常数($8.314\ J \cdot K^{-1} \cdot mol^{-1}$),$T$ 为热力学温度(K),A 为常数。

由实验测得不同 T 时的 k 值,再以 $\lg k$ 为纵坐标,$1/T$ 为横坐标作图,可以得到一条直线。由直线的斜率可以得到反应的活化能。

另外,Cu^{2+} 可以作为催化剂加快$(NH_4)_2S_2O_8$ 与 KI 反应的速率,Cu^{2+} 的加入量不同,反应速率也不同。

三、仪器与试剂

仪器:秒表、温度计、恒温水浴、烧杯($50\ cm^3$)、量筒($10\ cm^3$、$5\ cm^3$)、锥形瓶($100\ cm^3$)。

药品:KI 溶液($0.20\ mol \cdot dm^{-3}$)、淀粉溶液(0.5%)、$Na_2S_2O_3$ 溶液($0.010\ mol \cdot dm^{-3}$)、KNO_3 溶液($0.20\ mol \cdot dm^{-3}$)、$(NH_4)_2S_2O_8$ 溶液($0.20\ mol \cdot dm^{-3}$)、$(NH_4)_2SO_4$ 溶液($0.20\ mol \cdot dm^{-3}$)、$Cu(NO_3)_2$ 溶液($0.02\ mol \cdot dm^{-3}$)。

四、实验内容

1. 浓度对化学反应速率的影响

用专用量筒(每种试剂所用的量筒必须做标记),按表 2-11 次序分别量取 KI 溶液、淀粉溶液、$Na_2S_2O_3$ 溶液、KNO_3 溶液或$(NH_4)_2SO_4$ 溶液加入锥形瓶中,摇匀。再用专用量筒量取$(NH_4)_2S_2O_8$ 溶液,迅速倒入上述锥形瓶中,并立即按表计时,并不断摇动烧杯,注意观察,当溶液刚呈现蓝色时,立刻停止秒表,记录反应时间(Δt)于表 2-11 中。

重复上述实验,按表 2-11 所示的各试剂的用量进行其他各组实验,最后计算各反应速率 $\bar{r}$ 和速率常数 k。用表 2-11 中实验Ⅰ、Ⅱ、Ⅲ的数据,以 $\lg \bar{r}$ 对 $\lg c_0(S_2O_8^{2-})$ 作图,求出 m;用实验Ⅰ、Ⅳ、Ⅴ的数据,以 $\lg \bar{r}$ 对 $\lg c_0(I^-)$ 作图,求出 n。将最后的结果一并记入表 2-11 中。

表 2-11 浓度对反应速率的影响　　　　　　　　　　　　　室温_____℃

	实验编号	Ⅰ	Ⅱ	Ⅲ	Ⅳ	Ⅴ
试剂用量/cm³	0.20 mol·dm⁻³ KI	10.0	10.0	10.0	5.0	2.5
	0.010 mol·dm⁻³ Na$_2$S$_2$O$_3$	3.0	3.0	3.0	3.0	3.0
	0.5% 淀粉溶液	1.0	1.0	1.0	1.0	1.0
	0.20 mol·dm⁻³ KNO$_3$	0	0	0	5.0	7.5
	0.20 mol·dm⁻³ (NH$_4$)$_2$SO$_4$	0	5.0	7.5	0	0
	0.20 mol·dm⁻³ (NH$_4$)$_2$S$_2$O$_8$	10.0	5.0	2.5	10.0	10.0
混合液中反应物的起始浓度 /mol·dm⁻³	(NH$_4$)$_2$S$_2$O$_8$					
	KI					
	Na$_2$S$_2$O$_3$					
反应时间 Δt/s						
S$_2$O$_8^{2-}$ 的浓度变化 $\Delta c(\text{S}_2\text{O}_8^{2-})$/mol·dm⁻³						
反应速率 $\bar{r}$/mol·dm⁻³·s⁻¹						
$\lg \bar{r}$						
$\lg c_0(\text{S}_2\text{O}_8^{2-})$						
$\lg c_0(\text{I}^-)$						
m						
n						
反应速率常数 k/dm³·mol⁻¹·s⁻¹						

2. 温度对反应速率的影响

(1) 记录室温 T，并将水浴温度调至比室温高 10K。

(2) 按表 2-11 编号 Ⅱ 的药品用量，将装有 KI、Na$_2$S$_2$O$_3$、(NH$_4$)$_2$SO$_4$ 和淀粉的锥形瓶和装有 (NH$_4$)$_2$S$_2$O$_8$ 溶液的锥形瓶，同时放在比室温高 10K 的恒温水浴中，恒温 5～10 min。再将 (NH$_4$)$_2$S$_2$O$_8$ 与 KI 等混合溶液混合，同时计时并不断搅拌，当溶液刚出现蓝色时，立即停表，记录反应时间。此实验编号记为 Ⅵ。

将水浴温度调至高于室温 20K，重复上述实验，记录反应温度和时间。此实验编号记为 Ⅶ。利用实验数据，以 $\lg k$ 为纵坐标，$1/T$ 为横坐标作图，得到一条直线，由直线的斜率可以得到反应的活化能，将活化能的处理数据记入表 2-12。

表 2-12　温度对反应速率的影响

实验编号	Ⅱ	Ⅵ	Ⅶ
反应温度 $t/℃$			
反应时间 $\Delta t/s$			
反应速率 $r/\text{mol} \cdot \text{dm}^{-3} \cdot \text{s}^{-1}$			
反应速率常数 $k/\text{dm}^3 \cdot \text{mol}^{-1} \cdot \text{s}^{-1}$			
$\lg k$			
$\dfrac{1}{T}$			
反应活化能 $E_a/\text{J} \cdot \text{mol}^{-1}$			

3. 催化剂对化学反应速率的影响

按表 2-11 编号Ⅱ的药品用量,把 KI 溶液、$Na_2S_2O_3$ 溶液、$(NH_4)_2SO_4$ 溶液和淀粉溶液加入锥形瓶中,再加入 2 滴 $0.02\ \text{mol} \cdot \text{dm}^{-3}\ Cu(NO_3)_2$ 溶液,摇匀。再用量筒量取 $(NH_4)_2S_2O_8$ 溶液,迅速倒入上述锥形瓶中,并立即按表计时,将此实验数据与表 2-11 中编号Ⅱ的反应速率进行定性的比较,可以得到什么结论?

五、思考题

(1)测定 $(NH_4)_2S_2O_8$ 与 KI 反应速率实验中,为什么可以由溶液出现蓝色的时间长短来计算反应速率?溶液出现蓝色后,反应是否就终止?说明加 $Na_2S_2O_3$ 和淀粉各起什么作用。

(2)本实验 $Na_2S_2O_3$ 的用量过多或过少,对实验结果有何影响?

(3)反应液中为什么要加入 KNO_3、$(NH_4)_2SO_4$?

(4)由反应方程式能否确定反应级数?为什么?试用本实验结果说明。

(5)下列操作情况对反应结果有何影响?

①先加 $(NH_4)_2S_2O_8$ 溶液,后加 KI 溶液;②慢慢加入 $(NH_4)_2S_2O_8$ 溶液。

第三章　元素及化合物性质实验

实验十　p区元素(一)(卤族、氧族)

一、实验目的

(1) 学习掌握卤素单质的性质及过氧化氢的氧化还原性。
(2) 学习掌握卤素及氧族元素常见含氧酸盐的基本性质。
(3) 学习这两族元素某些常见离子的分离及鉴定方法。

二、实验原理

卤素元素是典型的非金属元素，单质具有强氧化能力，且按 F、Cl、Br、I 依次减弱。同周期对应的氧族元素单质氧化能力远弱于卤素。

卤素单质与水发生氧化与歧化两类反应。氟与水发生氧化反应，而氯、溴、碘主要发生歧化反应且产物各有不同。室温下，氯歧化生成次氯酸(或盐)，而溴、碘生成卤酸(或盐)。加碱可促进歧化反应的进行，酸性条件下反应又会逆向进行，生成相应的单质。

$$Cl_2 + H_2O \Longrightarrow HOCl + HCl$$
$$3Br_2 + 6OH^- \Longrightarrow 5Br^- + BrO_3^- + 3H_2O（温度较低时，生成 BrO^-）$$
$$3I_2 + 6OH^- \Longrightarrow 5I^- + IO_3^- + 3H_2O$$

常见的卤素含氧酸盐有次卤酸盐、卤酸盐及高卤酸盐，在酸性条件下都是强氧化剂，且氧化能力通常随氧化数升高而有所下降。

$$2ClO^- + Mn^{2+} \Longrightarrow MnO_2 \downarrow + Cl_2 \uparrow$$
$$ClO_3^- + 6I^- + 6H^+ \Longrightarrow Cl^- + 3I_2 \downarrow + 3H_2O$$
$$2IO_3^- + 5SO_3^{2-} + 2H^+ \Longrightarrow I_2 \downarrow + 5SO_4^{2-} + H_2O$$

(偏)高碘酸及其盐，过二硫酸及其盐是很强的氧化剂，能在酸性介质中将 Mn^{2+} 氧化为 MnO_4^-，可用于 Mn^{2+} 的鉴定。

$$5H_5IO_6 + 2Mn^{2+} \Longrightarrow 2MnO_4^- + 5IO_3^- + 7H_2O + 11H^+$$
$$5S_2O_8^{2-} + 2Mn^{2+} + 8H_2O \Longrightarrow 2MnO_4^- + 10SO_4^{2-} + 16H^+$$

常见的氧族元素有亚硫酸盐、硫代硫酸盐、硫酸盐及过二硫酸盐。前两者有较强的还原能力，酸中不稳定。后两者有较强的氧化性，硫代硫酸根还是一种常见的配位体。

$$2Ag^+ + S_2O_3^{2-} =\!\!=\!\!= Ag_2S_2O_3 \downarrow$$
$$Ag_2S_2O_3 + 3S_2O_3^{2-} =\!\!=\!\!= 2[Ag(S_2O_3)_2]^{3-}$$
$$S_2O_3^{2-} + 2H^+ =\!\!=\!\!= SO_2 \uparrow + S \downarrow + H_2O$$

H_2O_2 是一种重要的氧化剂及还原剂,在酸性、中性及碱性条件下都是较强的氧化剂,只有与强氧化剂作用时才表现出还原性,因其反应产物不会给反应体系引入杂质而广为使用。酸性条件下,H_2O_2 可与 $K_2Cr_2O_7$ 生成过氧化铬,在乙醚中呈蓝色,可用于过氧化物的鉴定。

$$4H_2O_2 + PbS =\!\!=\!\!= PbSO_4 \downarrow + 4H_2O$$
$$5H_2O_2 + 2MnO_4^- + 6H^+ =\!\!=\!\!= 2Mn^{2+} + 5O_2 \uparrow + 8H_2O$$
$$4H_2O_2 + Cr_2O_7^{2-} + 2H^+ =\!\!=\!\!= 2CrO(O_2)_2(蓝) + 5H_2O$$

Cl^-、Br^-、I^- 能与 Ag^+ 反应生成难溶于水的 $AgCl$(白)、$AgBr$(淡黄)、AgI(黄)沉淀,它们的溶解度依次减小,可分别溶于稀氨水、浓氨水(或稀硫代硫酸盐溶液)及饱和硫代硫酸盐溶液中,可用于这些离子的分离。

三、仪器与试剂

仪器:离心机、离心试管、滤纸、试管夹、恒温水浴、冰箱(制备冰块)。

试剂:HCl(2 mol·dm^{-3})、HNO$_3$(6 mol·dm^{-3})、H$_2$SO$_4$(6 mol·dm^{-3},2 mol·dm^{-3})、NaOH(2 mol·dm^{-3})、NH$_3$·H$_2$O(浓,2 mol·dm^{-3})、NaCl(0.1 mol·dm^{-3})、KBr(0.1 mol·dm^{-3})、AgNO$_3$(0.1 mol·dm^{-3})、Pb(NO$_3$)$_2$(0.1 mol·dm^{-3})、BaCl$_2$(0.1 mol·dm^{-3})、H$_2$O$_2$(3%)、银氨溶液、氯水溶液、溴水溶液、碘水溶液、混合溶液(Cl$^-$、Br$^-$、I$^-$)、KI(0.1 mol·dm^{-3})、KIO$_3$(0.1 mol·dm^{-3})、Na$_2$S$_2$O$_3$(0.1 mol·dm^{-3})、MnSO$_4$(0.002 mol·dm^{-3}、0.1 mol·dm^{-3})、KMnO$_4$(0.01 mol·dm^{-3})、K$_2$CrO$_4$(0.1 mol·dm^{-3})、Na$_2$SO$_3$(0.1 mol·dm^{-3},0.5 mol·dm^{-3})、Na$_2$S(0.2 mol·dm^{-3})、CCl$_4$、NaClO 溶液、Zn 粉、KClO$_3$(s)、K$_2$S$_2$O$_8$(s)、Na$_2$[Fe(CN)$_5$NO]试剂、淀粉溶液(1%)、乙醚、淀粉-KI 试纸、Pb(Ac)$_2$ 试纸、广泛 pH 试纸。

四、实验内容

1. 卤素单质的性质(码 1)

(1)卤素单质的氧化性。

取 5 滴 0.1 mol·dm^{-3} KBr 溶液,逐滴加入氯水,振荡,有何现象? 再加入 0.5 cm^3 CCl$_4$,充分振荡,又有何现象?

取 5 滴 0.1 mol·dm^{-3} KI 溶液,逐滴加入溴水,振荡,有何现象? 再加入 0.5 cm^3 CCl$_4$,充分振荡,又有何现象?

写出上述有关反应式并总结卤素单质氧化性变化规律,用相关电对的电极电势解释。

(2)卤素单质的歧化反应。

取 5 滴溴水放入试管中,滴加 2 mol·dm^{-3} NaOH 溶液,观察有何现象,颜色有何变化? 待颜色褪去后,再滴加 2 mol·dm⁻³ H₂SO₄ 溶液酸化,观察颜色有何变化?解释现象。

取 5 滴碘水放入试管中,进行如上操作,观察有何现象发生,如何解释?

写出上述有关反应式。

2. 过氧化氢的性质

(1) 过氧化氢的氧化性。

取 5 滴 0.1 mol·dm⁻³ Pb(NO₃)₂ 溶液,加入 2 滴 0.2 mol·dm⁻³ Na₂S 溶液,有何现象?离心分离,然后往沉淀中滴加 3% H₂O₂ 溶液,搅拌。观察沉淀有何变化,解释现象。

取 5 滴 3% H₂O₂ 溶液,加入 5 滴 2 mol·dm⁻³ H₂SO₄ 溶液,再加入 2 滴 0.1 mol·dm⁻³ KI 溶液,观察现象,并检验产物。

写出上述有关反应方程式。

(2) 过氧化氢的还原性。取 5 滴 0.01 mol·dm⁻³ KMnO₄ 溶液,滴加数滴 2 mol·dm⁻³ H₂SO₄ 溶液酸化,再加数滴 3% H₂O₂ 溶液,观察溶液颜色变化。解释现象。

(3) 过氧化氢的鉴定。取 H₂O₂ 溶液 2 cm³ 放入试管,加入 0.5 cm³ 乙醚和 1 cm³ 的 2 mol·dm⁻³ H₂SO₄ 溶液,再加入 3~5 滴 0.1 mol·dm⁻³ 的 K₂CrO₄ 溶液,振荡试管,分别观察水层和乙醚层的颜色有何不同,写出相关反应方程式。

3. 次卤酸盐和卤酸盐的氧化性

(1) 取 2 份 NaClO 溶液,分别滴加 0.1 mol·dm⁻³ MnSO₄ 溶液及用 2 mol·dm⁻³ H₂SO₄ 酸化过的淀粉-KI 溶液,观察现象。

(2) 取少量 KClO₃(s),用 1~2 cm³ 蒸馏水溶解后,加入 10 滴 CCl₄ 及 0.1 mol·dm⁻³ KI 溶液 5 滴,摇动试管,观察试管内水相和有机相有无变化?再加入 6 mol·dm⁻³ H₂SO₄ 溶液,振荡试管,又有何变化?

(3) 取 5 滴 0.1 mol·dm⁻³ KIO₃ 溶液,加 2 滴淀粉溶液,再滴加 0.1 mol·dm⁻³ Na₂SO₃ 溶液,观察现象有无变化。向试管中加 5 滴 2 mol·dm⁻³ H₂SO₄ 溶液酸化,现象又如何?

写出上述有关反应方程式。

4. 硫代硫酸盐的性质

(1) 硫代硫酸盐的还原性。

取 1 cm³ 的 0.5 mol·dm⁻³ Na₂S₂O₃ 溶液,加入 2 滴 2 mol·dm⁻³ NaOH 溶液,再加入 2 cm³ 氯水,充分振荡,检验溶液中有无 SO_4^{2-} 生成。

取 1 cm³ 的 0.5 mol·dm⁻³ Na₂S₂O₃ 溶液,加入碘水,边加边振荡,有何现象?能否检出 SO_4^{2-}?

比较上述反应产物的不同。原因是什么?写出上述有关反应方程式。

(2) 硫代硫酸盐的配位反应。取 2 滴 0.1 mol·dm⁻³ AgNO₃ 溶液,连续滴加 0.5 mol·dm⁻³ Na₂S₂O₃ 溶液,边加边振荡,直至所生成的沉淀完全溶解,解释所观察的现象,写出有关反应方程式。

（3）硫代硫酸盐与酸反应。取 5 滴 0.5 mol·dm^{-3} Na$_2$S$_2$O$_3$ 溶液，滴加 2 mol·dm^{-3} HCl 溶液，观察现象，写出有关反应方程式。

5. 过二硫酸盐的氧化性

取 2 滴 0.002 mol·dm^{-3} MnSO$_4$ 溶液，加入 2 cm^3 2 mol·dm^{-3} 的 H$_2$SO$_4$ 溶液，5 cm^3 蒸馏水，混合均匀后，把该溶液分成两份，每份之中均加入等量的少量 K$_2$S$_2$O$_8$(s)，并且在其中一份加 1 滴 0.1 mol·dm^{-3} AgNO$_3$ 溶液，然后把两支试管同时放在水浴中加热，现象有何区别？写出有关反应方程式。

6. 离子鉴定

（1）S^{2-} 的鉴定。在点滴板上加 2 滴 0.2 mol·dm^{-3} Na$_2$S 溶液，然后滴加 Na$_2$[Fe(CN)$_5$NO]，观察溶液颜色变化。

$$S^{2-} + [Fe(CN)_5NO]^{2-} = [Fe(CN)_5NOS]^{4-}（紫红色）$$

（2）S$_2$O$_3^{2-}$ 的鉴定。在点滴板上加 4～5 滴 0.1 mol·dm^{-3} AgNO$_3$ 溶液，再滴加 2 滴 0.1 mol·dm^{-3} Na$_2$S$_2$O$_3$ 溶液，观察现象。注意沉淀颜色变化。

$$2Ag^+ + S_2O_3^{2-} = Ag_2S_2O_3（白）$$
$$Ag_2S_2O_3 + H_2O = Ag_2S（黑）+ H_2SO_4$$

（3）卤素离子的分离鉴定。

① 卤化银的溶解性。取 0.1 mol·dm^{-3} NaCl 溶液、0.1 mol·dm^{-3} KBr 溶液、0.1 mol·dm^{-3} KI 溶液各 5 滴分别置于 3 支试管中，各加入 0.1 mol·dm^{-3} AgNO$_3$ 溶液 5 滴，观察并比较产物的颜色、状态。微热后，离心分离，弃去溶液，将每种沉淀分为 3 份，分别滴加 2 mol·dm^{-3} NH$_3$·H$_2$O 溶液、浓 NH$_3$·H$_2$O 溶液、0.1 mol·dm^{-3} Na$_2$S$_2$O$_3$ 溶液，充分振荡，观察溶解情况。写出上述有关反应方程式并比较卤化银沉淀溶解度相对大小。

② Cl$^-$、Br$^-$、I$^-$ 混合离子的分离和鉴定。结合卤化银的溶解性特点及卤素单质性质的实验内容，设计合理的实验方案对混合离子进行分离及鉴定（AgBr、AgI 可用 Zn 粉在酸性条件下还原，使 Br$^-$、I$^-$ 离子进入溶液再加以鉴定）。推荐操作过程见图 3-1。

五、思考题

（1）在 Br$^-$、I$^-$ 混合溶液中，加 CCl$_4$ 后逐渐滴加氯水并振荡，CCl$_4$ 层颜色如何变化？写出有关反应方程式。

（2）用 AgNO$_3$ 溶液检出卤离子时，要同时加些 HNO$_3$ 溶液，起何作用？若向一个未知溶液中加入 AgNO$_3$，结果没有沉淀产生，能否以此说明不存在卤离子？

（3）在水溶液中，AgNO$_3$ 与 Na$_2$S$_2$O$_3$ 反应，有的实验中会出现黑色沉淀，有的却无沉淀产生。为何出现这两种情况？

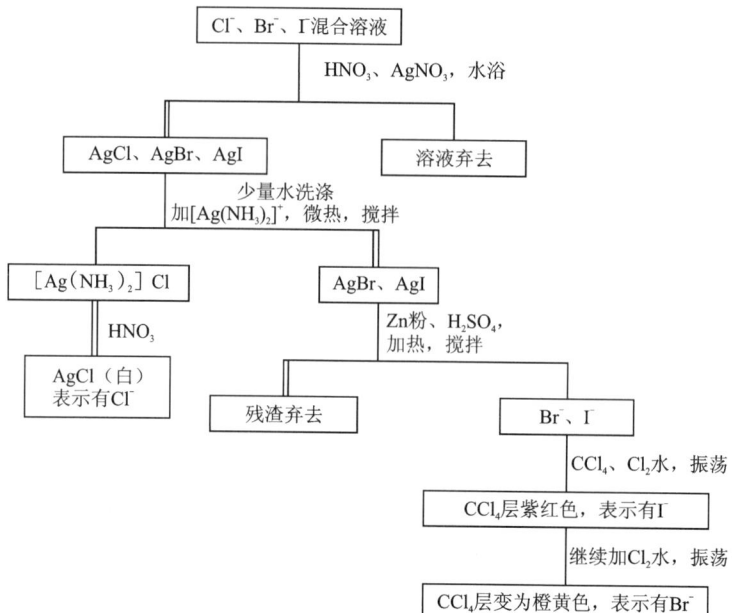

图 3-1 Cl^-、Br^-、I^- 混合离子的分离和鉴定推荐操作过程示意图

实验十一　p区元素(二)(氮族、碳族)

一、实验目的

(1) 掌握氮、磷、硅含氧酸及其盐的重要化学性质。
(2) 掌握锡、铅、锑、铋氢氧化物的生成及其酸碱性。
(3) 掌握锑(Ⅲ)、锡(Ⅱ)的还原性和铋(Ⅴ)、铅(Ⅳ)的氧化性。
(4) 熟悉锑、铋、锡、铅的硫化物和硫代酸盐的特性。
(5) 掌握铅(Ⅱ)的难溶盐及其性质。

二、实验原理

氮族元素是 ⅤA 族元素,常见+3、+5 两种价态。碳族元素为 ⅣA 族元素,常见+2、+4 价。其中,N、P、C、Si 是典型的非金属元素,而 Sn、Pb、Sb、Bi 是 p 区有代表性的金属元素。

HNO_2 是不稳定的酸,但其盐相对稳定。HNO_2 及其盐主要表现出氧化性(HNO_2 氧化能力强于 HNO_3),但遇强氧化剂时,也表现出一定的还原性。例如:

$$2HNO_2 + 2I^- + 2H^+ = 2NO\uparrow + I_2 + 2H_2O \text{(此反应可用于定量测定亚硝酸盐)}$$

$$5NO_2^- + 2MnO_4^- + 6H^+ = 5NO_3^- + 2Mn^{2+} + 3H_2O$$

磷酸为三元中强酸,其正盐溶解度一般小于酸式盐,故过渡金属离子与各磷酸盐都生成溶解度更小的正盐沉淀。

$$2HPO_4^{2-} + 3Ag^+ = Ag_3PO_4 + H_2PO_4^-$$

硅酸是比碳酸还弱的酸。硅酸钠水解作用明显,它在一定条件下分别与 CO_2、HCl 或 NH_4Cl 作用,都能形成硅酸凝胶。例如:

$$Na_2SiO_3 + 2HCl = H_2SiO_3\downarrow + 2NaCl$$

大多数硅酸盐难溶于水,通过金属盐与硅酸钠溶液反应,生成不同颜色的金属硅酸盐胶体。从而可产生水中花园的现象。

在 Sn、Pb、Sb、Bi 低氧化态的氢氧化物中,$Sn(OH)_2$、$Pb(OH)_2$、$Sb(OH)_3$ 显两性,只有 $Bi(OH)_3$ 为碱性氢氧化物。

Sn、Pb、Sb、Bi 低价物质具有一定还原性,高价物质具有一定氧化性。同族元素从上到下,高价物质氧化能力依次增强,低价物质还原能力依次减弱。例如:砷(Ⅲ)、锑(Ⅲ)在 pH 为 5~9 条件下,可被 I_2 氧化,而+3 价 Bi 需在强碱性条件下,用强氧化剂才能被氧化。其中 $SnCl_2$ 是实验室常用的还原剂,它与 $HgCl_2$ 的反应可用于鉴定 Hg^{2+} 的存在。PbO_2、$NaBiO_3$ 是常用的强氧化剂,能在酸性条件下将 Mn^{2+} 氧化为 MnO_4^-,可用来鉴定 Mn^{2+}。

$$2HgCl_2 + SnCl_2 = SnCl_4 + Hg_2Cl_2\downarrow \text{(白色)}$$

$$Hg_2Cl_2 + SnCl_2 = SnCl_4 + 2Hg\downarrow \text{(黑色)}$$

$$5PbO_2 + 2Mn^{2+} + 4H^+ = 2MnO_4^- + 5Pb^{2+} + 2H_2O$$

$$5NaBiO_3 + 2Mn^{2+} + 14H^+ = 2MnO_4^- + 5Bi^{3+} + 5Na^+ + 7H_2O$$

在碱性介质中 $[Sn(OH)_4]^{2-}$（或 SnO_2^{2-}）的还原性更强。SnO_2^{2-} 可将 Bi^{3+} 还原成黑色的金属铋，这是鉴定 Bi^{3+} 的一种方法。

$$2Bi^{3+} + 6OH^- + 3[Sn(OH)_4]^{2-} = 2Bi\downarrow + 3[Sn(OH)_6]^{2-}$$

锡、铅、锑、铋同价态的硫化物，同族自上而下溶解度减小，碱性增强。SnS 可溶于中等强度的酸，PbS 只溶于浓盐酸或浓硝酸中。

$$SnS + 2H^+ + 4Cl^- = SnCl_4^{2-} + H_2S$$

$$SnS_2 + 4H^+ + 6Cl^- = SnCl_6^{2-} + H_2S$$

$$3PbS + 8H^+ + 2NO_3^- = 3Pb^{2+} + 3S\downarrow + 2NO + 4H_2O$$

SnS_2、Sb_2S_3 和 Sb_2S_5 可溶于金属硫化物（Na_2S）生成相应的硫代酸盐，硫代酸盐只能存在于中性和碱性介质中，遇酸分解为相应的硫化物和硫化氢。

$$Sb_2S_3 + 3Na_2S = 2Na_3SbS_3$$

$$Sb_2S_5 + 3Na_2S = 2Na_3SbS_4$$

$$SnS_2 + Na_2S = Na_2SnS_3$$

$$2Na_3SbS_3 + 6HCl = 6NaCl + Sb_2S_3\downarrow + 3H_2S$$

$$SnS_3^{2-} + 2H^+ = SnS_2\downarrow + H_2S$$

Pb^{2+} 有多种难溶盐，且有特征的颜色。一般可用 $PbCrO_4$（黄）鉴定 Pb^{2+} 的存在。$PbCl_2$、PbI_2 难溶于冷水，却可以溶于热水，其溶解度随温度变化较大。

实验室常用硫代乙酰胺代替饱和硫化氢溶液生成硫化物沉淀。

$$CH_3CSNH_2 + H_2O = CH_3CONH_2 + H_2S$$

硫代乙酰胺的水解速度随温度升高而加快，因此沉淀反应一般在沸水浴中进行。采用硫代乙酰胺作为沉淀剂，以均匀沉淀的方式得到的金属硫化物较纯净，共沉淀少，便于分离。

三、仪器与试剂

仪器：试管、离心机、离心管、点滴板、烧杯、试管夹、水浴锅、滴管、玻璃棒。

试剂：$PbO_2(s)$、$NaBiO_3(s)$、$CuSO_4 \cdot 5H_2O(s)$、$CaCl_2(s)$、$ZnSO_4(s)$、$CoCl_2(s)$、$NiSO_4(s)$、$Na_2SO_3(s)$、$MnSO_4(s)$、$FeCl_3(s)$、H_2SO_4（2 mol·dm^{-3}、6 mol·dm^{-3}、浓）、HCl(2 mol·dm^{-3}、6 mol·dm^{-3})、HNO_3(2 mol·dm^{-3}、6 mol·dm^{-3})、NaOH(2 mol·dm^{-3})、$NaNO_2$(0.1 mol·dm^{-3}、1 mol·dm^{-3}、浓)、KNO_3(0.1 mol·dm^{-3})、Na_2S(0.2 mol·dm^{-3})、$AgNO_3$(0.1 mol·dm^{-3})、KI(0.1 mol·dm^{-3})、$MnSO_4$(0.1 mol·dm^{-3})、$FeSO_4$(0.2 mol·dm^{-3})、$KMnO_4$(0.01 mol·dm^{-3})、$BiCl_3$(0.1 mol·dm^{-3})、Na_3PO_4(0.1 mol·dm^{-3})、Na_2HPO_4(0.1 mol·dm^{-3})、NaH_2PO_4(0.1 mol·dm^{-3})、$SbCl_3$(0.1 mol·dm^{-3})、$Pb(NO_3)_2$(0.1 mol·dm^{-3})、K_2CrO_4(0.1 mol·dm^{-3})、水玻璃(20%)、$SnCl_4$(0.1 mol·dm^{-3})、$HgCl_2$(0.1 mol·dm^{-3})、$SnCl_2$(0.1 mol·dm^{-3})、硫代乙酰胺(0.1 mol·dm^{-3})、钼酸铵试剂、pH 试纸。

四、实验内容

1. 亚硝酸和亚硝酸盐

(1) 亚硝酸的生成和分解。取少量 $NaNO_2$ 固体于试管中,然后加入约 5 滴冷却后的 $6\ mol \cdot dm^{-3}$ 的 H_2SO_4 溶液,混合均匀,观察亚硝酸的生成及颜色。然后将试管自冰水中取出并放置一段时间,观察亚硝酸在室温下的分解。

(2) 亚硝酸的氧化性和还原性。在一支试管中加入 5 滴 $0.1\ mol \cdot dm^{-3}\ NaNO_2$ 溶液,再加入 2 滴 $0.1\ mol \cdot dm^{-3}\ KI$ 溶液,有无变化?再滴加 $2\ mol \cdot dm^{-3}\ H_2SO_4$ 溶液,有何现象?写出反应方程式。

(3) 亚硝酸的还原性。在一支试管中加入 5 滴 $0.1\ mol \cdot dm^{-3}\ NaNO_2$ 溶液,再加入 2 滴 $0.01\ mol \cdot dm^{-3}\ KMnO_4$ 溶液,有无变化?再滴加 $2\ mol \cdot dm^{-3}\ H_2SO_4$ 溶液,有何现象?写出反应方程式。

2. 正磷酸盐的性质

取 3 支试管,分别滴入 Na_3PO_4、Na_2HPO_4、NaH_2PO_4 溶液,并检验其 pH 值。然后在 3 支试管中各加入 3 倍体积的 $0.1\ mol \cdot dm^{-3}\ AgNO_3$ 溶液,观察黄色磷酸银沉淀的生成。再分别用 pH 试纸检查上清液的酸碱性,前后对比有何变化?写出反应方程式。

3. 硅酸及硅酸盐

(1) 硅酸凝胶的生成。在少量水玻璃溶液中,滴加 $6\ mol \cdot dm^{-3}\ HCl$ 溶液,观察现象。如无凝胶生成可微热,写出反应方程式。

(2) 微溶性硅酸盐的生成——"水中花园"。在小烧杯中加入约 2/3 体积的 20% Na_2SiO_3 溶液,用角匙撒一薄层粉状的 $CuSO_4 \cdot 5H_2O$ 固体,然后再向烧杯中各投一粒 $CaCl_2$、$ZnSO_4$、$CoCl_2$、$NiSO_4$、$MnSO_4$、$FeCl_3$ 固体,观察各种微溶性硅酸盐的生成。

4. 锡、铅、锑、铋氢氧化物的生成及其酸碱性

用浓度均为 $0.1\ mol \cdot dm^{-3}$ 的 $SnCl_2$、$Pb(NO_3)_2$、$SbCl_3$、$BiCl_3$ 溶液和 $2\ mol \cdot dm^{-3}$ 的 NaOH,各制 2 份沉淀物。离心分离后,用浓度均为 $2\ mol \cdot dm^{-3}$ 的 NaOH、HCl 或 HNO_3 试验它们的酸碱性。比较试验现象,对其氢氧化物的酸碱性作出结论。

5. 锡、铅、锑、铋化合物的氧化还原性

(1) Sn(Ⅱ)、Sb(Ⅲ) 的还原性。

① 往 $0.1\ mol \cdot dm^{-3}\ HgCl_2$ 溶液中逐滴加入 $0.1\ mol \cdot dm^{-3}\ SnCl_2$ 溶液,观察有何变化?继续滴加 $SnCl_2$,又有什么变化?写出反应方程式。此反应用来鉴定 Sn^{2+} 或 Hg^{2+}(码15)。

② 往 $0.1\ mol \cdot dm^{-3}\ SnCl_2$ 溶液中,加入 $0.1\ mol \cdot dm^{-3}\ Bi(NO_3)_3$ 溶液,观察有何现象?再加入过量的 $2\ mol \cdot dm^{-3}\ NaOH$ 溶液,又有何现象发生?写出反应

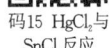
码15 $HgCl_2$ 与 $SnCl_2$ 反应

方程式。此反应用来鉴定 Sn^{2+} 或 Bi^{3+}。

(2) Pb(Ⅳ)、Bi(Ⅴ)的氧化性。取一滴 $0.1\ mol\cdot dm^{-3}\ MnSO_4$ 溶液,加入 $2\ cm^3$ 的 $2\ mol\cdot dm^{-3}$ HNO_3 溶液,然后加入少量 PbO_2,微热,静置,溶液澄清后观察溶液的颜色。写出反应方程式。

取 2 滴 $0.1\ mol\cdot dm^{-3}$ 的 $MnSO_4$ 溶液和 $2\ cm^3$ 的 $6\ mol\cdot dm^{-3}\ HNO_3$,然后加入少量固体 $NaBiO_3$,用玻璃棒搅动并微热。观察现象,写出反应方程式。

比较上面几个实验,你对 Sn、Pb、Sb、Bi 各价态的氧化还原性有何认识?

6. 锡、铅、锑、铋的硫化物及硫代酸盐

往 3 支离心试管中各加入 5 滴 $0.1\ mol\cdot dm^{-3}\ SnCl_2$ 溶液,然后分别滴入硫代乙酰胺溶液,并水浴加热,观察生成物的颜色和状态。离心分离,弃去清液,分别加入 $2\ mol\cdot dm^{-3}\ HCl$ 及 $0.2\ mol\cdot dm^{-3}\ Na_2S$ 溶液,观察沉淀是否溶解。若加入 Na_2S 溶液后沉淀溶解,则再用 $2\ mol\cdot dm^{-3}\ HCl$ 酸化,观察有何变化,写出反应方程式。

分别用浓度均为 $0.1\ mol\cdot dm^{-3}$ 的 $SnCl_4$、$Pb(NO_3)_2$、$SbCl_3$、$BiCl_3$ 代替 $SnCl_2$ 溶液,重复上述操作,记录有关现象。

比较以上各种硫化物的性质。

7. Pb^{2+} 的难溶盐

在 4 支试管中各加入 10 滴 $0.1\ mol\cdot dm^{-3}\ Pb(NO_3)_2$ 溶液,然后分别加入 $2\ mol\cdot dm^{-3}$ HCl 溶液、$2\ mol\cdot dm^{-3}\ H_2SO_4$ 溶液、$0.1\ mol\cdot dm^{-3}\ KI$ 溶液、$0.1\ mol\cdot dm^{-3}\ K_2CrO_4$ 溶液至沉淀生成,观察沉淀的颜色。分别将 $PbCl_2$、PbI_2 沉淀连同溶液一起加热,沉淀是否溶解?再把溶液冷却,又有何变化?

8. 离子鉴定

(1) NO_3^- 的鉴定(棕环实验,码16)。将 5 滴 $0.1\ mol\cdot dm^{-3}\ KNO_3$ 溶液与 $0.2\ mol\cdot dm^{-3}\ FeSO_4$ 溶液在试管中混合均匀。倾斜试管,沿管壁加入 $1\ cm^3$ 浓 H_2SO_4(切勿振荡),注意观察两相交界面产生的现象。

码16 NO_3^- 的鉴定 (棕环实验)

$$NO_3^- + 3Fe^{2+} + 4H^+ =\!=\!= 3Fe^{3+} + NO + 2H_2O$$
$$Fe^{2+} + NO =\!=\!= [Fe(NO)]^{2+}(棕)$$

(2) PO_4^{3-} 的鉴定。取 5 滴 $0.1\ mol\cdot dm^{-3}\ Na_3PO_4$ 溶液,加 10~12 滴钼酸铵试剂,摇匀后将试管水浴加热,观察现象。

$$PO_4^{3-} + 12MoO_4^{2-} + 24H^+ + 3NH_4^+ =\!=\!= (NH_4)_3PO_4\cdot 12MoO_3\cdot 6H_2O(黄色)\downarrow + 6H_2O$$

五、思考题

(1) 在化学反应中,为什么一般不用 HNO_3 和 HCl 作酸性介质?

(2) 设计实验方案对 $SbCl_3$ 和 $Bi(NO_3)_3$ 混合溶液进行分离鉴定。

(3) 实验室中配制 $SnCl_2$ 溶液,往往既加盐酸,又加锡粒,为什么?久置此溶液,其中的 Sn^{2+}、H^+ 浓度能否保持不变,为什么?

(4) 如何鉴别 $SnCl_4$ 和 $SnCl_2$?如何分离 PbS 和 SnS?

实验十二　碱金属和碱土金属

一、实验目的

(1) 比较碱金属、碱土金属的活泼性,了解过氧化钠的生成和性质。
(2) 试验碱土金属氢氧化物的生成和性质。
(3) 试验碱金属、碱土金属的某些难溶盐的生成及应用。
(4) 了解锂盐与镁盐的相似性。
(5) 了解焰色反应的操作及应用。
(6) 将 Mg^{2+}、Ca^{2+}、Ba^{2+} 混合离子进行分离和检出,了解分离与检出条件。

二、实验原理

碱金属、碱土金属分别位于周期表ⅠA、ⅡA族,属 s 区元素。单质是同周期中最活泼的金属和还原剂。在同一族中金属活泼性由上而下逐渐增强;在同一周期中从左至右依次减弱。

碱金属、碱土金属单质在空气中能迅速与 O_2、CO_2 作用(Rb、Cs 在空气中自燃),需保存在煤油或液体石蜡中(Be、Mg 由于生成致密氧化膜而除外)。在空气中燃烧时,锂、碱土金属生成正常氧化物;钠主要生成过氧化物;而钾、铷、铯则主要生成超氧化物。

Na_2O_2 为淡黄色粉末状物质,具有强碱性和强氧化性,与水或稀酸反应生成氢氧化钠或钠盐,同时产生 H_2O_2。H_2O_2 会部分分解,放出 O_2,但遇到强氧化剂(如 $KMnO_4$)时,则表现出一定的还原性。

除 Be、Mg 由于表面形成致密氧化物保护膜而对水稳定、只能与水蒸气及热水反应外,其他碱金属和碱土金属元素都易与冷水反应生成相应氢氧化物,放出氢气。碱金属与水反应激烈,Li、Na、K、Rb、Cs 与水反应的剧烈程度依次增强。

碱金属的氢氧化物仅 LiOH 溶解度较小,其余都很大,且都是强碱。碱土金属的氢氧化物除 $Be(OH)_2$ 呈两性外,其余也都是碱性,但溶解度不如碱金属,碱性也相对较弱,从上到下,碱性增强,这与它们氢氧化物溶解度增大的趋势相一致。

绝大多数碱金属盐易溶于水。常见的难溶盐有 LiF、Li_2CO_3、Li_3PO_4、$K[B(C_6H_5)_4]$(四苯基硼酸钾)(白色)、$K_2Na[Co(NO_2)_6]$ 六亚硝酸根合钴(Ⅲ)酸钠钾(亮黄色)、$KHC_4H_4O_6$ 酒石酸氢钾(白色)、$Na[Sb(OH)_6]$六羟基锑(Ⅴ)酸钠(白色)、$NaAc \cdot ZnAc_2 \cdot 3UO_2Ac_2 \cdot 9H_2O$ 醋酸铀酰锌钠(淡黄色),可用于这些离子的鉴定。一般而言,当阴离子半径较小时,溶解度从锂到铯依次增大;阴离子半径较大时,溶解度从锂到铯依次减小。

碱土金属盐类的重要特征是它们的难溶性。除氯化物、硝酸盐、硫酸镁、铬酸镁、铬酸钙易溶于水外,其余碳酸盐、硫酸盐、草酸盐、铬酸盐皆难溶于水。这些难溶盐类常用于离子的分离及鉴定。

存在对角线关系的 Li、Mg 两种元素性质有一定相似性。例如,它们的氟化物、碳酸盐、磷酸盐均难溶,氢氧化物都属中强碱,且不易溶于水。

s区元素的离子没有颜色,除非阴离子有色,否则其化合物一般也无色或呈白色,但它们的单质和挥发性化合物被火焰灼烧时会呈现特征颜色,被广泛用于检验这些元素的存在。表 3-1 列出了一些常见金属焰色反应的特征颜色,注意 K 的焰色需透过钴玻璃片观看。

表 3-1　一些常见金属焰色反应的特征颜色

Li	Na	K	Rb	Cs	Ca	Sr	Ba
玫瑰红	黄	紫	紫红	紫红	橙红	洋红	黄绿

三、仪器与试剂

仪器:离心机、镊子、坩埚、坩埚钳、砂纸、镍丝、滤纸、点滴板、钴玻璃片、酒精灯、试管夹、pH 试纸、试管。

试剂:H_2SO_4(1 mol·dm^{-3}),$KMnO_4$(0.01 mol·dm^{-3}),LiCl(2 mol·dm^{-3}),NH_4F(1 mol·dm^{-3}),Na_2CO_3(饱和),Na_2HPO_4(1 mol·dm^{-3}),NaCl(1 mol·dm^{-3}),六羟基合锑(V)酸钾(饱和),KCl(2 mol·dm^{-3}),四苯基硼酸钠(0.1 mol·dm^{-3}),$MgCl_2$(1 mol·dm^{-3}),$CaCl_2$(1 mol·dm^{-3}),$BaCl_2$(1 mol·dm^{-3}),HAc(2 mol·dm^{-3}),HCl(2 mol·dm^{-3},浓),NH_4Cl(饱和),$NH_3·H_2O$(1 mol·dm^{-3},2 mol·dm^{-3}),$(NH_4)_2CO_3$(0.5 mol·dm^{-3},饱和),$SrCl_2$(1 mol·dm^{-3}),K_2CrO_4(0.5 mol·dm^{-3}),Na_2SO_4(1 mol·dm^{-3}),$(NH_4)_2SO_4$(饱和),HNO_3(浓),$NaHCO_3$(1 mol·dm^{-3}),Na_3PO_4(0.5 mol·dm^{-3}),含有 Mg^{2+}、Ca^{2+}、Ba^{2+} 离子的混合溶液,奈斯勒试剂,$NH_3·H_2O$-NH_4Cl 缓冲溶液(pH=9,浓度各为 1 mol·dm^{-3}),HAc-NH_4Ac 缓冲溶液(pH=5,浓度各为 1 mol·dm^{-3}),金属钠,镁条。

四、实验内容

1. 碱金属、碱土金属活泼性比较

(1)与空气中氧气的作用。取一小块金属钠(绿豆大小),用滤纸吸干表面的煤油,立即放在干燥的小坩埚中,加热。当金属钠开始燃烧时,停止加热,观察反应情况和产物的颜色、状态,写出反应方程式。产物冷却后,用玻璃棒轻轻捣碎产物,转移到试管中,加入少许水使其溶解、冷却,观察有无气体放出,检验溶液 pH 值。以 1 mol·dm^{-3} H_2SO_4 酸化溶液后,加 1 滴 0.01 mol·dm^{-3} $KMnO_4$ 溶液,观察现象,写出反应方程式。

取一小段镁条,用砂纸除去表面氧化层,点燃,观察现象,并通过实验证实是否生成了 Mg_3N_2(氮化镁),写出相关反应方程式(码 17)。

码17 镁条燃烧

(2)与水的作用。分别取一小块金属钠(绿豆大小),用滤纸吸干表面煤油后,放入盛有水的烧杯中,用大小合适的漏斗盖好,观察现象,检验反应后溶液的酸碱性,并证明产物是否为过氧化物,写出相关反应方程式(码 18)。

取两小段镁条,除去表面氧化膜后,分别放入两支试管中,加适量水。将其中一支水浴加热,对比反应的不同,检验反应后溶液的酸碱性,写出相关反应方

码18 钠与水反应

程式。

2. 碱金属的难溶盐

(1) 锂盐。取 3 支试管，各加入 2 滴 2 mol·dm^{-3} LiCl 溶液，分别与 1 mol·dm^{-3} NH$_4$F 溶液、Na$_2$CO$_3$ 溶液及 Na$_2$HPO$_4$ 溶液反应，解释现象，写出相关反应方程式（必要时可微热试管或以玻璃棒摩擦试管内壁）。

(2) 钠盐（Na$^+$ 的鉴定反应）。取 2 滴 1 mol·dm^{-3} NaCl 溶液加入试管中，加入等量的六羟基合锑(V)酸钾饱和溶液，用玻璃棒摩擦试管壁，观察现象。白色的 Na[Sb(OH)$_6$] 沉淀出现，表示有 Na$^+$ 存在，此反应可用作 Na$^+$ 的鉴定反应。

(3) 钾盐（K$^+$ 的鉴定反应）。取 1 滴 1 mol·dm^{-3} KCl 溶液于点滴板上，加 2 滴四苯基硼酸钠溶液，观察现象。白色的 K[B(C$_6$H$_5$)$_4$] 沉淀的出现，表示 K$^+$ 离子存在。此反应可作为 K$^+$ 的鉴定反应。

3. 碱土金属难溶盐

(1) 碳酸盐。在 3 支试管中分别加入 2 滴 2 mol·dm^{-3} MgCl$_2$ 溶液、CaCl$_2$ 溶液和 BaCl$_2$ 溶液，加 2 滴饱和 Na$_2$CO$_3$ 溶液，制得的沉淀皆分为 2 份，经离心分离后，分别与 2 mol·dm^{-3} HAc 溶液及 2.0 mol·dm^{-3} HCl 溶液反应，观察沉淀有何变化？

在 3 支试管中分别加入 1 滴 2 mol·dm^{-3} MgCl$_2$ 溶液、CaCl$_2$ 溶液和 BaCl$_2$ 溶液，加 1 滴饱和 NH$_4$Cl 溶液、2 滴 1 mol·dm^{-3} NH$_3$·H$_2$O 溶液和 2 滴 0.5 mol·dm^{-3} (NH$_4$)$_2$CO$_3$ 溶液，观察沉淀是否生成？写出相关反应方程式，解释实验现象。

(2) 草酸盐（Ca^{2+} 的鉴定反应）。在各装有 2 滴 1 mol·dm^{-3} MgCl$_2$ 溶液、CaCl$_2$ 溶液和 BaCl$_2$ 溶液的 3 支试管中，滴加饱和 (NH$_4$)$_2$C$_2$O$_4$ 溶液，制得的沉淀各分为 2 份，经离心分离后，分别与 2 mol·dm^{-3} HAc 溶液及 2 mol·dm^{-3} HCl 溶液反应。观察实验现象，写出相关反应方程式。

(3) 铬酸盐。在各装有 2 滴 1 mol·dm^{-3} CaCl$_2$ 溶液、SrCl$_2$ 溶液和 BaCl$_2$ 溶液的 3 支试管中，逐滴加入 0.5 mol·dm^{-3} K$_2$CrO$_4$ 溶液，是否有沉淀生成？沉淀经离心分离后，分别与 2 mol·dm^{-3} HAc 溶液及 2 mol·dm^{-3} HCl 溶液反应。观察实验现象，写出相关反应方程式。

(4) 硫酸盐（Ba^{2+} 的鉴定反应）。在各装有 2 滴 1 mol·dm^{-3} MgCl$_2$ 溶液、CaCl$_2$ 溶液和 BaCl$_2$ 溶液的 3 支试管中，逐滴加入 1 mol·dm^{-3} Na$_2$SO$_4$ 溶液，是否生成沉淀？通过实验现象，比较它们溶解度相对大小，写出相关反应方程式。

(5) 磷酸镁铵的生成（Mg^{2+} 的鉴定反应）。在装有 2 滴 1 mol·dm^{-3} MgCl$_2$ 溶液的试管中，加入 1 滴 2 mol·dm^{-3} HCl 溶液、2 滴 1 mol·dm^{-3} Na$_2$HPO$_4$ 溶液和 1 滴 2 mol·dm^{-3} NH$_3$·H$_2$O 溶液，振荡试管，观察 Mg(NH$_4$)PO$_4$ 白色沉淀的生成。此反应可作为 Mg^{2+} 的鉴定反应。

4. 锂盐、镁盐的相似性

(1) 在装有 2 mol·dm^{-3} LiCl 溶液和 1 mol·dm^{-3} MgCl$_2$ 溶液的两支试管中，滴加

1 mol·dm^{-3} NH$_4$F 溶液,观察现象,写出相关反应方程式。

(2)取 2 滴 2 mol·dm^{-3} LiCl 溶液装入试管中,加 2 滴饱和 Na$_2$CO$_3$ 溶液;在另一支装有 2 滴 1 mol·dm^{-3} MgCl$_2$ 溶液的试管中,加 2 滴 1 mol·dm^{-3} NaHCO$_3$ 溶液,各有什么现象?写出相关反应方程式。

(3)在装有 2 滴 2 mol·dm^{-3} LiCl 溶液和 1 mol·dm^{-3} MgCl$_2$ 溶液的两支试管中,分别逐滴加入 0.5 mol·dm^{-3} Na$_3$PO$_4$ 溶液。观察现象,写出相关反应方程式。

由以上实验说明锂、镁盐的相似性并给予解释。

5. 焰色反应

取一根镍丝,反复蘸取浓盐酸后在酒精灯上烧至近于无色。然后分别蘸取 2 mol·dm^{-3} LiCl 溶液、NaCl 溶液、KCl 溶液、CaCl$_2$ 溶液、SrCl$_2$ 溶液、BaCl$_2$ 溶液,在火焰上灼烧,观察火焰颜色。注意镍丝蘸取金属盐溶液前,都必须用浓盐酸清洗,并在灯上烧至近于无色;对于钾离子的焰色,应通过钴玻璃观察。

6. 未知混合溶液中离子的鉴别

混合溶液中可能含有 Mg^{2+}、Ca^{2+}、Ba^{2+} 离子,请设计分离检出步骤(可参考本实验及实验十六、实验十七相关内容设计方案)。

五、思考题

(1)如何分离 Ca^{2+}、Ba^{2+}? 是否可用硫酸分离 Ca^{2+}、Ba^{2+}? 为什么?
(2)如何分离 Ca^{2+}、Mg^{2+}? Mg(OH)$_2$ 与 MgCO$_3$ 为什么都可溶于饱和 NH$_4$Cl 溶液中?
(3)用(NH$_4$)$_2$CO$_3$ 作沉淀剂沉淀 Ba^{2+} 等离子,为什么要加入氨水?
(4)总结碱金属,碱土金属的氢氧化物和各种难溶盐递变规律。

实验十三 铬、锰、铁、钴、镍

一、实验目的

(1) 学习掌握元素氢氧化物制备及其性质。
(2) 学习掌握部分元素常见化合物的氧化还原性。
(3) 了解部分化合物水解性质。
(4) 掌握相关元素离子鉴定方法。

二、实验原理

铬、锰、铁、钴、镍是 d 区第一过渡系列中的常见元素。铁、钴、镍常见+2、+3 两种氧化数,其氢氧化物皆为难溶物,不溶于碱,各具不同颜色,其中 $CoCl_2$ 与碱首先生成的是蓝色的碱式盐 $Co(OH)Cl$ 沉淀,与过量碱振荡后生成粉红色 $Co(OH)_2$。

+2 氧化数的铁、钴、镍都具有一定还原能力且还原能力依次减弱,在碱性条件下还原能力更强:在空气中,$Fe(OH)_2$ 能被迅速氧化,$Co(OH)_2$ 被缓慢氧化,而 $Ni(OH)_2$ 只能被更强的氧化剂如次氯酸盐、溴水等所氧化。+3 氧化数物质在酸性条件下有较强的氧化能力,且+2 氧化数物质还原能力越弱,其相应的+3 氧化数物质氧化能力越强,铁(Ⅲ)不能氧化浓盐酸,钴(Ⅲ)、镍(Ⅲ)能与浓盐酸生成氯气。

$$4Fe(OH)_2 + O_2 + 2H_2O = 4Fe(OH)_3 \downarrow$$
$$4Co(OH)_2 + O_2 + 2H_2O = 4Co(OH)_3 \downarrow$$
$$2Ni(OH)_2 + Br_2 + 2OH^- = 2Ni(OH)_3 \downarrow + 2Br^-$$
$$2Co(OH)_3 + 6H^+ + 10Cl^- = 2CoCl_4^{2-} + Cl_2 \uparrow + 6H_2O$$
$$2Ni(OH)_3 + 6H^+ + 2Cl^- = 2Ni^{2+} + Cl_2 \uparrow + 6H_2O$$

铬常见氧化数有+3、+6 两种,锰较为常见氧化数有+2、+4、+6、+7,其中+6 的 MnO_4^{2-} 只能在强碱性条件下存在。上述元素中每种氧化数在酸性及碱性条件下常具有不同的存在形式、特征的颜色及氧化还原特性。不同氧化数物质之间的转化反应及反应现象反映出物质的重要性质。由于高氧化数的铬、锰在酸性条件下具有很强的氧化能力,故通常在碱性条件下将低氧化数的物质氧化为高价物质。

$Cr(OH)_3$ 在过量碱中生成亮绿色 $Cr(OH)_4^-$,可被 H_2O_2、Br_2 氧化为 CrO_4^{2-},而酸性条件下又可被还原为 Cr^{3+}。利用相关反应可鉴定 Cr^{3+} 的存在。

$$Cr(OH)_3 + OH^- = Cr(OH)_4^-$$
$$2Cr(OH)_4^- + 3H_2O_2 + 2OH^- = 2CrO_4^{2-} + 8H_2O$$
$$Cr_2O_7^{2-} + 3H_2O_2 + 8H^+ = 2Cr^{3+} + 3O_2 \uparrow + 7H_2O$$

MnO_4^- 是强氧化剂,其被还原的产物随介质的酸碱性而异。酸性条件下,MnO_2 在反应中通常表现出氧化性,但在碱中熔融条件下可被氧化。$Mn(OH)_2$ 在碱性条件下极易被氧化为 MnO_2。

$$2MnO_4^- + SO_3^{2-} + 2OH^- = 2MnO_4^{2-} + SO_4^{2-} + H_2O$$

$$2MnO_4^- + 3SO_3^{2-} + H_2O = 2MnO_2\downarrow + 3SO_4^{2-} + 2OH^-$$

$$2MnO_4^- + 5SO_3^{2-} + 6H^+ = 2Mn^{2+} + 5SO_4^{2-} + 3H_2O$$

过渡金属离子可以和多种配体形成具有特征颜色的配合物溶液或难溶物,比较重要的是 NH_3、CN^- 及 SCN^- 的配合物,但铁离子不与 $NH_3 \cdot H_2O$ 生成配合物。其中某些反应常用于相关离子的鉴定。

$$Co^{2+} + 6NH_3 = Co(NH_3)_6^{2+}（土黄色）$$

$$4[Co(NH_3)_6]^{2+} + O_2 + 2H_2O = 4[Co(NH_3)_6]^{3+}（红棕色） + 4OH^-$$

$$Fe^{3+} + nSCN^- = [Fe(SCN)_n]^{3-n}（血红色）$$

$$Co^{2+} + 4SCN^- = [Co(SCN)_4]^{2-}（丙酮中现蓝色）$$

$$Fe^{3+} + K^+ + [Fe(CN)_6]^{4-} = KFe(CN)_6Fe\downarrow（蓝色）$$

$$Fe^{2+} + K^+ + [Fe(CN)_6]^{3-} = KFe(CN)_6Fe\downarrow（蓝色）$$

$$Ni^{2+} + 2DMG = [Ni(DMG)_2]\downarrow（鲜红色）$$

三、仪器与试剂

仪器:离心机、离心试管、滤纸、试管夹、恒温水浴、酒精灯。

试剂:HCl(浓,6 mol·dm^{-3},2 mol·dm^{-3})、H_2SO_4(6 mol·dm^{-3},2 mol·dm^{-3},1 mol·dm^{-3})、HNO_3(6 mol·dm^{-3},2 mol·dm^{-3})、NaOH(6 mol·dm^{-3},2 mol·dm^{-3})、$NH_3 \cdot H_2O$(6 mol·dm^{-3},2 mol·dm^{-3})、$CrCl_3$(0.1 mol·dm^{-3})、$MnSO_4$(0.1 mol·dm^{-3})、$(NH_4)_2Fe(SO_4)_2$(0.1 mol·dm^{-3})、$FeCl_3$(0.1 mol·dm^{-3})、$CoCl_2$(0.1 mol·dm^{-3})、$NiSO_4$(0.1 mol·dm^{-3})、$KMnO_4$(0.1 mol·dm^{-3})、$CuCl_2$(0.1 mol·dm^{-3})、Na_2SO_3(0.5 mol·dm^{-3})、Na_2CO_3(0.5 mol·dm^{-3})、Na_2S(0.5 mol·dm^{-3})、Br_2水、H_2O_2(3%)、$BaCl_2$(0.1 mol·dm^{-3})、$K_4[Fe(CN)_6]$(0.1 mol·dm^{-3})、$K_3[Fe(CN)_6]$(0.1 mol·dm^{-3})、戊醇、丁二酮肟(1%)、KSCN(0.5 mol·dm^{-3},s)、MnO_2(s)、$(NH_4)_2Fe(SO_4)_2$(s)、Zn(s)、$NaBiO_3$(s)、淀粉-碘化钾试纸、醋酸铅试纸。

四、实验内容

1. 氢氧化物的制备与性质

分别向 $CrCl_3$ 溶液、$MnSO_4$ 溶液、$FeCl_3$ 溶液、$CoCl_2$ 溶液和 $NiSO_4$ 溶液中滴加 2 mol·dm^{-3} 的 NaOH 溶液至产生氢氧化物沉淀。放置一段时间后,观察沉淀颜色有无变化。写出有关反应方程式。

2. 金属离子的水解

（1）Fe(Ⅲ)的水解。在 $FeCl_3$ 溶液中逐滴加入 Na_2CO_3 溶液，观察有何现象，检验生成的气体，写出有关反应方程式。

（2）Cr(Ⅲ)的水解。向 $CrCl_3$ 溶液中滴加 Na_2S 溶液，观察有何现象，检验生成的气体，写出有关反应方程式。

3. 化合物的氧化还原性

（1）Fe(Ⅱ)、Co(Ⅱ)、Ni(Ⅱ)的还原性。分别在 $(NH_4)_2Fe(SO_4)_2$ 溶液、$CoCl_2$ 溶液和 $NiSO_4$ 溶液中加入几滴溴水，观察有何现象，写出有关反应方程式。

分别在 $(NH_4)_2Fe(SO_4)_2$ 溶液、$CoCl_2$ 溶液和 $NiSO_4$ 溶液中加入 $6\ mol\cdot dm^{-3}$ 的 NaOH 溶液，所生成沉淀中再各加入几滴溴水，沉淀有何变化（沉淀保留供下一步使用）？写出反应方程式，比较 Fe(Ⅱ)、Co(Ⅱ)、Ni(Ⅱ)还原性在不同介质中的差别。

（2）Fe(Ⅲ)、Co(Ⅲ)、Ni(Ⅲ)的氧化性。用上一步所制取的 $Fe(OH)_3$、NiO(OH) 及 CoO(OH)，离心分离后，分别加入浓 HCl，观察有何现象，检查有无氯气产生。写出反应方程式，比较 Fe(Ⅲ)、Co(Ⅲ)、Ni(Ⅲ)的氧化能力的差别。

（3）锰化合物的氧化还原性。

①Mn(Ⅳ)、Mn(Ⅶ)氧化性比较。用固体 MnO_2、浓 HCl、$0.01\ mol\cdot dm^{-3}$ 的 $KMnO_4$ 溶液、$0.1\ mol\cdot dm^{-3}$ 的 $MnSO_4$ 溶液设计一组实验，验证 MnO_2、$KMnO_4$ 氧化性，写出反应方程式。可参考如下：

$$2KMnO_4+3MnSO_4+2H_2O =\!\!= K_2SO_4+5MnO_2\downarrow+2H_2SO_4$$
$$MnO_2(s)+4HCl(浓)=\!\!=MnCl_2+Cl_2\uparrow+2H_2O$$

②Mn(Ⅶ)氧化性与介质的关系。分别试验 Na_2SO_3 溶液在酸性、中性及碱性介质中与 $KMnO_4$ 的反应，观察现象并写出反应方程式（码19）。

码19 高锰酸钾与亚硫酸盐反应

（4）Cr(Ⅲ)、Cr(Ⅵ)化合物的氧化还原性。利用 $CrCl_3$ 溶液、H_2O_2 溶液、$2\ mol\cdot dm^{-3}$ NaOH 溶液、$2\ mol\cdot dm^{-3}$ H_2SO_4 溶液等试剂设计系列试管实验，说明铬常见两种氧化数相互转化的条件及其存在形式在不同酸碱介质中的差异。观察现象，并写出有关反应方程式。

4. 重要的配合物

（1）氨配合物。

在少量 $CoCl_2$ 溶液中滴加 $2\ mol\cdot dm^{-3}\ NH_3\cdot H_2O$ 溶液，至先生成的沉淀溶解，观察溶液颜色。放置一段时间后，溶液颜色有何变化？写出有关反应方程式。

在少量 $NiSO_4$ 溶液中滴加 $2\ mol\cdot dm^{-3}\ NH_3\cdot H_2O$ 溶液，观察溶液颜色。放置一段时间后，溶液颜色有无变化？写出有关反应方程式。

(2)硫氰配合物。

在 $FeCl_3$ 溶液中滴加 KSCN 溶液,观察溶液颜色有何变化(颜色过深可适当加水稀释)?在含 Co^{2+} 的试液中加少量 KSCN 晶体,并加少量戊醇后振荡,观察现象。

上述反应可用于离子鉴定。写出有关反应方程式。

5. 离子鉴定

(1)Cr^{3+} 的鉴定(码20)。取数滴试液加入 $2\ mol·dm^{-3}$ 的 NaOH 溶液至生成亮绿色$[Cr(OH)_4]^-$ 溶液,加数滴 3% 的 H_2O_2 溶液,如生成黄色 CrO_4^{2-},初步证明含 Cr(Ⅲ);然后在此溶液中加入 $0.1\ mol·dm^{-3}$ 的 $BaCl_2$ 溶液,如有黄色 $BaCrO_4$ 沉淀生成,证明原试液中含有 Cr^{3+}。试写出有关反应方程式。

码20 Cr^{3+} 的鉴定

也可以利用在乙醚中生成蓝色过氧化物 $CrO(O_2)_2$ 的方法鉴定 Cr^{3+}。

(2)Fe^{2+}、Fe^{3+} 的鉴定。

在点滴板穴内加 1 滴 Fe^{3+} 试液,加 1 滴 $2\ mol·dm^{-3}$ HCl 溶液,再加 1 滴 $K_4[Fe(CN)_6]$ 试液,有蓝色沉淀,证明试液含有 Fe^{3+}。

在点滴板穴内加 1 滴 Fe^{2+} 试液,加 1 滴 $2\ mol·dm^{-3}$ HCl 溶液,再加 1 滴 $K_3[Fe(CN)_6]$ 试液,有蓝色沉淀,证明试液含有 Fe^{2+}。

(3)Ni^{2+} 的鉴定。在含 Ni^{2+} 的试液中加数滴 $2\ mol·dm^{-3}\ NH_3·H_2O$ 溶液,再加入 1%丁二酮肟溶液,如有鲜红色沉淀,证明试液中存在 Ni^{2+}。

写出上述鉴定反应的反应方程式。

6. 混合离子的分离鉴定

未知液由 Cr(Ⅲ)、Mn(Ⅱ)、Fe(Ⅱ)、Co(Ⅱ)、Ni(Ⅱ)5 种离子中的若干种混合而成,根据其性质设计合理的离子分离鉴定方案(通过预习查阅相关资料)。自行配制样品一份进行分析。

五、思考题

(1)在制备 $Fe(OH)_2$ 的相关实验中,为何要将有关溶液煮沸?

(2)在 Cr(Ⅲ)-Cr(Ⅵ)、Mn(Ⅱ)-Mn(Ⅳ)、Mn(Ⅱ)-Mn(Ⅶ)、Co(Ⅱ)-Co(Ⅲ)的转化实验中,溶液酸碱性对反应有何影响?

(3)$CrCl_3$ 中加入 Na_2CO_3,产物是 $Cr_2(CO_3)_3$ 吗?如何证明?

(4)比较三价铬盐和铝盐的相似性。

实验十四 ds区重要元素化合物性质及应用(铜、银、锌、镉、汞)

一、实验目的

(1) 掌握 Cu(Ⅱ)、Ag(Ⅰ)、Zn(Ⅱ)、Cd(Ⅱ)、Hg(Ⅱ)的氧化物和氢氧化物的性质。
(2) 掌握 Cu(Ⅱ)、Ag(Ⅰ)、Zn(Ⅱ)、Cd(Ⅱ)、Hg(Ⅱ)的硫化物的性质。
(3) 掌握 Cu(Ⅱ)、Ag(Ⅰ)、Zn(Ⅱ)、Cd(Ⅱ)、Hg(Ⅱ)的重要配合物的性质。
(4) 掌握与这些元素有关的重要氧化还原反应。

二、实验原理

铜、银、锌、镉、汞属ds区元素,Cu、Ag为ⅠB族元素,Zn、Cd、Hg为ⅡB族元素。

Cu^{2+}、Zn^{2+}、Cd^{2+}都能与NaOH反应生成相应的氢氧化物沉淀。其中$Cu(OH)_2$较不稳定,当加热至90℃时,生成CuO;Ag^+、Hg^{2+}的氢氧化物极易脱水,室温下只能生成Ag_2O和HgO。在这些氧化物、氢氧化物中,$Zn(OH)_2$为两性氢氧化物,$Cu(OH)_2$呈较弱的两性(偏碱),其余氧化物或氢氧化物都显碱性。

Cu^{2+}、Ag^+、Zn^{2+}、Cd^{2+}、Hg^{2+}与S^{2-}反应生成有色的硫化物沉淀。其中ZnS能溶于稀HCl;CdS难溶于稀HCl,但能溶于浓HCl;Ag_2S和CuS能溶于浓HNO_3,HgS只能溶于王水或硫化钠溶液。

Cu^{2+}、Ag^+、Zn^{2+}、Cd^{2+}、Hg^{2+}等离子都有较强的接受配体的能力,能与多种配体形成配离子,+1价离子形成2配位配合物,+2、+3价通常为4配位。例如,Cu^{2+}、Ag^+、Zn^{2+}、Cd^{2+}都能与过量的$NH_3·H_2O$生成配离子,Hg^{2+}只有在较高浓度NH_4^+存在下,才和$NH_3·H_2O$生成$[Hg(NH_3)_4]^{2+}$配离子。

Hg^{2+}与过量的I^-反应生成无色的$[HgI_4]^{2-}$,它与KOH的混合物称为奈斯勒试剂,可用来鉴定NH_4^+离子。

$$NH_4^+ + 2[HgI_4]^{2-} + 4OH^- \longrightarrow \left[O \underset{Hg}{\overset{Hg}{\diagup\!\diagdown}} NH_2 \right] I(s) + 7I^- + 3H_2O$$

Hg^{2+}与过量的KSCN溶液反应生成$[Hg(SCN)_4]^{2-}$配离子。$[Hg(SCN)_4]^{2-}$与Co^{2+}生成蓝紫色的$Co[Hg(SCN)_4]$;与Zn^{2+}反应生成白色的$Zn[Hg(SCN)_4]$,可用此反应来鉴定Co^{2+}和Zn^{2+}。

$$Hg^{2+} + 2SCN^- \Longleftrightarrow Hg(SCN)_2 \downarrow (白色)$$
$$Hg(SCN)_2 + 2SCN^- \Longleftrightarrow [Hg(SCN)_4]^{2-}(无色)$$

Cu^{2+}、Ag^+、Hg^{2+}具有一定氧化性。在加热的碱性溶液中,Cu^{2+}能氧化醛或糖类,并有暗红色的Cu_2O生成。

$$2[Cu(OH)_4]^{2-} + C_6H_{12}O_6 \Longleftrightarrow Cu_2O \downarrow + C_6H_{12}O_7 + 2H_2O + 4OH^-$$

在较浓 HCl 中，Cu^{2+} 能将 Cu 氧化成一价铜（$[CuCl_2]^-$），用水稀释生成白色的 CuCl 沉淀。Cu^{2+} 还能与 I^- 反应生成 CuI 沉淀，生成的 I_2 用 $Na_2S_2O_3$ 除去。

$$4I^- + 2Cu^{2+} = 2CuI\downarrow（白色）+ I_2$$
$$I_2 + 2S_2O_3^{2-} = 2I^- + S_4O_6^{2-}$$

含有 $[Ag(NH_3)_2]^+$ 的溶液在加热时能将醛类和葡萄糖氧化，本身被还原为 Ag，此即银镜反应。

Hg^{2+} 在酸性条件下具有较强的氧化性，与 $SnCl_2$ 反应生成 Hg_2Cl_2 白色沉淀，$SnCl_2$ 过量时进一步生成黑色 Hg。这一反应常用于 Hg^{2+} 或 Sn^{2+} 的鉴定。

三、仪器与试剂

仪器：试管、烧杯、离心管、离心机、点滴板、量筒、滴管。

试剂：HCl（2 mol·dm^{-3}、6 mol·dm^{-3}、浓）、H_2SO_4（1 mol·dm^{-3}）、HNO_3（2 mol·dm^{-3}、6 mol·dm^{-3}）、HAc（2 mol·dm^{-3}）、王水、NaOH（2 mol·dm^{-3}、6 mol·dm^{-3}、40%）、$NH_3\cdot H_2O$（2 mol·dm^{-3}、6 mol·dm^{-3}、浓）、$CuSO_4$（0.1 mol·dm^{-3}）、$AgNO_3$（0.1 mol·dm^{-3}）、$SnCl_2$（0.1 mol·dm^{-3}）、KI（0.1 mol·dm^{-3}）、$Na_2S_2O_3$（0.1 mol·dm^{-3}）、$ZnSO_4$（0.1 mol·dm^{-3}）、$CdSO_4$（0.1 mol·dm^{-3}）、$HgCl_2$（0.1 mol·dm^{-3}）、$CoCl_2$（0.1 mol·dm^{-3}）、KSCN（1 mol·dm^{-3}）、葡萄糖（10%）、硫代乙酰胺（0.1 mol·dm^{-3}）、CCl_4、二苯硫腙 CCl_4 溶液。

四、实验内容

1. 氢氧化物的生成和性质

（1）$Cu(OH)_2$ 的生成和性质：在 3 份 0.1 mol·dm^{-3} $CuSO_4$ 溶液中分别加入 2 mol·dm^{-3} NaOH 溶液，观察产物 $Cu(OH)_2$ 的颜色和状态。离心分离，弃去清液，并用蒸馏水洗涤沉淀 2~3 次。然后将其中一份沉淀加热观察有何变化。其余 2 份，一份加入 1 mol·dm^{-3} H_2SO_4 溶液，另一份加入 6 mol·dm^{-3} NaOH 溶液，观察有何变化。写出反应方程式。

（2）Ag_2O 的生成和性质：往 3 份盛有 0.1 mol·dm^{-3} $AgNO_3$ 溶液的离心管中，慢慢滴加 2 mol·dm^{-3} NaOH 溶液，观察沉淀的生成和变化。离心分离，弃去清液。一份加 2 mol·dm^{-3} HNO_3，一份加 6 mol·dm^{-3} $NH_3\cdot H_2O$ 溶液，一份加 40% NaOH 溶液，观察反应现象。

（3）$Zn(OH)_2$ 的生成和性质：在 2 份 0.1 mol·dm^{-3} $ZnSO_4$ 溶液中，分别逐滴加入 2 mol·dm^{-3} NaOH 溶液直到有沉淀产生为止，观察产物 $Zn(OH)_2$ 的颜色和状态。离心分离，弃去清液。然后在一份沉淀中加入 1 mol·dm^{-3} H_2SO_4 溶液，另一份沉淀中加入 2 mol·dm^{-3} NaOH 溶液，观察各有何变化。

（4）$Cd(OH)_2$ 的生成和性质：在 2 份 0.1 mol·dm^{-3} $CdSO_4$ 溶液中，分别加入 2 mol·dm^{-3} NaOH 溶液，观察产物 $Cd(OH)_2$ 的颜色和状态。离心分离，弃去清液。然后在一份沉淀中加入 1 mol·dm^{-3} H_2SO_4 溶液，在另一份沉淀中加入 40% NaOH，观察有何变化。

(5) HgO 的生成和性质:在 2 份 0.1 mol·dm^{-3} Hg(NO$_3$)$_2$ 溶液中,分别加入 2 mol·dm^{-3} NaOH 溶液,观察产物 HgO 的颜色和状态。离心分离,弃去清液。然后在一份沉淀中加入 1 mol·dm^{-3} H$_2$SO$_4$ 溶液,另一份沉淀中加入 40% NaOH,观察有何变化。

通过实验,总结铜、银、锌、镉、汞氢氧化物或氧化物的性质。

2. 硫化物的生成和溶解性

用浓度均为 0.1 mol·dm^{-3} 的 CuSO$_4$ 溶液、ZnSO$_4$ 溶液、CdSO$_4$ 溶液、HgCl$_2$ 溶液和少量的硫代乙酰胺溶液,水浴加热制备 ZnS、CdS、HgS 沉淀,观察生成沉淀的颜色、状态。离心分离,弃去清液。现有 2 mol·dm^{-3} HCl 溶液、6 mol·dm^{-3} HCl 溶液、6 mol·dm^{-3} HNO$_3$ 溶液、王水,参考硫化物的溶度积常数,确定这些硫化物溶于何种酸中,并用实验验证之。

3. 配合物的生成和性质

(1) Cu^{2+}、Ag$^+$、Zn^{2+}、Cd^{2+} 氨配合物的生成和性质。在 0.1 mol·dm^{-3} CuSO$_4$ 溶液中,加入数滴 2 mol·dm^{-3} NH$_3$·H$_2$O 溶液,观察生成的沉淀的颜色、状态。继续滴加 6 mol·dm^{-3} NH$_3$·H$_2$O 直到沉淀完全溶解为止,观察溶液的颜色。然后将所得溶液分成 2 份,一份逐滴加 1 mol·dm^{-3} H$_2$SO$_4$ 溶液,另一份加热至沸。观察各有何变化,并加以解释。

再分别以 AgNO$_3$、ZnSO$_4$、CdSO$_4$ 代替 CuSO$_4$ 进行实验。

(2) Ag$^+$ 系列实验。取 5 滴 0.1 mol·dm^{-3} AgNO$_3$ 溶液,从 Ag$^+$ 开始选用适当试剂实验,依次经 AgCl(s)、[Ag(NH$_3$)$_2$]$^+$、AgBr(s)、[Ag(S$_2$O$_3$)$_2$]$^{3-}$、AgI(s)、[AgI$_2$]$^-$,最后到 Ag$_2$S(s) 的转化,观察现象,写出有关的反应方程式。

(3) 汞配合物的生成和性质。

① 在 0.1 mol·dm^{-3} HgCl$_2$ 溶液中,滴加 0.1 mol·dm^{-3} KI 溶液,观察沉淀的颜色,继续滴加 0.1 mol·dm^{-3} KI 溶液,直到生成的沉淀又溶解。然后再在溶液中加入少量 6 mol·dm^{-3} NaOH 溶液至溶液微黄色又无明显的沉淀析出,此溶液就是奈斯勒试剂。用它如何检验 NH$_4^+$ 离子(码 21)?

码21 NH$_4^+$ 的鉴定
(奈斯勒试剂)

② 在 0.1 mol·dm^{-3} HgCl$_2$ 溶液中,逐滴加入 1 mol·dm^{-3} KSCN 溶液,观察沉淀的颜色、状态。再继续加入过量的 KSCN 溶液,沉淀溶解,形成配离子。将此溶液分成 2 份,一份加入 0.1 mol·dm^{-3} ZnSO$_4$ 溶液,另一份加入 0.1 mol·dm^{-3} CoCl$_2$ 溶液,观察 Zn[Hg(SCN)$_4$] 和 Co[Hg(SCN)$_4$] 沉淀(若反应慢可微热)的颜色、状态。此反应可定性鉴定 Zn^{2+} 和 Co^{2+}。

4. Cu^{2+}、Ag$^+$ 化合物的氧化性

(1) Cu$_2$O 的生成和性质:在 0.1 mol·dm^{-3} CuSO$_4$ 溶液中加入过量的 6 mol·dm^{-3} NaOH 溶液,使最初生成的沉淀完全溶解。再在溶液中加入数滴 10% 的葡萄糖溶液,混匀,水浴加热,观察现象。离心分离,弃去清液。然后将沉淀分成 3 份,一份逐滴加浓 HCl 至过量并观察现象变化,一份加浓 6 mol·dm^{-3} NH$_3$·H$_2$O 溶液,一份加 2 mol·dm^{-3} H$_2$SO$_4$ 溶液,观察现象,并总结 Cu$_2$O 的性质。

(2) CuI 的生成：在 0.1 mol·dm^{-3} CuSO$_4$ 溶液中，加入数滴 0.1 mol·dm^{-3} KI 溶液，观察有何变化？再滴加 0.1 mol·dm^{-3} Na$_2$S$_2$O$_3$ 溶液（不宜过多），以除去反应生成的 I$_2$，观察 CuI 的颜色和状态。

(3) 银镜反应：取一支干净的试管，加入 1 cm^3 0.1 mol·dm^{-3} AgNO$_3$ 溶液，然后逐滴滴加 2 mol·dm^{-3} NH$_3$·H$_2$O 溶液至生产的氧化银沉淀刚好溶解为止，再加入 2 cm^3 10% 葡萄糖溶液，水浴加热，观察试管壁上有何变化（码 22）。

5. Cu^{2+}、Zn^{2+}、Hg^{2+} 的鉴定

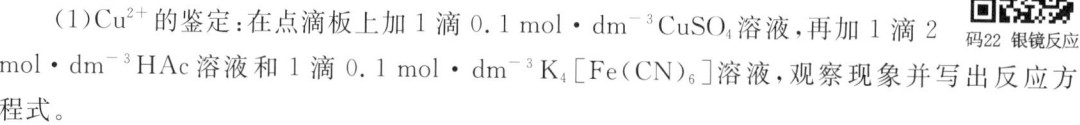

码22 银镜反应

(1) Cu^{2+} 的鉴定：在点滴板上加 1 滴 0.1 mol·dm^{-3} CuSO$_4$ 溶液，再加 1 滴 2 mol·dm^{-3} HAc 溶液和 1 滴 0.1 mol·dm^{-3} K$_4$[Fe(CN)$_6$] 溶液，观察现象并写出反应方程式。

(2) Zn^{2+} 的鉴定：取 2 滴 0.1 mol·dm^{-3} Zn(NO$_3$)$_2$ 溶液，加数滴 6 mol·dm^{-3} NaOH 溶液，再加 0.5 cm^3 含二苯硫腙的 CCl$_4$ 溶液，振荡试管，观察水层和 CCl$_4$ 层颜色变化并写出反应方程式。

(3) Hg^{2+} 的鉴定：取 2 滴 0.1 mol·dm^{-3} Hg(NO$_3$)$_2$ 溶液，逐滴滴加 0.1 mol·dm^{-3} SnCl$_2$ 溶液，观察生产沉淀颜色变化并写出反应方程式（码 15）。

五、思考题

(1) 有同学在进行 CuI 生成实验时，加入了过量的 KI 溶液，结果得到澄清的红棕色液体，试解释之。

(2) AgCl 和 Hg$_2$Cl$_2$ 都为不溶于水的白色沉淀，如何进行鉴别？

(3) 为何先将 AgNO$_3$ 制成 [Ag(NH$_3$)$_2$]$^+$ 离子，然后再用葡萄糖还原制取银镜？能否直接用葡萄糖还原 AgNO$_3$ 制得？镀在试管上的银镜如何洗掉？

实验十五　常见阴离子的分离与鉴定

一、实验目的

(1) 掌握水溶液中常见阴离子分离、检出的一般原则、方法、步骤和相应的条件。
(2) 熟悉常见阴离子的有关性质。
(3) 检出未知液中的阴离子。

二、实验原理

在水溶液中，非金属元素常以简单阴离子(如 S^{2-}、Cl^- 等)形式或复杂阴离子(如 CO_3^{2-}、SO_4^{2-} 等)形式存在。由于酸碱性、氧化还原性等因素的限制，很多阴离子不能共存于同一溶液中，因而共存于溶液中的各离子彼此干扰较少，且许多阴离子有特征反应，故可采用分别分析法，即利用阴离子的分析特性，先对未知溶液进行一系列初步试验，分析并初步确定可能存在的阴离子，然后根据离子性质的差异和特征反应进行分离鉴定。

1. 阴离子的检验分析

初步试验包括挥发性试验、沉淀试验、氧化还原试验等。阴离子初步检验的分析步骤如下：

(1) 溶液酸碱性的检验。用 pH 试纸测定未知液的酸碱性，如果溶液呈强酸性，则不可能存在 CO_3^{2-}、NO_2^-、S^{2-}、SO_3^{2-}、$S_2O_3^{2-}$，如有 PO_4^{3-}，也只能是以 H_3PO_4 形式存在。

如果试液是碱性，在试液中加入 2 $mol \cdot dm^{-3}$ H_2SO_4 酸化，稍微加热，观察有无气泡生成；若有气泡生成，表示可能有 CO_3^{2-}、S^{2-}、SO_3^{2-}、$S_2O_3^{2-}$、NO_2^- 存在。

(2) 钡组阴离子的检验。在试液中加入 6 $mol \cdot dm^{-3}$ 的 $NH_3 \cdot H_2O$ 溶液，使溶液呈碱性，然后加入 1 $mol \cdot dm^{-3}$ $BaCl_2$ 溶液，若有白色沉淀生成，则可能含有 CO_3^{2-}、SO_4^{2-}、SO_3^{2-}、PO_4^{3-}、$S_2O_3^{2-}$ (浓度大于 0.04 $mol \cdot dm^{-3}$ 时)；如不能产生白色沉淀，则这些离子不存在 ($S_2O_3^{2-}$ 不能确定)。

(3) 银组阴离子的检验。取未知液 3~4 滴，加入数滴 0.1 $mol \cdot dm^{-3}$ $AgNO_3$ 溶液，如果立即生成黑色沉淀，表示有 S^{2-} 存在，如果生成白色(或黄色)沉淀，且沉淀迅速变黄→棕→黑，表示有 $S_2O_3^{2-}$ 存在，离心分离，在沉淀中加入一定量 6 $mol \cdot dm^{-3}$ HNO_3 溶液(必要时加热搅拌)，若沉淀不溶或部分溶解，表示可能有 Cl^-、Br^-、I^- 存在。

(4) 还原性阴离子的检验。用 2 $mol \cdot dm^{-3}$ H_2SO_4 酸化试液，加入数滴 $KMnO_4$ 溶液，若 MnO_4^- 的紫红色褪去，表示可能有 SO_3^{2-}、$S_2O_3^{2-}$、S^{2-}、Br^-、I^-、NO_2^- 等还原性离子存在。相应的反应方程式如下：

$$2MnO_4^- + 5SO_3^{2-} + 6H^+ = 2Mn^{2+} + 5SO_4^{2-} + 3H_2O$$

$$8MnO_4^- + 5S_2O_3^{2-} + 14H^+ = 10SO_4^{2-} + 8Mn^{2+} + 7H_2O$$

$$2MnO_4^- + 5S^{2-} + 16H^+ = 2Mn^{2+} + 5S\downarrow + 8H_2O$$
$$2MnO_4^- + 10Br^- + 16H^+ = 2Mn^{2+} + 5Br_2 + 8H_2O$$
$$2MnO_4^- + 10I^- + 16H^+ = 2Mn^{2+} + 5I_2 + 8H_2O$$
$$2MnO_4^- + 5NO_2^- + 6H^+ = 2Mn^{2+} + 5NO_3^- + 3H_2O$$

检出还原性离子后,再用淀粉-碘溶液进一步检验是否存在强还原性离子。若加入淀粉-碘溶液后,蓝色褪去,表示可能存在 S^{2-}、SO_3^{2-}、$S_2O_3^{2-}$ 等离子。相应的反应方程式如下:

$$S^{2-} + I_2 = S\downarrow + 2I^-$$
$$SO_3^{2-} + I_2 + H_2O = SO_4^{2-} + 2I^- + 2H^+$$
$$2S_2O_3^{2-} + I_2 = S_4O_6^{2-} + 2I^-$$

(5)氧化性阴离子的试验。在用 H_2SO_4 酸化后的试液中加入 CCl_4 和 1~2 滴 1 mol·dm^{-3} KI 溶液,振荡试管,如果 CCl_4 层呈紫色,表示溶液中存在 NO_2^-。

根据初步试验结果,推断可能存在的阴离子,然后对阴离子进行个别鉴定。

某些离子在鉴定时会发生相互干扰,应先分离,后鉴定。例如,S^{2-} 的存在将干扰 SO_3^{2-} 和 $S_2O_3^{2-}$ 的鉴定,应先将 S^{2-} 除去。除去的方法是在含有 S^{2-}、SO_3^{2-}、$S_2O_3^{2-}$ 的混合溶液中,加入 $PbCO_3$ 或 $CdCO_3$ 固体,使它们转化为溶解度更小的硫化物而将 S^{2-} 分离出去,用清液分别鉴定 SO_3^{2-}、$S_2O_3^{2-}$ 即可。

2. 常见阴离子的鉴定

(1)CO_3^{2-} 的鉴定。检测时 SO_3^{2-} 和 $S_2O_3^{2-}$ 有干扰,消除干扰的方法是在试液酸化前加 4~6 滴 3% H_2O_2。消除干扰离子后,在试液中加入等体积 3 mol·dm^{-3} HCl,立即用附有滴管[滴管中盛有 1~2 滴澄清的饱和 $Ba(OH)_2$ 溶液]的软木塞将试管口塞紧,如有气泡生,并使 $Ba(OH)_2$ 溶液变浑浊,表示有 CO_3^{2-} 存在。

$$CO_3^{2-} + 2H^+ = CO_2\uparrow + H_2O$$
$$Ba(OH)_2 + CO_2 = BaCO_3\downarrow + H_2O$$

(2)NO_3^- 的鉴定。在点滴板中加入 1 滴试液和一小粒 $FeSO_4·7H_2O$ 晶体,然后沿晶体边缘滴加 1 滴浓 H_2SO_4,在 $FeSO_4$ 晶体四周形成棕色圆环,表示有 NO_3^- 离子。NO_2^- 有干扰,用尿素和 H_2SO_4 加热,可以消除 NO_2^- 的干扰(码16)。

$$3Fe^{2+} + NO_3^- + 4H^+ = 3Fe^{3+} + NO + 2H_2O$$
$$[Fe(H_2O)_6]^{2+} + NO = [Fe(NO)(H_2O)_5]^{2+}(棕色) + H_2O$$

(3)NO_2^- 的鉴定。取 2 滴试液于点滴板上,加 1 滴 2 mol·dm^{-3} HAc 溶液酸化,再加 1 滴对氨基苯磺酸和 1 滴 α-萘胺。如有玫瑰红色出现,表示有 NO_2^- 存在。

(4)SO_4^{2-} 的鉴定。试液用 HCl 酸化,所得清液中加入 $BaCl_2$ 溶液,生成白色沉淀,表示有 SO_4^{2-} 存在。

$$SO_4^{2-} + Ba^{2+} = BaSO_4\downarrow$$

(5)SO_3^{2-} 的鉴定。在点滴板中加入 2 滴除去硫化物后的试液、饱和 $ZnSO_4$ 溶液、0.1 mol·dm^{-3} $K_4[Fe(CN)_6]$ 溶液、1% 亚硝酰铁氰化钠试剂和 2 mol·dm^{-3} 的 $NH_3·H_2O$

溶液各 1 滴,若生成红色沉淀,表示有 SO_3^{2-} 存在。

(6) $S_2O_3^{2-}$ 的鉴定。在与干扰离子分离后,加入过量的 $AgNO_3$,白色沉淀很快变为棕色,最后变成黑色,表示有 $S_2O_3^{2-}$ 存在。

$$2Ag^+ + S_2O_3^{2-} = Ag_2S_2O_3 \downarrow (白色沉淀)$$
$$Ag_2S_2O_3 + H_2O = Ag_2S \downarrow + H_2SO_4$$

(7) PO_4^{3-} 的鉴定。取 4 滴试液,加入 3~4 滴浓 HNO_3,煮沸,将还原性阴离子氧化,以消除干扰离子的干扰,再加 8~10 滴钼酸铵试剂,微热,用玻璃棒摩擦试管内壁,如生成黄色晶形沉淀,表示有 PO_4^{3-} 存在。

$$PO_4^{3-} + 3NH_4^+ + 12MoO_4^{2-} + 24H^+ = (NH_4)_3PO_4 \cdot 12MoO_3 \cdot 6H_2O \downarrow + 6H_2O$$

(8) S^{2-} 的鉴定。取 1 滴试液于点滴板中,加 1 滴 $2\ mol \cdot dm^{-3}$ NaOH 溶液,再加 1 滴 1% 亚硝酰铁氰化钠试剂,如溶液变成紫色,表示有 S^{2-} 存在。

$$2Na^+ + S^{2-} + Na_2[Fe(CN)_5NO] = Na_4[Fe(CN)_5NOS] (紫色)$$

(9) Cl^- 的鉴定。

$$Ag^+ + Cl^- = AgCl \downarrow 白色沉淀$$
$$AgCl + 2NH_3 \cdot H_2O = [Ag(NH_3)_2]Cl + 2H_2O$$
$$[Ag(NH_3)_2]Cl + 2HNO_3 = AgCl \downarrow + 2NH_4NO_3$$

(10) I^- 的鉴定。

$$2I^- + Cl_2 = I_2 + 2Cl^- \qquad (CCl_4 层呈现紫红色)$$
$$I_2 + 5Cl_2 + 6H_2O = 2HIO_3 + 10HCl \quad (CCl_4 层的紫红色褪去)$$

(11) Br^- 的鉴定。

$$2Br^- + Cl_2 = Br_2 + 2Cl^- \qquad (CCl_4 层出现黄色或橙红色,表示有 Br^- 存在)$$

三、仪器与试剂

仪器:离心机、试管、点滴板、玻璃棒、水浴锅、胶头滴管。

药品:H_2SO_4($2\ mol \cdot dm^{-3}$,浓)、HCl($3\ mol \cdot dm^{-3}$,$6\ mol \cdot dm^{-3}$)、HNO_3($2\ mol \cdot dm^{-3}$,浓,$6\ mol \cdot dm^{-3}$)、HAc($2\ mol \cdot dm^{-3}$,$6\ mol \cdot dm^{-3}$)、$NH_3 \cdot H_2O$($2\ mol \cdot dm^{-3}$,$6\ mol \cdot dm^{-3}$)、$Ba(OH)_2$(饱和)、NaOH($2\ mol \cdot dm^{-3}$)、$KMnO_4$($0.1\ mol \cdot dm^{-3}$)、KI($1\ mol \cdot dm^{-3}$)、$ZnSO_4$(饱和)、$K_4[Fe(CN)_6]$($0.1\ mol \cdot dm^{-3}$)、H_2O_2(3%)、$BaCl_2$($1\ mol \cdot dm^{-3}$)、对氨基苯磺酸溶液、α-萘胺溶液、$Na_2[Fe(CN)_5NO]$(1%,新配)、$(NH_4)_2CO_3$(12%)、$AgNO_3$($0.1\ mol \cdot dm^{-3}$)、$(NH_4)_2MoO_4$(3%)、$PbCO_3(s)$、$FeSO_4 \cdot 7H_2O(s)$、尿素、Cl_2水(饱和)、CCl_4、淀粉-碘溶液、pH 试纸。含有 CO_3^{2-}、NO_2^-、NO_3^-、PO_4^{3-}、S^{2-}、SO_3^{2-}、SO_4^{2-}、$S_2O_3^{2-}$、Cl^-、Br^-、I^- 中部分阴离子的混合液。

四、实验内容

1. 阴离子的初步检验

取一份未知溶液,其中可能含有的阴离子是 CO_3^{2-}、NO_2^-、NO_3^-、PO_4^{3-}、S^{2-}、SO_3^{2-}、SO_4^{2-}、

$S_2O_3^{2-}$、Cl^-、Br^-、I^-等，按阴离子初步检验的方法，分析并初步确定可能存在的阴离子。

2. 阴离子的检验

经过以上的初步试验，对可能存在的阴离子，参照常见阴离子的检出反应，进行分离、检出，最后确定未知溶液中有哪些阴离子存在。

五、思考题

(1) 一种能溶于水的混合物，已检出含 Ag^+ 和 Ba^{2+}。下列阴离子中有哪几个可以不必鉴定？

SO_3^{2-}、Cl^-、NO_3^-、SO_4^{2-}、CO_3^{2-}、I^-

(2) 加稀 H_2SO_4 溶液或加稀 HCl 溶液于固体试样中，如观察到有气泡产生，则该固体试样中可能存在哪些阴离子？

(3) 有一阴离子未知液，用稀 HNO_3 溶液调节其至酸性后，加入 $AgNO_3$ 试剂，发现并无沉淀生成，则可以确定哪几种阴离子不存在？

(4) 请选用一种试剂区别 $NaNO_3$、Na_2S、$NaCl$、$Na_2S_2O_3$、Na_2HPO_4 这 5 种溶液。

(5) 在鉴定 CO_3^{2-} 离子时，如何消除 SO_3^{2-} 的干扰？

实验十六 水溶液中 Na^+、K^+、NH_4^+、Ca^{2+}、Mg^{2+}、Ba^{2+} 的分离与鉴定

一、实验目的

(1)熟悉碱金属、碱土金属微溶盐的有关性质。
(2)了解碱金属、碱土金属离子的分离及鉴定方法。

二、实验原理

本实验原理可用图 3-2 所示流程图表示:

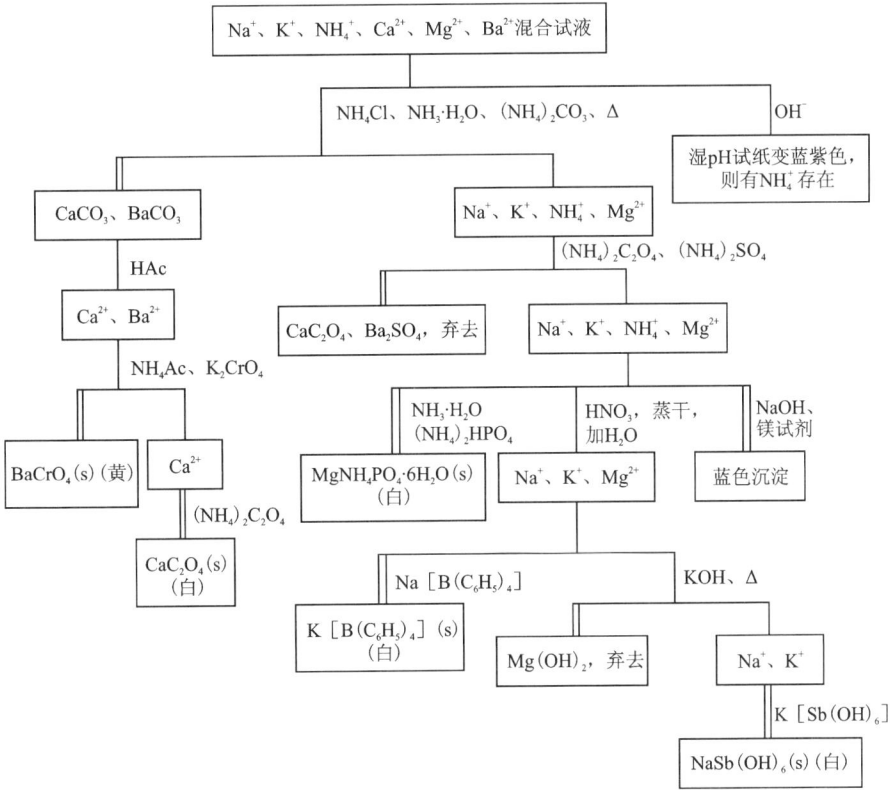

图 3-2 混合阳离子分离鉴定原理图

三、仪器与试剂

仪器:离心机、离心试管、滤纸、试管夹、恒温水浴、酒精灯、坩埚。

试剂:HAc(2 mol·dm^{-3})、HNO$_3$(浓)、NaOH(6 mol·dm^{-3})、KOH(6 mol·dm^{-3})、NH$_3$·H$_2$O(6 mol·dm^{-3})、(NH$_4$)$_2$CO$_3$、K$_2$CrO$_4$、(NH$_4$)$_2$HPO$_4$、(NH$_4$)$_2$SO$_4$(浓度均为 1 mol·dm^{-3})、NH$_4$Cl、NH$_4$Ac(浓度均为 3 mol·dm^{-3})、(NH$_4$)$_2$C$_2$O$_4$(0.5 mol·dm^{-3})、Na[B(C$_6$H$_5$)$_4$]溶液(5%)、K[Sb(OH)$_6$](饱和)、奈斯勒试剂、镁试剂、广泛 pH 试纸。

四、实验内容

1. 已知混合液的分离检出

取 Na^+、K^+、NH_4^+、Ca^{2+}、Mg^{2+}、Ba^{2+} 试液各 5 滴,加到离心试管中,混合均匀后,按以下步骤进行分离检出。

(1) NH_4^+ 的检出。取 3 滴混合溶液加到小坩埚中,滴加 6 mol·dm^{-3} NaOH 溶液至显强碱性。取一表面皿,在它的凸面上贴一块湿的 pH 试纸,将此表面皿盖在坩埚上,试纸较快的变成蓝色,说明试液中含 NH_4^+。

(2) Ca^{2+}、Ba^{2+} 的沉淀。在试液中加 6 滴 3 mol·dm^{-3} NH_4Cl 溶液,并加入 6 mol·dm^{-3} $NH_3·H_2O$ 使溶液呈碱性,再多加 3 滴 $NH_3·H_2O$ 溶液,在搅拌下加入 10 滴 1 mol·dm^{-3} $(NH_4)_2CO_3$ 溶液,在 60 ℃ 的热水中加热几分钟,然后离心分离,把清液转移到另一离心试管中,按步骤(5)操作处理,沉淀供步骤(3)用。

(3) Ba^{2+} 的分离检出。步骤(2)的沉淀用 10 滴热水洗涤,弃去洗涤液,用 2 mol·dm^{-3} HAc 溶液溶解,需加热并不断搅拌,然后加入 5 滴 3 mol·dm^{-3} NH_4Ac 溶液,加热后滴加 1 mol·dm^{-3} K_2CrO_4 溶液,若产生黄色沉淀,表示有 Ba^{2+}。离心分离,清液留作检验 Ca^{2+} 之用。

(4) Ca^{2+} 的检出。如果步骤(3)所得的清液呈橘黄色,表明 Ba^{2+} 已完全沉淀,否则还需要加 1 mol·dm^{-3} K_2CrO_4 使 Ba^{2+} 沉淀完全。往此清液中加入 1 滴 6 mol·dm^{-3} $NH_3·H_2O$ 溶液和几滴 0.5 mol·dm^{-3} $(NH_4)_2C_2O_4$ 溶液,加热后若产生白色沉淀,表示 Ca^{2+} 存在。

(5) 残余 Ba^{2+}、Ca^{2+} 的除去。往步骤(2)的清液中各加 1 滴 0.5 mol·dm^{-3} $(NH_4)_2C_2O_4$ 溶液和 1 mol·dm^{-3} $(NH_4)_2SO_4$ 溶液,加热几分钟。如果溶液浑浊,离心分离,弃去沉淀,把清液转移到坩埚中。

(6) Mg^{2+} 的检出。取几滴步骤(5)的清液加到试管中,再加 1 滴 6 mol·dm^{-3} $NH_3·H_2O$ 溶液和 1 滴 1 mol·dm^{-3} $(NH_4)_2HPO_4$ 溶液,摩擦试管内壁,如产生白色晶形沉淀,表示有 Mg^{2+} 存在。

(7) 铵盐的除去。小心将步骤(5)中坩埚内的清液蒸发至只剩下几滴,再加 8~10 滴浓 HNO_3 溶液,然后蒸发至干。注意在蒸发至近干时,要移开酒精灯,借石棉网的余热将其蒸干,最后用大火灼烧至不再冒白烟,冷却后往坩埚内加 8 滴蒸馏水。取 1 滴坩埚中的溶液加在点滴板中,再加 2 滴奈斯勒试剂,若不产生红褐色沉淀,表明铵盐已被除尽,否则还需要加浓 HNO_3 进行蒸发,以除尽铵盐。除尽铵盐后的溶液供步骤(8)和步骤(9)检出 Na^+ 和 K^+。

(8) K^+ 的检出。取 2~3 滴步骤(7)的溶液加到试管中,加 2 滴 $Na[B(C_6H_5)_4]$ 溶液,如产生白色沉淀,表示有 K^+ 存在。

(9) Na^+ 的检出。取 2~3 滴步骤(7)的溶液加到离心试管中,加 6 mol·dm^{-3} KOH 溶液至强碱性,加热后离心分离,弃去 $Mg(OH)_2$ 沉淀。往清液中加等体积的饱和 $K[Sb(OH)_6]$ 溶液,用玻璃棒摩擦试管壁,放置后有白色晶形沉淀,表示有 Na^+。若没有沉淀产生,可放置稍长时间后再观察。

2. 未知溶液的鉴定

用上述 6 种离子配制多种成分不同的试样,进行离子检出实验。

五、思考题

(1) 在用 $(NH_4)_2CO_3$ 溶液沉淀 Ca^{2+}、Ba^{2+} 时,为什么既要加 NH_4Cl 溶液,又要加 $NH_3 \cdot H_2O$ 溶液?如果 $NH_3 \cdot H_2O$ 溶液加得太多,对分离有何影响?为什么要加热至 60 ℃?

(2) 溶解 $CaCO_3$、$BaCO_3$ 沉淀时,为什么用 HAc 而不用 HCl?

(3) 若 Ba^{2+}、Ca^{2+} 沉淀不完全,对 Mg^{2+}、Na^+ 等的检出有什么影响?

(4) 若在除去铵盐时不小心将坩埚钳上的铁锈带入坩埚中,当检验 NH_4^+ 是否除尽时,铁锈将干扰判断,为什么?

实验十七　未知溶液的分离与鉴定

一、实验目的

(1)了解阳离子的硫化氢系统分析方法。
(2)掌握混合阳离子溶液的分离鉴定的方法与相关操作。

二、实验原理

对组分复杂的试样,离子的分离鉴定通常采用系统分析法。在系统分析中,首先用组试剂(指能将几种离子同时沉淀而与其他离子分离的试剂)将溶液中某些性质相似的离子分成若干组,再对每组中的离子进一步分离鉴定。

本实验采用的硫化氢系统分析法是根据各阳离子硫化物以及它们的氯化物、碳酸盐和氢氧化物的溶解度不同,按照一定顺序加入组试剂,把阳离子分成不同的5个组,再对每一组中的离子进一步进行分离鉴定的方法。

离子的分离检出都在一定条件下进行的,选择恰当的条件(如酸度、浓度、温度及恰当的试剂等),可使反应向预期方向进行,因此在设计离子分离方案时不但要熟悉离子自身的一般性质,还要能够用化学反应平衡的基本规律控制反应条件,达到离子分离、鉴定的目的。

硫化氢系统分析法的优点是系统严谨、分离比较完全,缺点是对环境有较大污染。为此,实验中改用硫代乙酰胺(CH_3CSNH_2,简称 TAA)代替饱和 H_2S 水溶液。硫代乙酰胺的水溶液常温比较稳定,加热以后又能达到饱和 H_2S 水溶液的反应效果。这样既保留了硫化氢系统的优点,又减轻了硫化氢气体产生的污染。

硫化氢系统分析法利用组试剂将阳离子分成以下 5 组(每组分离沉淀后的清液进入后面各组的分析)。

(1)第Ⅰ组(又称盐酸组),组试剂是 $3\ mol \cdot dm^{-3}$ HCl。加热,分离出 $AgCl$(白)、Hg_2Cl_2(白)、$PbCl_2$(白)。

本组中的 Pb^{2+} 会因生成配合物 $PbCl_4^{2-}$ 导致沉淀不完全而部分进入下一组。

(2)第Ⅱ组(又称硫化氢组),组试剂是 $0.3\ mol \cdot dm^{-3}$ HCl、TAA。加热,分离出 PbS(黑)、CuS(黑)、Bi_2S_3(黑)、CdS(黄)、As_2S_3(黄)、Sb_2S_3(橙)、SnS(褐)、SnS_2(黄)、HgS(黑)。

(3)第Ⅲ组(又称硫化铵组),组试剂是 NH_3+NH_4Cl、TAA。加热,分离出 $Al(OH)_3$(白)、$Cr(OH)_3$(绿)、$Fe(OH)_3$(褐)、FeS(黑)、MnS(粉)、ZnS(白)、CoS(黑)、NiS(黑)。

本组分离时酸度过高会导致部分离子沉淀不完全,过低又可能导致后面各组中的离子如 Mg^{2+} 提前沉淀,故需利用缓冲溶液控制恰当的酸度。

(4)第Ⅳ组(又称碳酸铵组),组试剂是 NH_3+NH_4Cl、$(NH_4)_2CO_3$。分离出 $BaCO_3$(白)、$SrCO_3$(白)、$CaCO_3$(白)。

(5)第Ⅴ组(又称可溶组),对溶液中 K^+、Na^+、NH_4^+ 和 Mg^{2+} 分别进行鉴定。

对每组中的离子,再进行进一步的分离、鉴定。以第Ⅰ组离子为例,分离鉴定过程如图 3-3 所示。

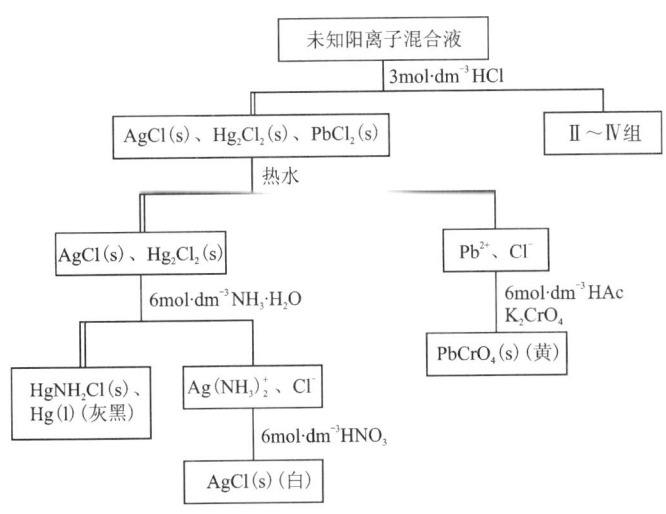

图 3-3　第Ⅰ组阳离子分离鉴定流程图

实验中,需根据所分析样品中可能含有的离子种类,根据前述系统的分析原理,合理设计分析方案。例如,某样品中可能含有 Cu^{2+}、Sn^{4+}、Cr^{3+}、Ni^{2+}、Ca^{2+}、NH_4^+,可按图 3-4 所示流程进行分析。

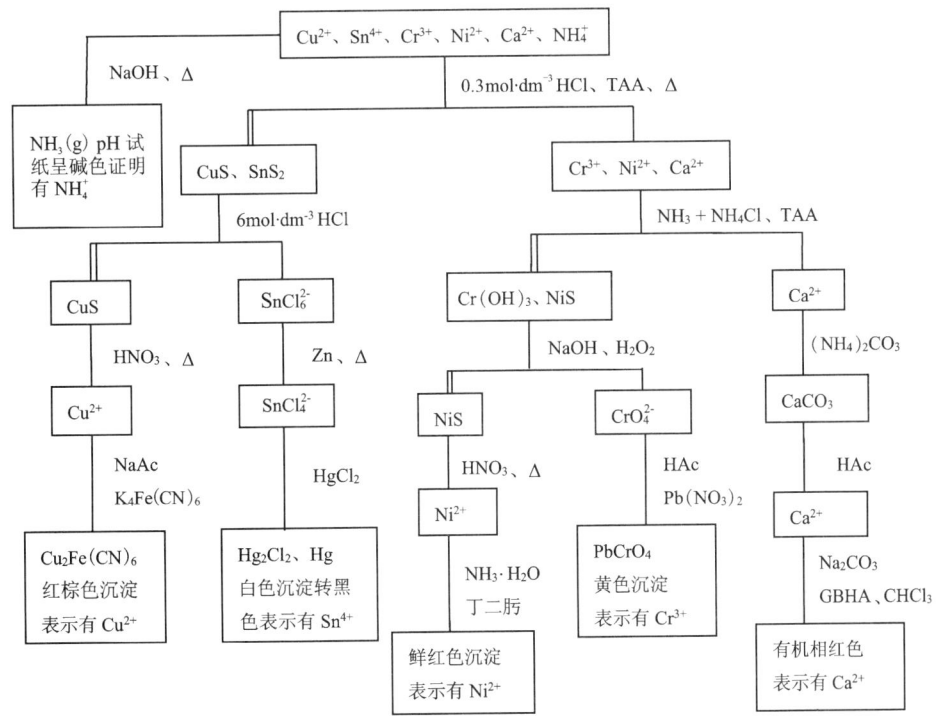

图 3-4　Cu^{2+}、Sn^{4+}、Cr^{3+}、Ni^{2+}、Ca^{2+}、NH_4^+ 的系统分离与检出图

三、仪器与试剂

仪器：离心管、离心机、电炉、玻璃棒、烧杯、点滴板、表面皿、滤纸。

试剂：待分析混合液、HCl($1\ mol\cdot dm^{-3}$，$3\ mol\cdot dm^{-3}$，$6\ mol\cdot dm^{-3}$)、HAc($2\ mol\cdot dm^{-3}$，$6\ mol\cdot dm^{-3}$)、HNO_3($2\ mol\cdot dm^{-3}$，$6\ mol\cdot dm^{-3}$，浓)、H_2SO_4($1.0\ mol\cdot dm^{-3}$，$3\ mol\cdot dm^{-3}$)、NaOH($2\ mol\cdot dm^{-3}$，$6\ mol\cdot dm^{-3}$，10%)、TAA(5%)、$(NH_4)_2CO_3$($1\ mol\cdot dm^{-3}$)、Na_2CO_3(10%)、H_2O_2(3%)、$NH_3\cdot H_2O$($0.5\ mol\cdot dm^{-3}$，$2\ mol\cdot dm^{-3}$，$6\ mol\cdot dm^{-3}$，浓)、NH_4Cl($0.1\ mol\cdot dm^{-3}$，$3\ mol\cdot dm^{-3}$)、NH_4Ac($2\ mol\cdot dm^{-3}$，饱和)、NaAc($1\ mol\cdot dm^{-3}$)、NH_4NO_3(1%)、NH_4F($2\ mol\cdot dm^{-3}$)、$(NH_4)_2C_2O_4$($0.5\ mol\cdot dm^{-3}$，饱和)、甘油溶液(1:1)、$K_4Fe(CN)_6$($0.2\ mol\cdot dm^{-3}$)、$K_3Fe(CN)_6$($0.2\ mol\cdot dm^{-3}$)、K_2CrO_4(5%，$1\ mol\cdot dm^{-3}$)、$SnCl_2$($0.1\ mol\cdot dm^{-3}$)、$CoCl_2$($0.1\ mol\cdot dm^{-3}$)、$HgCl_2$($0.2\ mol\cdot dm^{-3}$)、NH_4SCN($0.1\ mol\cdot dm^{-3}$)、$NH_4SCN(s)$、$NaNO_2(s)$、$NH_4NO_3(s)$、$NaBiO_3(s)$、$KClO_3(s)$、$NH_4NO_3(s)$、$NH_4Ac(s)$、铝片、锡箔、锌粉、邻二氮菲试剂、戊醇、氯仿、无水乙醇、丁二酮肟试剂(1%)、甲基紫(0.1%)、百里酚蓝指示剂、奈斯勒试剂、$(NH_4)_2Hg(SCN)_4$试剂、铝试剂、GBHA(1%乙醇溶液)、玫瑰红酸钠、四苯硼酸钠、$Na_3Co(NO_2)_6$试剂、醋酸铀酰锌试剂、镁试剂(对硝基苯偶氮间苯二酚)、pH试纸、精密pH试纸、红色石蕊试纸。

四、实验内容

(1) 查阅相关资料，针对可能含有下列各组离子的混合试液设计出合理的分离鉴定方案。画出分析流程图，写出重要的分离及鉴定反应方程式，并列出离子在每一步分离过程中各种条件的控制及操作中应当注意的问题。

① Cr^{3+}，Al^{3+}，Hg^{2+}，Pb^{2+}，Ag^+。

② Cd^{2+}，As^{3+}，Sn^{2+}，Sb^{3+}，Bi^{3+}。

③ Cu^{2+}，Mn^{2+}，Fe^{3+}，Bi^{3+}，As^{3+}。

④ Cu^{2+}，Sn^{4+}，Cr^{3+}，Ni^{2+}，Ca^{2+}，NH_4^+。

(2) 选取一份试样，按所设计的分离鉴定方案对其成分进行分析。

(3) Cu^{2+}、Sn^{4+}、Cr^{3+}、Ni^{2+}、Ca^{2+}、NH_4^+混合液中离子分离鉴定方法(供参考)。

① 初步检验——NH_4^+的鉴定。将一小块pH试纸用蒸馏水润湿，贴在表面皿中心，另一表面皿中加2滴混合液，2滴$2\ mol\cdot dm^{-3}$ NaOH溶液，很快用贴有pH试纸的表面皿盖上，将此气室放在水浴上加热，如pH试纸变为碱色，表示有NH_4^+存在。

② 各离子的分离与检出。

a. Cu^{2+}、Sn^{4+}与Cr^{3+}、Ni^{2+}、Ca^{2+}的分离以及Cu^{2+}、Sn^{4+}的检出。取20滴混合液于1支离心试管中，加入1滴0.1%甲基紫指示剂，用$NH_3\cdot H_2O$和HCl调至溶液为绿色，加入10滴5%硫代乙酰胺，加热，析出CuS和SnS_2沉淀，离心分离(离心液按b处理)。沉淀用含HCl的水洗二次，弃去洗涤液，沉淀加4~5滴$6\ mol\cdot dm^{-3}$ HCl溶液，充分搅拌，加热，使SnS_2充分溶解，离心分离，离心液为$SnCl_6^{2-}$，用少许锌粉将其还原为$SnCl_4^{2-}$。取此溶液2滴，加入

1滴0.2 mol·dm^{-3} HgCl$_2$溶液,若生成白色沉淀,并逐渐变为黑色,证明有Sn^{4+}存在。CuS沉淀用含HCl的水洗涤,弃去洗涤液,加2滴2 mol·dm^{-3} HNO$_3$溶液,加热溶解,并除去低价氮的氧化物,离心分离,弃去沉淀。溶液加1 mol·dm^{-3} NaAc溶液和0.2 mol·dm^{-3} K$_4$Fe(CN)$_6$溶液各一滴,如生成红棕色沉淀,证明有Cu^{2+}存在。

b. Cr^{3+}、Ni^{2+}与Ca^{2+}的分离和Cr^{3+}、Ni^{2+}的鉴定。在a的离心液中,加入5滴3 mol·dm^{-3} NH$_4$Cl溶液及百里酚蓝指示剂,再用浓NH$_3$·H$_2$O及0.5 mol·dm^{-3} NH$_3$·H$_2$O调至溶液显黄棕色(先用浓氨水,后用稀氨水调节),加10滴5%硫代乙酰胺,在水浴中加热。离心分离,离心液按c处理。沉淀用1% NH$_4$NO$_3$溶液洗涤后,加3滴6 mol·dm^{-3} NaOH溶液和5滴3% H$_2$O$_2$溶液,加热,使Cr(OH)$_3$溶解,生成黄色的CrO$_4^{2-}$。离心分离,离心液加HAc酸化,加1滴Pb^{2+}溶液,若生成黄色沉淀,表示有Cr^{3+}。

NiS沉淀用1% NH$_4$NO$_3$溶液洗涤后,加2滴6 mol·dm^{-3} HNO$_3$溶液,加热溶解,分离出生成的硫磺沉淀。清液用6 mol·dm^{-3} NH$_3$·H$_2$O溶液调至碱性,加1滴1%丁二酮肟,若生成鲜红色沉淀,证明有Ni^{2+}存在。

c. Ca^{2+}的鉴定(码23)。在b的离心液中,加3滴1 mol·dm^{-3} (NH$_4$)$_2$CO$_3$溶液,若生成白色沉淀,离心分离,弃去离心液,沉淀用水洗一次,加2滴2 mol·dm^{-3} HAc溶液溶解。取此溶液1滴,加4滴1% GBHA的乙醇溶液,1滴10% NaOH溶液,1滴10% Na$_2$CO$_3$溶液和3~4滴CHCl$_3$,再加水数滴,摇动试管,CHCl$_3$层显红色则证明Ca^{2+}存在。

码23 Ca^{2+}的鉴定

五、思考题

(1)画出硫化氢系统分析方法流程图。

(2)查阅资料,比较硫化氢系统分析法与另外一种常用的两酸两碱系统分析法相互的优劣。

(3)在硫化氢系统分析中,常用到TAA,是否可用硫化钠溶液代替?说明原因。

(4)本实验中,很多离子在沉淀过程中需要水浴加热,水浴的作用是什么?

(5)结合离子在不同的分离过程中的使用条件,分析原因。

第四章　化合物的制备与提纯实验

实验十八　水的净化和纯度检测

一、实验目的

(1)掌握离子交换法净化水的原理与方法。
(2)掌握用配合滴定法测定水的硬度的基本原理和方法。
(3)进一步练习滴定操作及离子交换树脂和电导率仪的使用方法。

二、实验原理

水是一种常用的溶剂,具有极强的溶解力。天然水中因此含有许多杂质,除了不溶性的悬浮物、胶体类物质外,还有大量可溶性物质。水的纯度会对实验结果产生很大的影响。因此,了解水的纯度,掌握检查水的纯度和净化水的方法是非常重要的。

天然水经过混凝、沉淀和消毒等工艺过程处理成为自来水,自来水中仍然含有一些可溶性离子,在将自来水用于化学实验以前仍需要进一步的纯化。水的纯化方法很多,主要有蒸馏法、电渗析法及离子交换法。本实验介绍离子交换法纯化水的原理和方法。

天然水在水圈循环中流过土地和硬水岩石时,会溶解少量的矿物质成分,钙和镁是其中最常见的两种可溶性离子,水中钙盐与镁盐含量作为评判水质的指标之一,被称为水的硬度,含有较多可溶性钙镁化合物的水称为硬水,其中 Ca^{2+}、Mg^{2+} 主要以酸式碳酸盐的形式存在时,称为暂时硬水;若主要以硫酸盐、氯化物、硝酸盐的形式存在时则称为永久硬水。

水的硬度可按水中所含 CaO 的浓度(以 $mmol \cdot dm^{-3}$ 为单位)或者以每立方分米水中所含 CaO 的毫克数(即 $1\ mg \cdot dm^{-3} = 1 \times 10^{-6}$)表示,如表 4-1 所示。

表 4-1　水质的硬度分类

水质	水的总硬度	
	$CaO/mg \cdot dm^{-3}$	$CaO/mmol \cdot dm^{-3}$
很软水	0~40	0~0.72
软水	40~80	0.72~1.4
中等硬水	80~160	1.4~2.9
硬水	160~300	2.9~5.4
很硬水	>300	>5.4

有许多测定水的硬度的方法,最常用的是 EDTA 配合滴定法(利用配合反应进行滴定的方法)。EDTA 是乙二胺四乙酸根离子的缩写,也可以简写为 H_2Y^{2-}。

在测定过程中,控制适当的 pH 值,用少量铬 T($C_{20}H_{12}O_7N_3SNa$,可缩写为 NaH_2EBT)作指示剂,水样中的少量 Mg^{2+}、Ca^{2+} 能与铬黑 T 反应,分别生成紫红色的配离子[Mg(EBT)]$^-$ 和[Ca(EBT)]$^-$,但其稳定性不及与 H_2Y^{2-} 所形成的配离子 MgY^{2-} 和 CaY^{2-}。上述各配离子的 $\lg K_f^{\ominus}$ 值及颜色见表 4-2。

表 4-2 一些钙、镁配离子的 $\lg K_f^{\ominus}$ 值和颜色

配离子	[Ca(EDTA)]$^{2-}$	[Mg(EDTA)]$^{2-}$	[Mg(EBT)]$^-$	[Ca(EBT)]$^-$
$\lg K_f^{\ominus}$	11.0	8.46	7.0	5.4
颜色	无色	无色	紫红色	紫红色

用 EDTA 滴定 Ca^{2+}、Mg^{2+} 总量时,一般是在 pH=10 的氨性缓冲溶液中进行的。滴定时,EDTA 先与溶液中未配合的 Ca^{2+}、Mg^{2+} 结合,然后与[Mg(EBT)]$^-$、[Ca(EBT)]$^-$ 反应,从而游离出指示剂 EBT,使溶液颜色由紫红色变为蓝色,表明滴定达到终点。这一过程可用化学反应式表示(式中 Me^{2+} 表示 Ca^{2+} 或 Mg^{2+}):

$$HEBT^{2-}(aq) + Me^{2+}(aq) \xrightarrow{pH=10.0} [Me(EBT)]^- + H^+(aq)$$
蓝色 　　　　　　　　　　　　　　　紫红色

$$[Me(EBT)]^- + H_2Y^{2-}(aq) + OH^-(aq) = MeY^{2-} + HEBT^{2-}(aq) + H_2O(l)$$
紫红色　　　　无色　　　　　　　　无色　　　蓝色

根据下式可算出水样的总硬度:

$$\text{总硬度}/mmol \cdot dm^{-3} = 1000c(EDTA) \cdot V(EDTA)/V(H_2O) \quad (4-1)$$

或

$$\text{总硬度}/mg \cdot dm^{-3} = 1000c(EDTA) \cdot V(EDTA) \cdot M(CaO)/V(H_2O) \quad (4-2)$$

式中:$c(EDTA)$ 为标准 EDTA 溶液的浓度($mol \cdot dm^{-3}$);$V(EDTA)$ 为滴定中消耗的标准 EDTA 溶液体积(cm^3);$V(H_2O)$ 为待测水样的体积(cm^3);$M(CaO)$ 为 CaO 的摩尔质量($g \cdot mol^{-1}$)。

本实验采用离子交换法纯化自来水,离子交换法是使水通过离子交换柱(内装阴、阳离子交换树脂)除去水中的杂质离子,实现净化水的方法,用此法得到的去离子水的纯度较高。对于含较高浓度 Ca^{2+}、Mg^{2+} 的硬水,在进行离子交换后 Ca^{2+}、Mg^{2+} 浓度降低,相当于对其进行软化。

离子交换树脂是一种人工合成的带有交换活性基团的多孔网状结构的高分子化合物,性质稳定,耐酸碱及一般有机溶剂。若树脂中的活性基团能与溶液中的阳离子进行交换,称为阳离子交换树脂;若树脂中的活性基团能与溶液中的阴离子进行交换,称为阴离子交换树脂。其化学反应式可表示如下(以杂质离子 Mg^{2+} 和 Cl^- 为例):

$$2R-SO_3H(s) + Mg^{2+}(aq) = (R-SO_3)_2Mg(S) + 2H^+(aq)$$

$$2R-N(CH_3)_3OH(s) + 2Cl^-(aq) = 2R-N(CH_3)_3Cl(S) + 2OH^-(aq)$$

$$H^+(aq) + OH^-(aq) = H_2O(l)$$

纯水是一种极弱的电解质,水样中溶有可溶性电解质(杂质)后会使其导电能力增大。用电导率仪测定水样的电导率,可以确定去离子水的纯度。各种水样的电导率值大致范围见表 4-3。

表 4-3 各种水的电导率

水样	电导率/$S \cdot m^{-1}$
自来水	$5.0 \times 10^{-1} \sim 5.3 \times 10^{-2}$
一般实验室用水	$5.0 \times 10^{-3} \sim 1.0 \times 10^{-4}$
去离子水	$4.0 \times 10^{-4} \sim 8.0 \times 10^{-5}$
蒸馏水	$2.8 \times 10^{-4} \sim 6.3 \times 10^{-6}$
最纯水	$\sim 5.5 \times 10^{-6}$

水溶液的电导率和溶解固体量浓度成正比,电导率和溶解固体量浓度的关系近似表示为:$2 \mu S \cdot cm^{-1} = 1 mg \cdot dm^{-3}$。利用电导率仪或总固体溶解量计可以间接得到水的总硬度值。

需要注意:
(1) 以电导率间接测算水的硬度,其理论误差 $20 \sim 30 mg \cdot dm^{-3}$。
(2) 溶液的电导率大小与分子的运动有关,温度影响分子的运动,为了比较测量结果,测试温度一般定为 20 ℃ 或 25 ℃。

纯化后水中微量 Ca^{2+}、Mg^{2+},可用铬黑 T 指示剂进行定性检验。在 pH=8~11 的溶液中,铬黑 T 能与 Ca^{2+}、Mg^{2+} 生成紫红色配离子。

三、仪器和试剂

仪器:微型离子变换柱(砂板玻璃层析柱)、烧杯($100 cm^3$、$400 cm^3$)、锥形瓶($250 cm^3$)、铁架台、滴管、移液管($20 cm^3$)、洗耳球、碱式滴定管($50 cm^3$)、滴定管夹、白瓷板、量筒($10 cm^3$)、洗瓶、玻璃棒、滤纸、6 孔井穴板、德式十字夹、万能夹(配海绵做衬垫)、凡士林、具柄玻璃量杯(灌装树脂)、电导率仪、电导电极。

药品:NH_3-NH_4Cl 缓冲溶液、标准 EDTA 二钠盐溶液(约 $0.002 mol \cdot dm^{-3}$)、铬黑 T 指示剂(0.5%)、三乙醇胺 $N(CH_2CH_2OH)_3$(33%)、强酸型阳离子交换树脂(001×7)、强碱型阴离子交换树脂(201×7)、$AgNO_3$ 溶液($0.1 mol \cdot dm^{-3}$)、$BaCl_2$ 溶液($0.1 mol \cdot dm^{-3}$)。

四、实验内容

1. 水中钙镁含量测定——总硬度测定

用移液管吸取 $20.00 cm^3$ 自来水,置于 $250 cm^3$ 锥形瓶中,加入 10 滴三乙醇胺溶液和 20 滴 NH_3-NH_4Cl 缓冲溶液,摇匀后,加 2~3 滴铬黑 T 指示剂,摇匀。用标准 EDTA 溶液滴定至溶液颜色由紫红色变为蓝色,即达滴定终点。记录所消耗标准溶液体积(码 5)。

按照上述实验方法,平行测定 2 次,两次滴定误差不应大于 0.05 cm³。计算水样的总硬度(以 mmol·dm^{-3}或 mg·dm^{-3}表示)。

2. 硬水的软化

(1)交换柱下部空气的排除。取 1 支下端带有活塞的玻璃管,加入蒸馏水至管的 1/3 处,排除下部空气。

(2)离子交换柱的装柱(码 14)。玻璃管固定后,倾入带水的树脂 30 g 左右,与此同时打开玻璃管底部活塞,让水缓慢流出(水的流速不能太快,防止树脂层露出水面),使树脂均匀自然沉降,保持树脂层上部水高为 4~6 cm,关上活塞,以备使用。

(3)水的软化处理。将自来水慢慢倒入柱中,同时打开活塞,控制水的流出速度为 30 滴/min 左右,并保持柱中液面位置略高于树脂,当流出水约 30 cm³ 后,接取流出液约 30 cm³ 做水质监测。

(4)水的定性检验。用电导率仪分别测定以上流出水的电导率,并用铬黑 T 指示剂检测流出水中是否含有 Ca^{2+}、Mg^{2+} 离子。

用自来水和蒸馏水代替流出水,重复上述定性检测,并将检测结果与流出水的检测结果进行对照,使用 0.1 mol·dm^{-3} $AgNO_3$ 溶液检测流出水中是否含有 Cl^-,使用 0.1 mol·dm^{-3} $BaCl_2$ 溶液检测流出水中是否含有 SO_4^{2-}。

(5)离子交换柱的再生。已经使用的离子交换柱必须进行再生处理,使树脂完全转变为 H 型树脂或 OH 型树脂,否则会导致实验结果不理想。

转型的操作如下:用 30 cm³ 的 1 mol·dm^{-3} HCl 溶液,流过阳离子交换柱,调节流出液以 6~8 滴/min 的速度流出。待柱中 HCl 溶液液面降至接近树脂层表面时(不得低于树脂层表面!),加入蒸馏水洗涤树脂,直到流出液呈中性(用 pH 试纸检验)。夹住螺旋夹,弃去流出液。用 1 mol·dm^{-3} NaOH 溶液代替 HCl 溶液,重复以上操作,可以使阴离子交换柱再生。

五、思考题

(1)用 EDTA 配合滴定法测定水硬度的基本原理是怎样的?使用什么指示剂?滴定终点的颜色变化如何?

(2)用离子交换法使硬水软化和净化的基本原理是怎样的?操作中有哪些应注意之处?

(3)为什么通常可用电导率值的大小来衡量水的纯度?是否可以认为电导率值越小,水的纯度越高?

实验十九　氯化钠的提纯

一、实验目的

(1) 通过粗食盐提纯，了解盐类溶解度知识在无机物提纯中的应用。
(2) 练习有关的基本操作：加热溶解、常压过滤、减压过滤、蒸发浓缩、结晶、干燥等。
(3) 了解 Mg^{2+}、Ca^{2+}、Ba^{2+} 离子的鉴定和除去方法。

二、实验原理

一般粗食盐中含有泥砂等不溶性杂质及 SO_4^{2-}、Ca^{2+}、Mg^{2+} 和 K^+ 等可溶性杂质。氯化钠的溶解度随温度的变化很小，不能用重结晶的方法纯化，而需用化学法处理，使可溶性杂质都转化成难溶物，过滤除去。此方法的原理是将粗食盐溶于水后，用过滤的方法除去不溶性杂质，利用稍过量的 $BaCl_2$ 与 NaCl 中的 SO_4^{2-} 反应转化为难溶的硫酸钡；再加 Na_2CO_3 与 Ca^{2+}、Mg^{2+} 及没有转变为 $BaSO_4$ 的 Ba^{2+} 生成碳酸盐沉淀，过量的 Na_2CO_3 会使产品呈碱性，将沉淀过滤后，加盐酸除去过量的 CO_3^{2-}，有关化学反应式如下：

$$Ba^{2+} + SO_4^{2-} = BaSO_4 \downarrow$$
$$Ca^{2+} + CO_3^{2-} = CaCO_3 \downarrow$$
$$2Mg^{2+} + 2OH^- + CO_3^{2-} = Mg_2(OH)_2CO_3 \downarrow$$
$$CO_3^{2-} + 2H^+ = CO_2 \uparrow + H_2O$$

至于用沉淀剂不能除去的其他可溶性杂质，如 K^+，在最后的浓缩结晶过程中，利用 KCl 的溶解度比 NaCl 的大而含量又少的特点，将溶液蒸发浓缩，则 NaCl 先结晶析出，KCl 仍留在母液内，从而达到提纯的目的。少量多余的 HCl，在干燥 NaCl 时，以氯化氢形式逸出。

三、仪器与试剂

仪器：台秤、烧杯、试管、酒精灯、电炉、抽滤瓶、蒸发皿。

试剂：粗食盐、$BaCl_2$ 溶液（1 mol·dm^{-3}）、饱和 Na_2CO_3 溶液、HCl 溶液（2 mol·dm^{-3}）、HAc 溶液（6 mol·dm^{-3}）、H_2SO_4 溶液（3 mol·dm^{-3}）、NaOH 溶液（2 mol·dm^{-3}）、饱和 $(NH_3)_4C_2O_4$ 溶液、镁试剂。

四、实验内容

1. 粗盐的称量和溶解

在台秤上称取 8 g 粗食盐，放入 100 cm^3 烧杯中，加 30 cm^3 水，加热搅拌使粗盐溶解。

2. SO_4^{2-} 的去除

加热溶液至沸，用小火维持微沸，一边搅拌，一边逐滴加入 $BaCl_2$ 溶液，要求将溶液中的

SO_4^{2-} 全部变成 $BaSO_4$ 沉淀,继续加热 5 min,使沉淀颗粒长大而易于沉降。为检查 SO_4^{2-} 是否除尽,将烧杯从石棉网上取下,待沉降后取少量上层溶液,再加 1~2 滴 $BaCl_2$ 溶液,如果有混浊,表示 SO_4^{2-} 尚未除尽,需要再加 $BaCl_2$ 溶液。如果不混浊,表示 SO_4^{2-} 已除尽。检验液未加其他药品,观察后可倒回原溶液中。常压过滤。过滤时,不溶性杂质和 $BaSO_4$ 沉淀尽量不要倒至漏斗中。

3. 去除 Mg^{2+}、Ca^{2+}、Ba^{2+} 等阳离子

将上面滤液加热全近沸,用小火维持微沸,边搅拌边滴加饱和 Na_2CO_3 溶液,如上法,通过实验确定用量,为了检查 Ba^{2+} 是否除尽,取少量上层清液,加 1~2 滴 3 mol·dm^{-3} H_2SO_4 溶液,如果有混浊,表示 Ba^{2+} 未除尽,需继续加 Na_2CO_3 溶液,直到除尽为止(检查液用后弃去)。确定 Mg^{2+}、Ca^{2+}、Ba^{2+} 转变为难溶的碳酸盐和碱式碳酸盐沉淀后,进行第二次常压过滤,弃去沉淀。整个过程中,应随时补充蒸馏水,维持原体积。

4. 用 HCl 调整酸度除去过量的 CO_3^{2-}

往溶液中滴加 2 mol·dm^{-3} HCl 溶液,加热搅拌,中和至溶液的 pH=3~4。溶液经蒸发,CO_3^{2-} 转化为 CO_2 除去。

5. 浓缩、结晶

把溶液倒入蒸发皿,蒸发浓缩(码10),当液面出现晶体时,改用小火并不断搅拌,以免溶液溅出。蒸发后期,再检查溶液的 pH 值,必要时,可加 1~2 滴 2 mol·dm^{-3} HCl 溶液,保持溶液微酸性(pH 值约为 6)。当溶液蒸发至稀糊状时(切勿蒸干!),冷却结晶,减压过滤,尽量抽干。将 NaCl 晶体放入有把的蒸发皿内,用小火烘炒,以防止溅出与结块。待无水蒸气逸出后,再用大火灼烧 1~2 min。得到的 NaCl 晶体应是洁白和松散的。冷却称量,计算收率。

6. 产品纯度的检验

称取粗食盐和提纯后的精盐各少许,分别溶于 5 cm^3 蒸馏水中,然后各分盛于 3 支试管中,用下述方法对照检验它们的纯度。

(1)SO_4^{2-} 的检验:加入 2 滴 2 mol·dm^{-3} HCl 溶液,再加入 2 滴饱和 $BaCl_2$ 溶液,观察有无白色的 $BaSO_4$ 沉淀生成。

(2)Ca^{2+} 的检验:加入 2 滴 6 mol·dm^{-3} 醋酸溶液,再加入 2 滴饱和 $(NH_4)_2C_2O_4$ 溶液,观察有无白色的 CaC_2O_4 沉淀生成。

(3)Mg^{2+} 的检验:加入 2 滴 2 mol·dm^{-3} NaOH 溶液,再加入几滴镁试剂,如有蓝色沉淀产生,则表示有 Mg^{2+} 存在。

五、思考题

(1)$BaCl_2$ 毒性很大,能否用其他无毒盐如 $CaCl_2$ 等来除 SO_4^{2-}?

(2)除去可溶性杂质离子的先后次序是否合理,可否任意变换次序?

(3)蒸发前为什么要用 HCl 将溶液的 pH 调至 3~4,能否用其他酸来调节?

(4)蒸发时为什么不可将溶液蒸干?

(5)加沉淀剂除杂质时,为了得到较大晶粒的沉淀,需要的沉淀条件是什么?

实验二十　硫代硫酸钠的制备

一、实验目的

(1) 训练无机化合物制备过程中的基本操作。
(2) 学习亚硫酸钠法制备 $Na_2S_2O_3$ 的原理和方法。
(3) 学习 $Na_2S_2O_3$ 的检验方法。

二、实验原理

$Na_2S_2O_3$ 是最重要的硫代硫酸盐,俗称"海波",又名"大苏打",是无色透明单斜晶体。易溶于水,不溶于乙醇,具有较强的还原性和配位能力,是冲洗照相底片的定影剂,棉织物漂白后的脱氯剂,定量分析中的还原剂。有关反应如下:

$$AgBr + 2S_2O_3^{2-} = [Ag(S_2O_3)_2]^{3-} + Br^-$$
$$2Ag^+ + S_2O_3^{2-} = Ag_2S_2O_3$$
$$Ag_2S_2O_3 + H_2O = Ag_2S\downarrow + H_2SO_4$$
$$2S_2O_3^{2-} + I_2 = S_4O_6^{2-} + 2I^-$$

$Na_2S_2O_3 \cdot 5H_2O$ 的制备方法有多种,其中亚硫酸钠法是工业和实验室中的主要方法,用硫粉与亚硫酸钠溶液在沸腾条件下共煮,发生化合反应,直接合成硫代硫酸钠,其反应方程式为:

$$Na_2SO_3 + S + 5H_2O = Na_2S_2O_3 \cdot 5H_2O$$

反应液经脱色、过滤、浓缩结晶、干燥即得产品。

三、仪器与试剂

仪器:台秤、烧杯(100 cm^3)、量筒(5 cm^3、50 cm^3)、蒸发皿、抽滤瓶、布氏漏斗、酒精灯。

试剂:Na_2SO_3(s)、硫粉、95% 乙醇、活性炭、I_2 水、$AgNO_3$(0.1 mol·dm^{-3})、KBr (0.1 mol·dm^{-3})、淀粉溶液(0.5%)、甲醛、酚酞(0.5% 乙醇溶液)。

四、实验内容

1. 制备硫代硫酸钠

(1) 称 1.5 g 充分研细硫磺粉于 100 cm^3 烧杯中,加 3 cm^3 乙醇润湿,搅拌均匀,再加入 5.0 g Na_2SO_3(0.04 mol),加 30 cm^3 去离子水。隔石棉网小火煮沸,不断搅拌并保持微沸在 30~40 min 以上,至少量硫粉漂浮于液面上。注意:微沸时若体积小于 25 cm^3,应及时补充水至 25~30 cm^3,同时注意将烧杯壁上的硫粉淋洗进均匀浑浊的反应液中(取 3 滴反应液,加少量水稀释,加 1 滴酚酞,再滴加中性甲醛,如果颜色较深,则说明反应未完全)。

(2)停止加热,待溶液稍冷却后加 1 g 活性炭,加热煮沸 2 min,趁热常压过滤。若过滤后溶液仍呈黄色,可再加 1 g 活性炭后过滤一次。

(3)将滤液放在蒸发皿中,用小火蒸发浓缩后,停止加热。注意:浓缩终点可根据液体表面是否有晶膜出现或者溶液连续不断产生大量小气泡且呈黏稠状来确定,浓缩过度,易使晶体黏附于蒸发皿里难以取出。蒸发浓缩过程中,速度太快,产品易于结块;速度太慢,产品不易形成结晶(码 10)。

(4)溶液冷至室温后,即有大量 $Na_2S_2O_3 \cdot 5H_2O$ 晶体析出。若放置一段时间仍没有晶体析出,可能是形成了过饱和溶液或者溶液浓缩不够,可加入 10 cm³ 左右乙醇,搅拌,使晶体快速析出。

(5)减压抽滤,即得白色 $Na_2S_2O_3 \cdot 5H_2O$ 晶体,用滤纸吸干后,称重,计算产率(码 8)。

2. 产品的检验

(1)取一粒 $Na_2S_2O_3$ 晶体于点滴板的一个孔穴中,加入几滴去离子水使之溶解,再加 2 滴 0.1 mol·dm⁻³ $AgNO_3$,观察现象,写出反应方程式。

(2)取一粒 $Na_2S_2O_3$ 晶体于试管中,加 1 cm³ 去离子水使之溶解,滴加碘水,观察现象,写出反应方程式。

(3)取 10 滴 0.1 mol·dm⁻³ $AgNO_3$ 于试管中,加 10 滴 0.1 mol·dm⁻³ KBr,静置沉淀,弃去上清液。另取少量 $Na_2S_2O_3$ 晶体于试管中,加 1 cm³ 去离子水使之溶解。将 $Na_2S_2O_3$ 溶液迅速倒入 AgBr 沉淀中,观察现象,写出反应方程式。

五、思考题

(1)硫磺粉稍有过量,为什么?

(2)蒸发浓缩 $Na_2S_2O_3$ 溶液时,为什么不能蒸发得太浓?

(3)如果没有晶体析出,该如何处理?

(4)要想提高 $Na_2S_2O_3 \cdot 5H_2O$ 晶体的产率和纯度,实验中应注意哪些问题?

实验二十一　葡萄糖酸锌的制备及成分分析

一、实验目的

(1) 掌握葡萄糖酸锌的制备原理和方法。
(2) 掌握蒸发、浓缩、减压过滤、重结晶等操作。
(3) 了解葡萄糖酸锌的质量分析方法。

二、实验原理

锌是人体必需的微量元素之一,它具有多种生物作用,可参与核酸和蛋白质的合成,能增强人体免疫力,促进儿童生长发育。人体缺锌会造成生长停滞、自发性味觉减退和创伤愈合不良等严重问题,从而引发多种的疾病。葡萄糖酸锌作为补锌药,具有见效快、吸收率高、副作用小、使用方便等优点。另外,葡萄糖酸锌作添加剂,在儿童食品、糖果、乳制品中的应用也日益广泛。

葡萄糖酸锌无味,易溶于水,极难溶于乙醇。葡萄糖酸锌由葡萄糖酸直接与锌的氧化物或盐制得。本实验采用葡萄糖酸钙与硫酸锌直接反应:

$$Ca(C_6H_{11}O_7)_2 + ZnSO_4 = Zn(C_6H_{11}O_7)_2 + CaSO_4\downarrow$$

过滤除去 $CaSO_4$ 沉淀,溶液经浓缩可得无色或白色的葡萄糖酸锌结晶。

采用配位滴定法,在 $NH_3\text{-}NH_4Cl$ 缓冲液存在下用 EDTA 标准溶液滴定葡萄糖酸锌样品,根据消耗的 EDTA 的体积可计算葡萄糖酸锌的含量。

三、仪器与试剂

仪器:恒温水浴、减压抽滤装置、蒸发皿、量筒(10 cm^3、100 cm^3)、烧杯(150 cm^3、250 cm^3)、酒精灯、温度计、容量瓶(100 cm^3)、移液管(25 cm^3)、滴定管(50 cm^3)、锥形瓶(250 cm^3)、电子天平、台秤。

试剂:葡萄糖酸钙、$ZnSO_4 \cdot 7H_2O$、95%乙醇、EDTA、基准 ZnO、浓盐酸、$3 \text{ mol} \cdot \text{dm}^{-3}$ 氨水、$NH_3\text{-}NH_4Cl$ 缓冲液(pH=10)、铬黑 T 指示剂。

四、实验内容

1. 葡萄糖酸锌的制备

量取 40 cm^3 蒸馏水于 150 cm^3 烧杯中,于水浴中加热至 $80\sim90 \text{ ℃}$,加入 $6.7 \text{ g} ZnSO_4 \cdot 7H_2O$,搅拌使之完全溶解,再在搅拌条件下缓慢加入葡萄糖酸钙 10 g。在 90 ℃ 水浴保温 20 min 后,用双层滤纸趁热抽滤并将滤渣弃去,滤液移至蒸发皿中并在沸水浴中浓缩至黏稠状。冷至室温,加 95%乙醇 20 cm^3 并不断搅拌,此时有大量的胶状葡萄糖酸锌析出。充分搅拌后使用倾泻法分离去除酒精液。再在胶状葡萄糖酸锌中加 95%乙醇 20 cm^3,充分搅拌后沉淀慢慢转变为晶体状,减压过滤至干(滤液回收),即得粗品葡萄糖酸锌,称量粗品葡萄糖酸锌质量。

粗品葡萄糖酸锌加蒸馏水 10 cm³,水浴加热溶解,趁热减压过滤,滤液冷至室温后,加 95% 乙醇 20 cm³ 充分搅拌,结晶完成后抽滤,滤饼于 50 ℃ 烘干,称量精制后的葡萄糖酸锌质量并计算产率。

2. 葡萄糖酸锌含量的测定

(1) 0.05 mol·dm⁻³ EDTA 溶液的配制。在台秤上称取 5.0 g EDTA 二钠盐($Na_2H_2Y \cdot 2H_2O$)溶于 250 cm³ 蒸馏水中,保存在试剂瓶中,摇匀备用。

(2) 0.05 mol·dm⁻³ EDTA 溶液的标定。准确称取在 800 ℃ 灼烧至恒重的基准 ZnO 0.9~1.0 g,置于小烧杯中,用少量蒸馏水润湿后滴加入 6 mol·dm⁻³ HCl 至 ZnO 完全溶解,定量转入 250 cm³ 容量瓶中定容。准确移取 25.00 cm³ 置于 250 cm³ 锥形瓶中,边滴加 3 mol·dm⁻³ 氨水边摇动锥形瓶至刚出现 $Zn(OH)_2$ 沉淀,再加 NH_3-NH_4Cl 缓冲溶液 10 cm³ 及铬黑 T 指示剂 2~3 滴,摇匀后用 EDTA 溶液滴定至溶液由紫红色变为纯蓝色,即为终点(表 4-4)。记录消耗的 EDTA 溶液的体积(单位:cm³)。平行测定 3 次,按下式计算 EDTA 溶液的准确浓度:

$$c_{EDTA} = \frac{m_{ZnO} \times \dfrac{25.00}{250.00}}{M_{ZnO} \times \dfrac{V_{EDTA}}{1000}}$$

式中,M_{ZnO} 为 ZnO 的分子量(单位:g·mol⁻¹)。

表 4-4 EDTA 溶液标定

实验编号	1	2	3
m_{ZnO}/g			
$V_{锌离子}$/cm³	25.00	25.00	25.00
V_{EDTA}/cm³			
c_{EDTA}/(mol·dm⁻³)			
$c_{平均}$/(mol·dm⁻³)			

(3) 葡萄糖酸锌含量的测定。使用电子天平准确称取约 2.3 g(准确至 0.000 1 g)葡萄糖酸锌,加适量蒸馏水溶解后转移至 100 cm³ 容量瓶中定容,移取 25.00 cm³ 溶液至 250 cm³ 锥形瓶中,加 10 cm³ NH_3-NH_4Cl 缓冲液、4 滴铬黑 T 指示剂,再用 EDTA 标准溶液(0.05 mol·dm⁻³)滴定至溶液自紫红色刚好转变为纯蓝色为止(表 4-5、表 4-6),记录所用 EDTA 标准溶液的体积。平行测定 3 次,按下式计算葡萄糖酸锌的含量:

$$Zn(C_6H_{11}O_7)_2\% = \frac{c_{EDTA} \times V_{EDTA} \times M_{Zn(C_6H_{11}O_7)_2}}{0.25 \times W_s \times 1000} \times 100\%$$

式中,W_s 为称取的葡萄糖酸锌产品的质量(单位:g)。

表 4-5 葡萄糖酸锌含量的测定

实验编号	1	2	3
$m_{葡萄糖酸锌}$/g			
$V_{葡萄糖酸锌溶液}$/cm³	25.00	25.00	25.00
V_{EDTA}/cm³			
$x_{葡萄糖酸锌}$/%			

表 4-6 结算结果记录表格

计算内容	计算结果
理论产品质量 /g	
粗产品质量 /g	
精制产品质量 /g	
精制产品产率 /%	

五、思考题

（1）在沉淀与结晶葡萄糖酸锌时，都加入 95% 乙醇，其作用是什么？

（2）在葡萄糖酸锌的制备中，为什么必须在热水浴中进行？

实验二十二　由工业胆矾制备五水硫酸铜及其质量鉴定

一、实验目的

(1) 学习工业硫酸铜中除铁的原理和方法。
(2) 学习重结晶提纯物质的原理和方法。
(3) 复习加热、蒸发、浓缩、减压过滤等基本操作。

二、实验原理

工业硫酸铜(俗称胆矾)中的主要杂质为 Fe^{3+}、Fe^{2+} 离子。常用的除铁方法是用氧化剂将溶液中的 Fe^{2+} 氧化为 Fe^{3+}，再通过控制溶液 pH 值使得溶液中的 Fe^{3+} 以氢氧化铁沉淀形式析出或是生成溶解度小的黄铁矾沉淀被除去。在酸性溶液中，Fe^{3+} 主要以 $[Fe(H_2O)_6]^{3+}$ 形式存在，而随着溶液 pH 值的增大，Fe^{3+} 的水解倾向增大，当 pH 值增至 1.6～1.8 时，溶液中的 Fe^{3+} 以 $[Fe_2(OH)_2]^{4+}$ 及 $[Fe_2(OH)_4]^{2+}$ 形式存在。它们能与 SO_4^{2-}、K^+ (或 Na^+、NH_4^+)结合，形成一种浅黄色的复盐，俗称黄铁矾。此类复盐的溶解度小、颗粒大、沉淀速度快，极易过滤除去。当 pH=2～3 时，Fe^{3+} 容易形成聚合度大于 2 的多聚体，继续提高溶液的 pH 值则会析出胶状水合三氧化二铁 ($xFe_2O_3 \cdot yH_2O$)。可以通过加热煮沸破坏 $xFe_2O_3 \cdot yH_2O$ 胶体或加入凝聚剂凝聚沉淀，进一步过滤后可以达到除铁的目的。溶液中含有少量的 Fe^{3+} 以及其他可溶性杂质可以利用 $CuSO_4 \cdot 5H_2O$ 在水中溶解度随温度升高而增大的性质，通过重结晶使杂质留在母液中，以达到进一步纯化 $CuSO_4 \cdot 5H_2O$ 的目的。

五水硫酸铜产品中铁的含量可以通过下列方法定性检测：首先，在酸性条件下将 Fe^{2+} 完全氧化为 Fe^{3+}。然后，加入氨水与 Cu^{2+} 反应生成 $[Cu(NH_3)_4]^{2+}$，而 Fe^{3+} 与氨水生成 $Fe(OH)_3$ 沉淀，可以实现与 Cu^{2+} 的分离。将 $Fe(OH)_3$ 沉淀使用盐酸溶解后加入 KSCN 生成血红色 $[Fe(SCN)_n]^{3-n}$，$n=1\sim6$。

铁离子和铜离子的相关化学反应方程式包括：

铁离子转化　　$2Fe^{2+} + H_2O_2 + 2H^+ == 2Fe^{3+} + 2H_2O$

铁离子检测　　$Fe^{3+} + 3NH_3 \cdot H_2O == Fe(OH)_3 \downarrow + 3NH_4^+$

　　　　　　　$Fe(OH)_3 + 3HCl == FeCl_3 + 3H_2O$

　　　　　　　$Fe^{3+} + n(SCN)^- == [Fe(SCN)_n]^{3-n}$

铜离子的反应路径

　　　　　　　$2Cu^{2+} + SO_4^{2-} + 2NH_3 \cdot H_2O == Cu_2(OH)_2SO_4 \downarrow + 2NH_4^+$

　　　　　　　$Cu_2(OH)_2SO_4 + 8NH_3 \cdot H_2O == 2[Cu(NH_3)_4]^{2+} + 2OH^- + SO_4^{2-} + 8H_2O$

三、仪器与试剂

仪器：电子天平、漏斗架、布氏漏斗、抽滤瓶、精密 pH 试纸(0.5～5.0)、烧杯(100 cm³)、量筒($5\ cm^3$、$100\ cm^3$)、蒸发皿($50\ cm^3$)、酒精灯、石棉网。

试剂:工业胆矾固体、10%双氧水、硫酸($1.0\ mol·dm^{-3}$)、盐酸($2.0\ mol·dm^{-3}$)、25% KSCN溶液、氢氧化钠溶液($1.0\ mol·dm^{-3}$)、氨水($6.0\ mol·dm^{-3}$、$1.0\ mol·dm^{-3}$)。

四、实验内容

1. 由工业胆矾制备五水硫酸铜

(1)初步提纯。

使用电子天平称取工业胆矾固体 10 g 放入 100 cm^3 烧杯中后依次加入 40 cm^3 水和 2.0 cm^3 1.0 $mol·dm^{-3}$ 硫酸溶液,搅拌加热至 70-80 ℃ 使其溶解,待固体完全溶解后,停止加热。边搅拌边往溶液中缓慢滴加 2.0 cm^3 10%双氧水,继续搅拌 30s 后加热片刻,待无小气泡产生,即可认为多余双氧水已分解完毕。冷却后,边搅拌边缓慢滴加 1.0 $mol·dm^{-3}$ 氢氧化钠溶液,调节溶液 pH 值至 3.5~4.0。加热片刻,让水解生成的 $Fe(OH)_3$ 加速凝聚,取下后静置待 $Fe(OH)_3$ 沉淀沉降(切勿使用玻璃棒搅动)。趁热常压过滤,使用蒸发皿承接滤液。

(2)蒸发结晶。

将蒸发皿中的硫酸铜溶液使用 1.0 $mol·dm^{-3}$ 硫酸溶液调节 pH 值至 1~2 后,移至火上(加石棉网)加热蒸发浓缩(切勿加热过猛导致液体飞溅而损失),接近沸腾时停止搅拌并改用小火加热,直至溶液表面开始出现薄层结晶时,需立刻停止加热,并自然冷却至室温,待五水硫酸铜晶体缓慢析出,减压过滤,抽干,称重(码10)。

(3)重结晶。

将产品置于干净烧杯中,按照质量比约 1:1.2 加入蒸馏水,加热使产品全部溶解并趁热过滤(若无不溶性杂质可不过滤)。滤液收集在蒸发皿中,让溶液自然冷却即有晶体析出(若无晶体析出可在水浴上适当加热浓缩或加一粒细小的硫酸铜晶体),待充分冷却后,减压过滤(可用少量乙醇洗涤晶体 1~2 次)。将晶体转入干净的表面皿,晾干后称重并计算产率(码11)。

2. 五水硫酸铜的纯度检验

称取 0.5 g 重结晶后纯产品,用 5 cm^3 水溶解,加入 10 滴 1.0 $mol·dm^{-3}$ 硫酸溶液和 2 滴 10%双氧水,加入使样品中的 Fe^{2+} 完全氧化为 Fe^{3+}。继续短暂加热使得剩余双氧水完全分解(以无小气泡产生为标志)。待溶液冷却后,在搅拌状态下逐滴加入 6.0 $mol·dm^{-3}$ 氨水,溶液中开始出现浅蓝色沉淀,继续滴加氨水直至蓝色沉淀完全溶解,此时,溶液中的微量铁生成 $Fe(OH)_3$ 沉淀。常压过滤后使用 1.0 $mol·dm^{-3}$ 氨水洗涤沉淀和滤纸,至无蓝色,弃去滤液。用滴管滴加 3~5 cm^3 热的 2.0 $mol·dm^{-3}$ 盐酸溶液,使沉淀完全溶解。往盐酸洗液中滴加 2 滴 25% KSCN 溶液,若无血红色出现,则产品中铁离子已经除尽。将数据填入表4-7,并进行数据处理。

表 4-7　五水硫酸铜质量、产率及产品纯度

结晶后产品质量/g	粗产率/%	重结晶后产品质量/g	最终产率/%	产品纯度

五、思考题

(1) 重结晶过程中,加入的一粒细小的硫酸铜晶体的作用?

(2) 五水硫酸铜纯度检验的基本原理是什么?

实验二十三　硝酸钾的提纯与溶解度的测定

一、实验目的

(1) 了解水溶液中利用离子相互反应来制备无机化合物的一般原理和步骤。
(2) 了解结晶和重结晶的一般原理和操作方法。
(3) 掌握减压过滤的基本操作。
(4) 学习绘制及应用溶解度曲线。

二、实验原理

用工业级硝酸钠和氯化钾进行复分解反应可以制备KNO_3。

$$NaNO_3 + KCl \Longrightarrow KNO_3 + NaCl$$

在$NaNO_3$和KCl的混合溶液中,同时存在Na^+、K^+、Cl^-和NO_3^- 4种离子。由这4种离子可以组成4种盐,这4种盐在不同温度下的溶解度(g/100 g 水)如表4-8所示。

表 4-8　不同温度下 4 种盐的溶解度(g/100 g 水)

盐类	0 ℃	10 ℃	20 ℃	30 ℃	40 ℃	60 ℃	80 ℃	100 ℃
KNO_3	13.3	20.9	31.6	45.8	63.9	110	169	246
KCl	27.6	31.0	34.0	37.0	40.0	45.5	51.1	56.7
$NaNO_3$	73	80	88	96	104	124	148	180
NaCl	35.7	35.8	36.0	36.3	36.6	37.3	38.4	39.8

由上述数据可看出,在20 ℃时,除硝酸钠以外,其他3种盐的溶解度都差不多,因此不能仅使硝酸钾晶体析出。但是随着温度的升高,氯化钠的溶解度几乎没有多大改变,而硝酸钾的溶解度却增大得很快。因此只要把硝酸钠和氯化钾的混合溶液加热,由于氯化钠的溶解度增加很少,随着浓缩,溶剂水减少,氯化钠晶体首先析出,趁热把它滤去,然后冷却滤液,再因硝酸钾的溶解度急剧下降而析出。过滤后可得含少量氯化钠等可溶性杂质的硝酸钾晶体,再经过重结晶提纯,可得硝酸钾纯品。这里需要指出的是,上述表中溶解度都是单组分体系的数据,混合体系中各物质的溶解度数据是会有差异的,但不影响为理解原理而进行的有关计算和讨论。

大多数物质的溶解度都随着温度的升高而增大,测定某物质各种温度的溶解度,再以溶解度为纵坐标,温度为横坐标,作出溶解度随温度变化的曲线,即得该物质的溶解度曲线。从溶解度曲线中很清楚地表示出温度对溶解度的影响。

三、仪器与试剂

仪器:石棉网、封闭式电炉、试管、温度计、橡皮塞、台秤、布氏漏斗、滤纸、剪刀、单孔橡皮塞、吸滤瓶、循环水多用真空泵、橡皮管、烧杯（50 cm³）、量筒 20 cm³、玻璃棒。

试剂：$NaNO_3$、KCl 固体、KNO_3 溶液（饱和）、$AgNO_3$ 溶液（$0.1 mol \cdot dm^{-3}$）。

四、实验内容

1. 硝酸钾的制备

在 50 cm³ 烧杯中加入 8.5 g $NaNO_3$ 和 7.5 g KCl，再加入 15 cm³ 蒸馏水。将烧杯放在石棉网上，用小火加热、搅拌，使其溶解，记下烧杯中液面的位置。继续加热蒸发至原体积的 2/3，这时烧杯内开始有较多晶体（什么晶体？）析出。趁热减压过滤（布氏漏斗在沸水中或烘箱中预热），滤液中很快出现晶体（这又是什么晶体？）。将滤液转移至烧杯中，并用 8 cm³ 热的蒸馏水分数次洗涤吸滤瓶，洗液转入盛滤液的烧杯中，记下此时烧杯中液面的位置。缓缓加热，蒸发至原有体积的 2/3，静置、冷却（可用冷水浴冷却），待结晶重新析出，再进行减压过滤。将晶体抽干、称量、计算实际产率。

将粗产品保留少许（0.5 g）供纯度检验用，其余的产品进行重结晶提纯。

2. 硝酸钾的提纯

按质量比 KNO_3 : H_2O = 2 : 1 的比例，将粗产品溶于所需蒸馏水中，加热并搅拌，使溶液刚刚沸腾即停止加热（此时，若晶体尚未溶解完，可加适量蒸馏水使其刚好溶解完）。冷却到室温后，抽滤，并用饱和 KNO_3 溶液 4~6 cm³ 洗涤、干燥、称量。

3. 产品纯度的检验

取少许粗产品和重结晶后所得 KNO_3 晶体分别置于两支试管中，用蒸馏水配成溶液，然后各滴 2 滴 $0.1 mol \cdot dm^{-3}$ 的 $AgNO_3$ 溶液，观察现象，并给出结论。

4. 硝酸钾溶解度的测定

准备一支干燥的大试管（高 20 cm），并配备一个插入 110 ℃ 温度计的橡皮塞，调整好温度计的位置，使橡皮塞入大试管后，温度计的水银球距离试管底约 5mm。

称取固体硝酸钾样品约 5 g（准确至 0.1 g），倒入试管内。准确加入 4.00 cm³ 蒸馏水于试管中，装上带有温度计的塞子。

取 400 cm³ 烧杯，盛水约 300 cm³，置石棉网上。将水加热至沸，再将试管放入烧杯内。使试管内的液面略低于烧杯内的液面，待试管内的固体全部溶解。若烧杯内的水一直保持沸腾，而试管内的固体并未完全溶解，则需在试管内再准确加入 1.00 cm³ 蒸馏水，使固体全部溶解。详细记录所加水量，加热时间不宜过长，以免试管内溶液过分蒸发；待试管内固体全部溶解后，将试管离开水浴，任其冷却并不断搅动，记录晶体最初出现时的温度，重复上述操作，使得两次记录的晶体最初出现时的温度差不超过 0.5 ℃。

五、思考题

(1) $NaNO_3$ 和 KCl 的水溶液中有 Na^+、NO_3^-、K^+、Cl^- 4 种离子,可组成 4 种可溶性的盐,不符合复分解反应的条件,而本实验为什么又能得到 KNO_3?也叫做复分解反应?

(2) 实验中第一次固-液分离时为什么需要趁热过滤?

(3) 将趁热过滤后的滤液冷却时,KCl 能否析出,为什么?

(4) 如果实验中制得的 KNO_3 不纯,杂质是什么?如何将其提纯?

实验二十四 由软锰矿制备高锰酸钾

一、实验目的

(1) 了解由软锰矿制备 $KMnO_4$ 的原理和方法。
(2) 掌握碱熔、浸取、过滤、蒸发、结晶等基本操作。

二、实验原理

$KMnO_4$ 是深紫色的针状晶体,是最重要也是最常用的氧化剂之一。本实验以软锰矿(主要成分是 MnO_2)为原料制备 $KMnO_4$。

将软锰矿与碱和氧化剂($KClO_3$)混合后共熔,可制得墨绿色的 K_2MnO_4。

$$3MnO_2 + 6KOH + KClO_3 == 3K_2MnO_4 + KCl + 3H_2O$$

然后将 K_2MnO_4 溶于水,发生歧化反应,得 $KMnO_4$。

$$3MnO_4^{2-} + 2H_2O == 2MnO_4^- + MnO_2\downarrow + 4OH^-$$

降低溶液的 pH 值,可使反应向正方向进行,一般通入 CO_2 气体即可使反应进行完全。利用 K_2MnO_4 的歧化制备 $KMnO_4$ 的缺点是产率较低。本实验采用电解 K_2MnO_4 溶液的方法制备 $KMnO_4$。

$$2MnO_4^{2-} + 2H_2O == 2MnO_4^- + 2OH^- + H_2\uparrow$$

电极反应为:

阳极 $2MnO_4^{2-} == 2MnO_4^- + 2e$

阴极 $2H_2O + 2e == H_2\uparrow + 2OH^-$

电解液冷却得到的 $KMnO_4$ 晶体再经重结晶进一步提纯得最终产品。

三、仪器与试剂

仪器:整流器、安培计、泥三角、铁坩埚、坩埚钳、铁搅拌棒、粗铁丝、导线、镍片、布氏漏斗、吸滤瓶、尼龙布、台秤、烧杯(250 cm³、150 cm³)。

试剂:MnO_2(s,工业用)、KOH(s)、$KClO_3$(s)。

四、实验内容

1. 熔融法制备 K_2MnO_4

称取 15 g 固体 KOH 和 8 g 固体 $KClO_3$,在 60 cm³ 铁坩埚内混合均匀。小火加热,并用铁棒搅拌。待混合物熔融后,一面搅拌,一面将 10 g MnO_2 粉末分批加入。随着反应的进行,熔融物的黏度逐渐增大,此时应用力搅拌。待反应物干涸后,再强热 5~10 min。

2. 浸取 K_2MnO_4

待熔体冷却后,从坩埚内取出,放入 250 cm³ 烧杯中,用 80 cm³ 蒸馏水分批浸取,并不断搅拌,加热以促进其溶解。趁热减压过滤(铺有尼龙布的布氏漏斗)浸取液,即可得到墨绿色的 K_2MnO_4 溶液。

3. 电解制备 $KMnO_4$

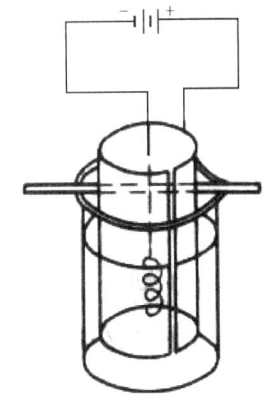

图 4-1 电解制备 $KMnO_4$ 装置示意图

将 K_2MnO_4 溶液倒入 150 cm³ 烧杯中,加热至 60 ℃,按图 4-1 所示装上电极。阳极是光滑的镍片,卷成圆筒状,浸入溶液的面积约为 32 cm²,阴极为粗铁丝(直径约 2mm),浸入溶液的面积为阳极的 1/10。电极间的距离 0.5～1.0 cm。接通直流电源,控制阳极的电流密度为 30mA·cm⁻²,阴极电流密度 300mA·cm⁻²,槽电压为 2.5 V,这时可观察到阴极上有气体放出,$KMnO_4$ 则在阳极析出,沉于烧杯底部,溶液由墨绿色逐渐转为紫红色。电解 1h 后,K_2MnO_4 已大部分转为 $KMnO_4$。此时用玻璃棒蘸取一些电解液在滤纸上,如果滤纸条上只显示紫红色而无绿色痕迹,即可认为电解完毕。停止通电,取出电极。在冷水中冷却电解液,使结晶完全。用铺有尼龙布的布氏漏斗将晶体抽干,称量,计算产率。

4. $KMnO_4$ 的重结晶

按 $KMnO_4$: H_2O 为 1 : 3 的质量比,将制得的 $KMnO_4$ 粗晶体,溶于蒸馏水,并小火加热促使其溶解,趁热过滤。将滤液冷却以使其结晶,抽滤,把 $KMnO_4$ 晶体尽可能抽干。称量,计算产率,记录产品的颜色和形状。

五、思考题

(1)KOH 熔融软锰矿时,应注意哪些安全问题?
(2)为什么碱熔融时不用瓷坩埚和玻璃棒搅拌?
(3)过滤 $KMnO_4$ 溶液为什么不能用滤纸?
(4)重结晶时,$KMnO_4$: H_2O 质量比为 1 : 3 是如何确定的?

实验二十五 可逆热致变色物质四氯合铜双二乙基铵盐的制备及性质测定

一、实验目的

(1) 了解可逆热致变色材料的种类及应用。
(2) 掌握可逆热致变色材料的制备方法。
(3) 学习热致变色机理及影响因素。

二、实验原理

热致变色材料指的是在高于或低于某个特定温度区间内发生颜色变化的材料。这类材料初期主要用作示温材料,20世纪80年代起,温致变色材料广泛应用于能源化工、航空航天、纺织、印刷、防伪等多个领域,如超温报警涂料、温致变色油墨、传真纸等材料。

不同温致变色材料的变色机理也不尽相同,其中无机类温致变色材料一般与晶体结构、配合物类型的变化有关;有机类温致变色材料多由其异构化现象引起。无机温致变色材料大多数为过渡金属的碘化物、氧化物、配合物及复盐等。

本实验研究的温致变色材料为铜的配合物四氯合铜双二乙基铵盐$[(CH_3CH_2)_2NH_2]_2CuCl_4$,在室温下为亮绿色,当温度升高,则变为黄褐色。它的原理为:在室温下,4个Cl^-位于Cu^{2+}的四周,形成平面四边形结构,而二乙基铵离子则位于$[CuCl_4]^{2-}$配离子的外围;随着温度的逐渐升高,分子内振动加剧,使得N—H…Cl的氢键发生改变,其结构就由扭曲的平面四边形转变为扭曲的四面体结构,颜色也就由亮绿色转变为了黄褐色。四氯合铜双二乙基铵盐在不同温度下的几何结构变化如图4-2所示。

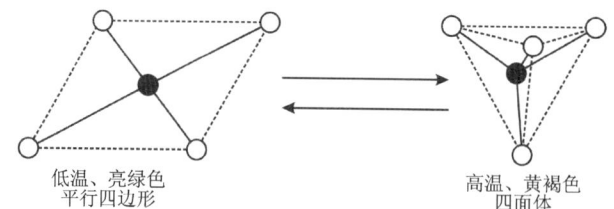

图 4-2 四氯合铜双二乙基铵盐在低温和高温条件下的几何构型

三、仪器与试剂

仪器:锥形瓶(50 cm³,带塞)、量筒(10 cm³、25 cm³)、布氏漏斗、抽滤瓶、小试管温度计、循环水泵、磁力搅拌器、水浴、冰箱、制冰机。

试剂:盐酸二乙胺$(CH_3CH_2)_2NH_2Cl$、无水氯化铜(s)、异丙醇、无水乙醇、3A分子筛、凡士林。

四、实验内容

1. 四氯合铜双二乙基铵盐的制备

称取 3.2 g 盐酸二乙胺,溶于装有 15 cm³ 异丙醇的 50 cm³ 锥形瓶中。另称取 1.7 g 无水氯化铜于另一个 50 cm³ 锥形瓶中,加入 3.0 cm³ 无水乙醇,微热使其全部溶解。将两个锥形瓶内的溶液混合,加入 3 粒活化的 3A 分子筛,促进晶体的形成。将锥形瓶置于冰水中冷却,析出亮绿色针状结晶,迅速抽滤,并用少量异丙醇洗涤沉淀,将产品四氯合铜双二乙基铵盐放入干燥器中晾干保存。

制备过程中的注意事项:①本实验所制备的配合物遇水易分解,所用器皿均应干燥无水;②加热溶解时勿用水浴,以防水蒸气进入反应溶液进而影响产品结晶;③在冰水中冷却结晶时,应用塞子将锥形瓶口塞住,以防水蒸气进入;④四氯合铜双二乙基铵盐极易吸潮自溶,因此抽滤动作要迅速,并尽量在干燥条件下进行。

2. 温致变色性能测试

取少量样品装入小试管中,并将温度计置于试管中,置于水浴中缓慢加热,当温度升至 40~55 ℃ 区间时,注意观察样品颜色变化并记录变色时的温度。再从热水中取出小试管在室温中冷却,观察样品颜色随温度下降的变化,并记录颜色变化时的温度(表 4-9)。

表 4-9 数据记录及处理

	颜色变化	变色温度(℃)
升温过程		
降温过程		

五、思考题

(1) 为什么样品要在干燥器内晾干而不是用烘箱烘干?
(2) 测定变色温度时,有哪些因素会影响测定的准确性,如何减少影响?
(3) 查阅资料,简述温致变色的基本原理。

实验二十六 三氯化六氨合钴(Ⅲ)的合成和组成测定

一、实验目的

(1) 了解三氯化六氨合钴的制备原理及其组成的确定方法。
(2) 加深对多氧化态金属离子电对电极电势变化的理解。
(3) 了解沉淀滴定法和碘量法。
(4) 巩固电导率测定的原理与方法。

二、实验原理

在水溶液中,电对 Co^{3+}/Co^{2+} 的相应电极电势分别为 $E_A^{\ominus}=1.84\text{ V}$ 及 $E_B^{\ominus}=0.17\text{ V}$,在通常情况下,水溶液中 Co^{2+} 是稳定的。按照晶体场理论,在八面体场中,d^6 构型的 Co^{3+} 的配合物在强场中的稳定化能要比 d^7 构型的 Co^{2+} 大,因而 Co^{3+} 的配合物的稳定性高于 Co^{2+} 配合物的稳定性。例如,$E^{\ominus}[Co(NH_3)_6]^{3+}/[Co(NH_3)_6]^{2+}=0.1\text{ V}$,说明在形成氨配合物后 Co^{3+} 离子的稳定性大为提高。事实上,空气中的氧或 H_2O_2 就可将 $[Co(NH_3)_6]^{2+}$ 氧化为 $[Co(NH_3)_6]^{3+}$。

钴(Ⅲ)的氨配合物有多种,主要有 $[Co(NH_3)_6]Cl_3$(橙黄色晶体)、$[Co(NH_3)_5H_2O]Cl_3$(砖红色晶体)、$[Co(NH_3)_5Cl]Cl_2$(紫红色晶体)等。它们的制备条件各不相同。例如,在没有活性炭存在时,由 $CoCl_2$ 与过量 NH_3、NH_4Cl 反应的主要产物是二氯化一氯五氨合钴(Ⅲ),有活性炭存在时制得的主要产物为三氯化六氨合钴(Ⅲ)。

本实验利用活性炭的选择催化作用,在有过量 NH_3 和 NH_4Cl 存在下,以 H_2O_2 为氧化剂氧化 $Co(Ⅱ)$ 溶液,制备标题化合物:

$$2CoCl_2+10NH_3+2NH_4Cl+H_2O_2 = 2[Co(NH_3)_6]Cl_3+2H_2O$$

三氯化六氨合钴(Ⅲ)为橙黄色单斜晶体,293 K 下在水中饱和溶解度为 $0.26\text{ mol} \cdot dm^{-3}$。为了除去产物中混有的催化剂,可将产物溶解在酸性溶液中,过滤除去活性炭,然后在高浓度盐酸存在下使产物结晶析出。

在水溶液中,$K_d^{\ominus}\{[Co(NH_3)_6]^{3+}\}=2.2\times10^{-34}$;在室温下基本不被强碱或强酸所破坏,只有在煮沸的条件下,才被过量强碱所分解。

$$2[Co(NH_3)_6]Cl_3+6NaOH=2Co(OH)_3+12NH_3+6NaCl$$

本实验利用上述反应对配合物的组成进行测定:①用过量标准酸吸收反应中逸出的氨,再用标准碱反滴定剩余的酸,从而测定出氨的含量;②过滤出 $Co(OH)_3$ 后,滤液中的 Cl^- 与 Ag^+ 标准溶液作用,定量生成 $AgCl$ 沉淀,由 Ag^+ 标准溶液的消耗量可以确定样品中 Cl^- 的含量;③钴(Ⅲ)的氢氧化物,在酸性介质中与 KI 作用,定量析出 I_2,用标准 $Na_2S_2O_3$ 溶液滴定,可以计算 Co 的含量。

$$Co(OH)_3+3H^++I^- = Co^{2+}+I_2+3H_2O$$
$$I_2+2S_2O_3^{2-} = 2I^-+S_4O_6^{2-}$$

其电离类型可用电导法确定。

三、仪器与试剂

仪器：台秤、分析天平、锥形瓶（100 cm^3、250 cm^3）、碘量瓶（250 cm^3）、量筒（10 cm^3、50 cm^3）、滴管、试管、烘箱、烧杯、恒温水浴、蒸馏装置、抽滤装置、漏斗和漏斗架、温度计、滴定管、电导率仪、移液管、吸量管。

试剂：HCl 标准溶液（0.500 0 mol·dm^{-3}）、HCl 溶液（6 mol·dm^{-3}）、HNO$_3$ 溶液（6 mol·dm^{-3}）、NaOH 标准溶液（0.500 0 mol·dm^{-3}）、NaOH 溶液（10%）、NH$_3$·H$_2$O（浓）、Na$_2$S$_2$O$_3$ 标准溶液（0.100 0 mol·dm^{-3}）、AgNO$_3$ 标准溶液（0.100 0 mol·dm^{-3}）、K$_2$CrO$_4$ 溶液（5%）、CoCl$_2$·6H$_2$O(s)、NH$_4$Cl(s)、KI(s)、活性炭、H$_2$O$_2$（6%）、无水 C$_2$H$_5$OH、淀粉溶液（1%）、甲基红指示剂（0.1%）。

四、实验内容

1. [Co(NH$_3$)$_6$]Cl$_3$ 的制备

在 100 cm^3 锥形瓶中加入 6 g 研细的 CoCl$_2$·6H$_2$O 晶体，4 g NH$_4$Cl 和 7 cm^3 水加热溶解后加入约 0.2 g 活性炭。摇动锥形瓶，使其混合均匀。用流水冷却后，加入 18 cm^3 浓 NH$_3$·H$_2$O，再冷至 10 ℃以下，用滴管逐滴加入 18 cm^3 的 6% H$_2$O$_2$ 之后，将反应容器置于 60 ℃左右的水浴上，恒温 20 min，并不断摇动锥形瓶。用冰浴冷却至 10 ℃左右，抽滤。将沉淀转移到含有 3 cm^3 浓 HCl 的 30 cm^3 沸水中，溶解完全后，趁热过滤。弃去固体，往滤液中慢慢加入 7 cm^3 的 6 mol·dm^{-3} HCl，即有大量橘黄色晶体析出，用冰浴冷却后过滤。晶体用少许乙醇淋洗，吸干。于水浴上烘干后称量，计算产率。

2. 产物组成的测定

（1）NH$_3$ 含量测定。在分析天平上准确称取 0.2~0.3 g [Co(NH$_3$)$_6$]Cl$_3$ 样品，置于 250 cm^3 圆底烧瓶中，加入 80~100 cm^3 的水溶解，然后加入 10 cm^3 的 10% NaOH 溶液。在另一锥形瓶中用移液管准确加入 40.00 cm^3 标准浓度的 HCl 溶液，以吸收蒸馏出的 NH$_3$。系统装置如图 4-3 所示。确认装置密封性合乎要求后，冷凝管通入冷水，开始加热样品溶液，刚开始时用大火，沸腾后改为小火，保持沸腾状态。蒸出全部 NH$_3$ 以后（溶液变成黏稠），断开冷凝管和圆底烧瓶的连接，再去掉火源。用少量水将冷凝管内可能黏附的溶液洗入接受器内，加 2 滴 0.1% 甲基红指示剂，用 0.500 0 mol·dm^{-3} NaOH 标准溶液滴定剩余 HCl，计算 NH$_3$ 的含量。

（2）氯含量测定。将本实验(1)蒸出 NH$_3$ 的样品溶液以中速定量滤纸过滤，并用水洗涤滤纸及沉淀数次，沉淀供本实验(3)钴含量测定之用。滤液承接于 250 cm^3 锥形瓶中并以 HNO$_3$（6 mol·dm^{-3}）酸化至 pH 值为 5~6，5% K$_2$CrO$_4$ 为指示剂，用标准 AgNO$_3$（0.100 0 mol·dm^{-3}）溶液滴定至出现淡红棕色不再消失为终点，由滴定数据计算氯的含量。

(3)钴含量的测定。将本实验(2)中得到的三价氢氧化物沉淀连同滤纸一并转移到 250 cm³ 碘量瓶中,加 50 cm³ 水,用玻璃棒将滤纸尽可能的搅碎,加入 1 g 固体 KI,摇荡使其溶解,再加入 12 cm³ HCl(6 mol·dm⁻³)酸化,置暗处约 10 min。用标准 $Na_2S_2O_3$ 滴定析出的 I_2,至溶液为浅黄色时,加 2 cm³ 淀粉(1%)指示剂继续滴定至蓝色刚好消失为止。依据消耗的标准 $Na_2S_2O_3$ 的体积和浓度,即可计算出样品中钴的含量。为清除滤纸影响,可同时作空白实验。

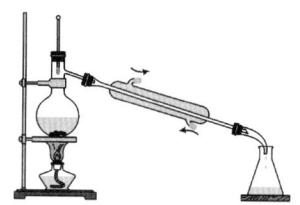

图 4-3 蒸氨装置

由以上氨、钴、氯的测定结果,写出产品的化学式并与理论值比较。

3. $[Co(NH_3)_6]Cl_3$ 电离类型的测定

在分析天平上准确称取 0.025 03 g 产物配制 100 cm³ 浓度为 $0.98×10^{-3}$ mol·dm⁻³ 的样品于 100 cm³ 烧杯中,用去离子水溶解后,转入 100 cm³ 容量瓶中,用去离子水稀释至刻度,摇匀。用恒温水浴使整个体系处于恒温 25 ℃ 时,采用电导率仪(选用铂黑电极)测定试样溶液的电导率 κ,按 $\Lambda_m = \kappa \dfrac{10^{-3}}{c}$ 计算其摩尔电导 Λ_m,并确定配合物的离子构型。

注:在 25 ℃ 时,浓度为 $0.98×10^{-3}$ mol·dm⁻³ 溶液的摩尔电导 Λ_m 与离子构型的关系如表 4-10 所示。

表 4-10 溶液的摩尔电导与离子构型的关系

离子构型	离子数目	摩尔电导率 Λ_m/(S·m²·mol⁻¹)
MA	2	118~131
MA₂ 或 M₂A	3	235~273
MA₃ 或 M₃A	4	403~442
MA₄ 或 M₄A	5	523~558

五、思考题

(1)由实验结果确定自制 $[Co(NH_3)_6]Cl_3$ 的组成,并分析与理论值有差别的原因。

(2)在 $[Co(NH_3)_6]Cl_3$ 的制备过程中,NH_4Cl、活性炭、H_2O_2 各起什么作用?影响产品产量的关键在哪里?

(3)如何定性检验配合物的内界 NH_3 和外界 Cl^-?

(4)在用 NaOH 滴定过量 HCl 时,为何不用酚酞作指示剂,而用甲基红?

(5)测定 Cl^- 余量时,HNO_3 酸化试液酸度为何不能过大?

(6)要使本实验制备的产品产率高,哪些步骤是比较关键的?为什么?

第五章　综合性与设计性实验

实验二十七　碘酸铜的制备及其溶度积测定

一、实验目的

(1) 通过碘酸铜的制备,掌握无机化合物的制备及相关操作。
(2) 掌握测定碘酸铜的溶度积的原理及方法。
(3) 进一步学习分光光度计的使用及有关实验数据的处理方法。

二、实验原理

将 $CuSO_4$ 溶液与 KIO_3 溶液在一定的温度下进行混合,在加热条件下反应得到 $Cu(IO_3)_2$ 沉淀,其反应方程式为:

$$Cu^{2+} + 2IO_3^- = Cu(IO_3)_2 \downarrow$$

$Cu(IO_3)_2$ 是一种难溶强电解质,其在水中存在如下的沉淀溶解平衡:

$$Cu(IO_3)_2 \downarrow = Cu^{2+}(aq) + 2IO_3^-(aq)$$

对应于此平衡反应方程式,$Cu(IO_3)_2$ 的溶度积 $K_{sp}^{\ominus}$ 可表示为:

$$K_{sp}^{\ominus} = [c(Cu^{2+})/c^{\ominus}][c(IO_3^-)/c^{\ominus}]^2$$

在一定温度下,$K_{sp}^{\ominus}$ 是常数。

取少量新制备的 $Cu(IO_3)_2$ 固体,将其溶于一定体积的水中,得到 $Cu(IO_3)_2$ 饱和溶液,分离、除去沉淀,测定溶液中 Cu^{2+} 和 IO_3^- 的浓度,即可计算出实验温度的 $K_{sp}^{\ominus}$。本实验采用分光光度法测定 $Cu(IO_3)_2$ 饱和溶液中的 $c(Cu^{2+})$ 浓度,通过计算求得 $K_{sp}^{\ominus}$。

本实验以甘氨酸为 Cu^{2+} 显色剂,其与 Cu^{2+} 通过配位作用会生成深蓝色溶液,并对波长为 650 nm 的光具有强吸收。根据朗伯-比尔定律:$A = \varepsilon bc$,(其中 A 为吸光度,ε 为摩尔吸光系数,b 为光程,c 为待测物浓度),吸光度与待测物浓度成正比,据此,首先绘制不同 $CuSO_4$ 浓度与对应吸光度 A 的标准曲线,然后测定 $Cu(IO_3)_2$ 饱和溶液与甘氨酸作用后溶液的吸光度值,利用标准曲线,找到相应的 $c(Cu^{2+})$ 即可,通过计算可以得到 $Cu(IO_3)_2$ 溶度积。

三、仪器与试剂

仪器:电热板、电子天平、分光光度计,烧杯(100 cm^3) 2 个、(250 cm^3) 1 个,玻璃棒 2 支、量筒(50 cm^3) 1 个、(10 cm^3) 1 个、移液器(1 cm^3、5 cm^3)、移液管(25 cm^3)、容量瓶(50 cm^3)

6只、滤纸、漏斗、漏斗架、比色皿、镜头纸。

主要试剂：$CuSO_4 \cdot 5H_2O(s)$，$KIO_3(s)$，$CuSO_4$ 溶液（0.100 mol·dm^{-3}），甘氨酸溶液（2 mol·dm^{-3}），$BaCl_2$ 溶液（1 mol·dm^{-3}）。

四、实验内容（码24）

码24 实验操作规范与评分标准-碘酸铜的制备及其溶度积测定

1. $Cu(IO_3)_2$ 固体的制备

用烧杯分别称取 1.3 g 五水硫酸铜（$CuSO_4 \cdot 5H_2O$）和 2.1 g 碘酸钾（KIO_3），分别加 20 cm³ 及 60 cm³ 蒸馏水，加热使其完全溶解。在接近微沸时，将 $CuSO_4$ 溶液缓慢地加入到 KIO_3 溶液中，不断搅拌以免暴沸，约 20 min 后，停止加热，静置，稍冷后，弃去上清液，用倾泻法将沉淀洗干净，直至洗涤液中检查不到 SO_4^{2-}。记录产品颜色、外形以及观察到的现象。

2. $Cu(IO_3)_2$ 饱和溶液的制备

将 $Cu(IO_3)_2$ 固体加入 100 cm³ 近沸的蒸馏水中，搅拌 10 min 后，冷却至室温。过滤并收集 $Cu(IO_3)_2$ 饱和溶液[注意：让溶液自然冷却至室温，用干燥的漏斗和双层滤纸在常压下过滤上层清液，不要将 $Cu(IO_3)_2$ 沉淀转入漏斗中]。

3. 标准曲线制作

用移液器分别取 0.50、1.00、1.50、2.00、2.50 cm³ 的 0.100 mol·dm^{-3} $CuSO_4$ 溶液于 5 个 50 cm³ 容量瓶中，各加 5 cm³ 2 mol·dm^{-3} 甘氨酸溶液，用蒸馏水定容，摇匀。

以蒸馏水作参比液，在波长为 650 nm 处，测定上述各溶液的吸光度 A 值，数据记录于表 5-1 中，并以 A 值为纵坐标，$c(Cu^{2+})$ 为横坐标，绘制标准曲线。

4. 测定 $Cu(IO_3)_2$ 饱和溶液中的 $c(Cu^{2+})$

取 25.00 cm³ $Cu(IO_3)_2$ 饱和溶液于 50 cm³ 容量瓶中，加入 5 cm³ 甘氨酸溶液，加水定容，按实验内容3的条件，测试其吸光度 A 值[注意：移液管要用 $Cu(IO_3)_2$ 饱和溶液润洗 3 次]。通过标准曲线找出溶液对应的吸光度 A 及浓度 c，并将相关数据填入表 5-1 中，计算溶度积常数。

表 5-1 数据记录及处理

序号	1	2	3	4	5	6
移取体积	0.100 mol·dm^{-3} $CuSO_4$/cm³					饱和 $Cu(IO_3)_2$
	0.50	1.00	1.50	2.00	2.50	25.00
容量瓶中 $c(Cu^{2+})$/mol·dm^{-3}						
吸光度 A						

五、思考题

(1) 为什么要将所制得的碘酸铜洗净?

(2) 如果所制得的碘酸铜溶液不饱和或者过滤时碘酸铜透过滤纸,对实验结果有何影响?

(3) 过滤碘酸铜饱和溶液时,所使用的漏斗、滤纸、烧杯等是否均要干燥?

(4) 如何判断硫酸铜和碘酸钾的反应是否基本完全?

实验二十八　铬配位化合物的制备及分裂能的测定

一、实验目的

(1) 了解不同配体对配合物中心离子 d 轨道能级分裂的影响。
(2) 通过测定某些铬配离子的分裂能(Δ),确定铬配合物的某些配体的光谱化学序。
(3) 掌握分光光度计的使用方法。

二、实验原理(码 25)

码25 实验操作规范与评分细则-铬配位化合物的制备及分裂能的测定

在配合物中,大多数中心离子为过渡元素离子,其价电子层有 5 个简并的 d 轨道,由于 5 个 d 轨道的空间伸展方向不同,因而受配体场的影响情况各不相同,所以不同电子在分裂的 d 轨道之间的跃迁称为 d-d 跃迁(图 5-1),这种 d-d 跃迁的能量相当于可见光区的能量范围,这就是过渡金属配合物呈颜色的原因。

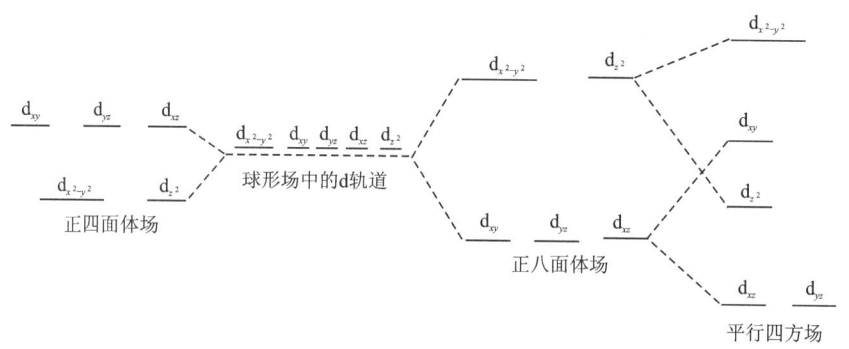

图 5-1　d 轨道在不同配体场中的分裂

分裂后的具有最高能量的 d 轨道与具有最低能量的 d 轨道之间的能量差称为分裂能,用 Δ 表示。Δ 值的大小受中心离子的电荷、周期数、d 电子数和配体性质等因素的影响。对于同一中心离子和相同构型的配合物,Δ 值随配体场强度的增强而增大。按照 Δ 值相对大小排列的配位体顺序称为"光谱化学序列",它反映了配体所产生的配位场强度的相对大小。分裂能可以通过测定配合物的吸收光谱求得。

不同 d 电子以及不同构型配合物的电子吸收光谱是不同的,计算 Δ 值的方案也各不同。在八面体和四面体的配体场中,配离子的中心离子的电子数为 d^1、d^4、d^6、d^9,其吸收光谱只有一个简单的吸收峰,根据吸收峰位置的波长,就可以计算 Δ 值;配离子的中心离子的电子数为 d^2、d^3、d^7、d^8,其吸收光谱应该有 3 个吸收峰,对于八面体配体场的 d^3、d^8 电子和四面体配体场中的 d^2、d^6 电子,由吸收光谱中最大波长的吸收峰位置的波长,计算 Δ 值;对八面体场中的 d^2、d^7 电子和四面体配体场中的 d^3、d^8 电子,由吸收光谱中最大波长的吸收峰和最小波长的吸收峰之间的波长差,计算 Δ 值。故 Cr^{3+} 配离子在可见光区的电子吸收光谱图中有 3 个吸收峰。但是某些配合物溶液中只出现两个(或一个)明显的吸收峰。

本实验是测定铬的八面体配合物中某些配体的配合物吸收曲线并找出最大吸收光谱数据,计算在各种配体情况下的 Δ 值,从而与光谱化学序列进行比较。

Δ 值计算可以由式(5-1)计算:

$$\Delta_o = \frac{1}{\lambda} \times 10^7 (\mathrm{cm}^{-1}) \tag{5-1}$$

式中,λ 为波长(单位:nm)。

三、仪器与试剂

仪器:分光光度计、恒温水浴锅、温度计、台秤、布氏漏斗、滤纸、抽滤瓶、循环水多用真空泵、烧杯(50 cm³,100 cm³)、量筒(20 cm³,100 cm³)、蒸发皿。

试剂:三氯化铬、硫酸铬钾[$KCr(SO_4)_2 \cdot 12H_2O$]、乙醇、草酸、草酸钾、重铬酸钾、丙酮、硫氰酸钾、盐酸、乙二胺四乙酸二钠。

四、实验内容

码26 $K_3[Cr(NCS)_6] \cdot 4H_2O$ 的合成

1. $K_3[Cr(NCS)_6] \cdot 4H_2O$ 的合成(码 26)

称取 3.0 g 硫氰酸钾和 2.5 g 硫酸铬钾[$KCr(SO_4)_2 \cdot 12H_2O$]于烧杯中,溶于 20 cm³ 的水中,加热溶液至近沸半小时(尽可能的保持较小体积的溶液),加入 20 cm³ 乙醇后,即有硫酸钾析出,过滤,在水浴上加热浓缩(不要蒸干)。冷却后即得到暗红色结晶,过滤,然后从乙醇中重结晶进行提纯,得紫红色固体,产品在空气中干燥,称重。

2. $[Cr(EDTA)]^-$ 的合成

称取 1.0 g EDTA 溶于 50 cm³ 水中,加热溶解,调节 pH=3~5,然后加入少量氯化铬,稍加热,即得到紫色的 $[Cr(EDTA)]^-$ 配合物。

3. $K_3[Cr(C_2O_4)_3] \cdot 3H_2O$ 的合成

在 20 cm³ 水中溶解 1.5 g 草酸钾和 3.5 g 草酸,另用 10 cm³ 水溶解 1.25 g 重铬酸钾,将此重铬酸钾溶液慢慢滴加至草酸溶液中,并不断搅拌,待反应结束后将溶液加热蒸发,当溶液量减少近一半时,转移到蒸发皿中继续加热至接近干涸。冷却后过滤并用丙酮洗涤,得深绿色晶体,在 110 ℃下干燥,称重。

4. 配合物电子光谱的测定

取 0.02 g $K_3[Cr(NCS)_6] \cdot 4H_2O$ 溶于 10 cm³ 水中;取 0.01 g 的上述制备的 $[Cr(EDTA)]^-$ 配合物水溶液;取 0.02 g $K_3[Cr(C_2O_4)_3] \cdot 3H_2O$ 溶于 10 cm³ 水中;取 0.01 g $CrCl_3 \cdot 6H_2O$ 溶于 10 cm³ 水中,得到 $[Cr(H_2O)_4Cl_2]Cl$ 的水溶液。在 400~650 nm 波长范围

内用 1 cm 比色皿,以溶剂作参比,分别测定以上 4 种配合物溶液的吸光度(每隔 10 nm 读一次吸光度值,在接近吸收峰处多测定几个点),以吸光度为纵坐标,波长 λ(nm)为横坐标作图,即得到配合物的电子吸收光谱,由电子吸收光谱确定最大波长的吸收峰位置,并由式(5-1)计算不同配体的 Δ 值,由 Δ 值的相对大小排出上述配体的光谱化学序。

五、思考题

(1) 如何解释配体场强度对分裂能的影响?

(2) 在测定配合物电子光谱时所配溶液的浓度是否需要准确配制?为什么?

实验二十九　UiO-67 的制备及吸附盐酸四环素性能研究

一、实验目的

(1) 了解 MOFs 的结构特点和应用前景。
(2) 了解 MOFs 材料 UiO-67 的制备方法。
(3) 掌握吸附性能的测试方法。
(4) 掌握紫外-可见分光光度计的操作和数据处理方法。

二、实验原理

金属有机框架材料(MOFs)是一类结构规整可调、种类丰富、比表面积高的新型无机-有机多孔材料。金属有机框架材料又称为金属有机配位化合物，是通过单金属阳离子或者有机金属簇与多位点配体自组装形成的具有一维、二维或三维网络结构的晶体固体。其中，金属离子或有机金属簇是骨架结构的连接点，有机配体是这些节点的桥连部分，通过选择不同的金属离子和有机配体，可以设计和合成出拓扑结构、孔径和孔容各异的金属有机框架结构。MOFs 具有大的比表面积和高的孔隙率，孔道尺寸和形状可调，还可以进行化学修饰，是一类性能优良的新型吸附材料。

UiO-67 是由金属 Zr 构成的基团与 4,4′-联苯二甲酸通过配位键连接而成的八面体笼。UiO-67 结构如图 5-2 所示，本实验采用溶热反应法制备金属有机框架材料 UiO-67。具体方法是把 UiO-67 的前驱体溶解在 DMF 中，在水热反应釜中反应、过滤的白色固体，经过后处理、真空活化得到 UiO-67 粉末。

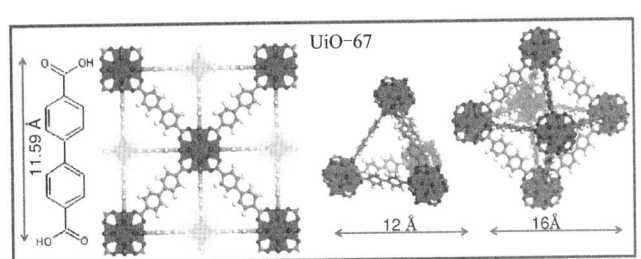

图 5-2　UiO-67 的配体、结构、四面体笼以及八面体笼

(摘自 Chavan S, et al. Phys. Chem. Chem. Phys., 2012)

盐酸四环素 TC 是四环素的盐酸盐，为黄色粉末状固体易溶于水，化学式为 $C_{22}H_{24}N_2O_8 \cdot HCl$，结构示意图如图 5-3 所示。盐酸四环素作为一种广谱抗生素广泛用于人体医疗、动物生长和农业中，但是随着人类对抗生素的依赖和滥用，越来越多的抗生素被排放到自然界，并富集在地下水、土壤和湖泊中，严重影响了自然界微生物种群平衡和水生动植物的繁殖，且抗生素的大量分布可能使细菌产生耐药性从而威胁人畜健康。因此对盐酸四环素的有效吸附具有重要的意义。

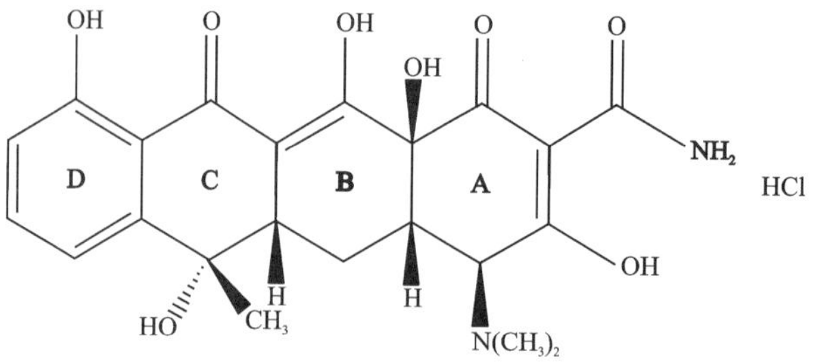

图 5-3 盐酸四环素分子结构示意图

本实验采用紫外分光光度法测定盐酸四环素的浓度,其水溶液的特征峰位于 357 nm,以去离子水为参比液,根据吸附前后溶液中盐酸四环素的含量,可计算出吸附剂 Uio-67 对盐酸四环素的吸附量。

三、仪器与试剂

仪器:聚四氟乙烯水热反应罐、移液器(1 cm³、5 cm³)、针式过滤器、索氏提取器、水热反应釜、鼓风烘箱、真空干燥箱、集热式恒温加热磁力搅拌器、分析天平、高速离心机、紫外可见分光光度计。

试剂:$ZrCl_4$(98%)、4,4'-联苯二甲酸(98%)、苯甲酸(99%)、N,N-二甲基甲酰胺(DMF,AR)、无水乙醇(AR)、去离子水、盐酸四环素(96%)。

四、实验内容

1. UiO-67 的制备

分别称取 $ZrCl_4$(0.120 g,1 mmol)、4,4'-联苯二甲酸(0.125 g,1 mmol)和苯甲酸(0.628 g,10 mmol),加入到 20 cm³ DMF 中进行混合,超声处理 10 min,得到白色乳状溶液。将其转移至体积为 50 cm³ 的聚四氟乙烯反应罐中,放入不锈钢罐水热反应釜中,封闭后置于烘箱中,在 393 K 下反应 24 h。待反应罐冷却后,通过离心,从 DMF 中分离得到白色固体粉末。将产物分别在 DMF 和乙醇中索氏提取 24 h,最后在 393 K 的真空烘箱中干燥 12 h,获得活化产品,以供进一步使用。

2. 盐酸四环素溶液的配制

称取 150 mg 盐酸四环素,用 10 cm³ 去离子水溶解后转移至 500 cm³ 容量瓶中,用水稀释至刻度线,摇匀。

3. 吸附试验

称取约 10 mg 的 UiO-67 粉末,放入含有 20.00 cm³ 300 mg·dm⁻³ 的盐酸四环素溶液中,在 303 K 水浴恒温下搅拌吸附,吸附时长为 4 h。吸附完成后,将溶液通过 0.22 μm 的水系针式过滤器过滤,取 0.50 cm³ 滤液在 4.50 cm³ 蒸馏水中稀释,测定残留盐酸四环素浓度,并与盐酸四环素标液作对比。

以吸附量 q_t 作为评价吸附剂对盐酸四环素吸附能力的指标,具体计算方法如下:
$$q_t = (C_0 - C_t)V/m$$
式中,q_t 为吸附剂在 t(min)时刻的吸附容量(mg·g^{-1});C_0 为 TC 溶液的初始浓度(mg·g^{-1});C_t 为吸附进行在 t 时刻时溶液 TC 的浓度(mg·g^{-1});V 为 TC 溶液体积(dm^3);m 为投入吸附剂的质量(g)。

五、思考题

(1)UiO-67 通过 DMF 和乙醇进行索氏提取的目的是什么?产品最后为何要进行真空干燥?

(2)待测溶液在测试前为什么要进行稀释?

六、MOFs 介绍

金属有机框架材料(Metal-Organic Frameworks,MOFs)是自 20 世纪末发展起来的一种新型多孔有机—无机材料,它是由金属离子或有机金属簇和有机配体经过自组装而形成的具有周期网络状的多孔材料。它具有以下几个特点:①超高的比表面积和丰富的孔道结构。目前 MOFs 最高的比表面积为 7140 m^2·g^{-1},是传统多孔材料如活性炭、硅藻土、分子筛等无法比拟的。②结构多样性。MOFs 本质是金属离子和有机配体两个部分通过配位键组合而成,金属离子和有机配体决定了 MOFs 的多样性,不同的金属离子具有不同的配位构型,如正四面体、正八面体等,不同的配位构型也可以合成不同空间构型的 MOFs。迄今为止,至少有超过 20 000 种 MOFs 被发现或被合成出来。制备 MOFs 方法比较多,一般来说有水/溶剂热法、微波辅助法、扩散法和机械化学法。其中应用最广的是水/溶剂热法,当然,也可以根据具体需求采用不同的制备方法。MOFs 种类繁多,根据有机配体、金属离子种类和发现地的不同,大体可分为 IRMOFs(Iso-Reticular metal-Organic Frameworks)系列、MILs(Materiauxs de I'Institut Lavorisier)系列、ZiFs(ZeoliticImidazolate-Frameworks)系列和 UiOs(University of Oslo)系列。MOFs 在诸多方面都有应用,比如,MOFs 材料具有永久孔道的特,同时选择不同的金属离子和次级结构单元(SBU),可以对特定的气体或污染物进行吸附。并且 MOFs 结构中多共轭环可与含有苯环的目标分子形成 π-π 共轭效应,其次 MOFs 结构中的官能团也可以和某些特定分子形成氢键或配位,这些特点奠定了 MOFs 在吸附方面的应用。其次,MOFs 材料在催化领域也有良好的应用前景,一方面归结于材料本身含有许多不饱和金属位点形成的催化中心,另一方面 MOFs 材料疏松多孔的特性可以提供良好的分散性能,人们可以把催化剂负载在 MOFs 材料里面扩大了催化剂和反应物的接触面积从而提高催化效率。此外,MOFs 材料大的孔容和极大的比表面积也利于检测物的富集,因此可提高检测物的检测灵敏度。同时,部分 MOFs 本身或通过改性可使其结构内形成不饱和金属空穴,利用该空穴可与检测物结合,这样可以定向或定量地来检测待测物体,该特性使 MOFs 材料在传感方面也有应用。除了这些外,MOFs 在药物缓释、电极电池等方面也有应用研究。

实验三十　十二钨硅酸的制备及酸度测定

一、实验目的

(1) 熟练掌握合成无机化合物的实验操作技能。
(2) 掌握合成杂多酸的实验方法。
(3) 掌握萃取分离操作。
(4) 了解用红外光谱、紫外吸收光谱等对产物进行表征的方法。

二、实验原理

钒、铌、钼、钨等元素的重要特征是易形成同多酸和杂多酸。在碱性溶液中 W(VI) 以正钨酸根 WO_4^{2-} 存在；随着溶液 pH 的减小，WO_4^{2-} 逐渐聚合成多酸根离子，若在上述酸化过程中，加入一定量的硅酸盐，则可生成有确定组成的钨杂多酸根离子。本实验用钨酸钠($Na_2WO_4 \cdot 2H_2O$)和硅酸钠(Na_2SiO_3)溶液在酸性条件下反应，得到十二钨硅酸。反应的离子方程式如下：

$$12WO_4^{2-} + SiO_3^{2-} + 26H^+ \rightleftharpoons H_4SiW_{12}O_{40} \cdot xH_2O + (11-x)H_2O$$

十二钨硅酸在强酸性溶液中易与乙醚生成加合物而被乙醚萃取，利用这个性质，采用乙醚萃取来制备十二钨硅酸，这是一种经典的方法。向反应体系中加入乙醚并酸化，经乙醚萃取后液体分层，上层是溶有少量杂多酸的醚，中间是氯化钠、盐酸和其他物质的水溶液，下层是油状的杂多酸醚合物，收集下层，将醚蒸发，即可得到十二钨硅酸的晶体。

十二钨硅酸不仅有强酸性，还有氧化还原性，在紫外光作用下，可以发生单电子或多电子还原反应。十二钨硅酸在紫外区(260 nm 附近)有特征吸收峰，这就是电子由配位氧原子向中心钨原子迁移的电荷迁移峰。

三、仪器与试剂

仪器：红外光谱仪、紫外-可见分光光度计、烧杯(100 cm³、250 cm³、50 cm³)、磁力加热搅拌器、滴液漏斗(100 cm³)、分液漏斗(250 cm³)、蒸发皿、水浴锅、抽滤装置、表面皿、吸量管、滴定管。

试剂：$Na_2WO_4 \cdot 2H_2O$(S)、$Na_2SiO_3 \cdot 9H_2O$(S)、HCl(浓)、乙醚、H_2O_2(3%)、NaOH 标准溶液(0.100 mol·dm⁻³)。

四、实验内容

1. 十二钨硅酸的制备

称取 25 g $Na_2WO_4 \cdot 2H_2O$ 放入 250 cm³ 的烧杯中，加入 50 cm³ 的蒸馏水，配成溶液。再

加入 1.88 g $Na_2SiO_3 \cdot 9H_2O$，在加热的情况下，用磁力搅拌器剧烈搅拌，使其溶解，在接近沸腾时，用滴液漏斗滴入约 10 cm³ 的浓 HCl（滴速为 1~2 滴/s）。开始滴入浓 HCl 时，有黄色钨酸沉淀出现，继续缓慢滴加并不断搅拌至溶液 pH 为 2，保持 30 min 左右。将混合物冷却，全部液体转移至分液漏斗中，加入乙醚（约为混合物液体体积的 1/2），分 4 次向其中加入 10 cm³ 浓盐酸，充分振荡，萃取，静止后液体分 3 层，把分液漏斗底部的油状乙醚加合物放入蒸发皿中，加 4 cm³ 水，水浴蒸发至溶液表面有晶体析出时为止，冷却结晶，抽滤，即可得到产品。

2. 测定紫外吸收光谱

配制 5×10^{-5} mol·dm⁻³ 的十二钨硅酸溶液，用 1 cm 比色皿，以蒸馏水为参比，在紫外-可见分光光度计上，测量波长范围为 200~400 nm 的吸收曲线。

3. 测定红外光谱

将样品用 KBr 压片，在红外光谱仪上记录 4000~400 cm⁻¹ 范围的红外光谱图，并标识其主要的特征吸收峰。

4. 十二钨硅酸的酸度测定

准确称取制备的样品（约 2 g，精确到 0.1 mg）2 份，放入 2 个锥形瓶中，加入少量蒸馏水，配成溶液，用 0.1 mol·dm⁻³ 标准 NaOH 溶液滴定（以甲基橙作指示剂），计算该酸的当量。该酸的当量非常接近于 751，符合四元酸 $H_4SiW_{12}O_{40} \cdot 7H_2O$。

五、思考题

(1) 为什么钒、铌、钼、钨等元素易形成同多酸和杂多酸？

(2) 十二钨硅酸易被还原，它与橡胶、纸张、塑料等有机物质接触，甚至与空气中灰尘接触时，均易被还原为"杂多蓝"。因此，在制备过程中要注意哪些问题？

(3) 十二钨硅酸有哪些性质？

实验三十一 聚合硫酸铁的制备及主要性能指标的测定

一、实验目的

(1) 学习聚合硫酸铁的制备原理及方法。
(2) 了解聚合硫酸铁的性能和用途。

二、实验原理

聚合硫酸铁(PFS)也称碱式硫酸铁或羟基硫酸铁,是一种新型高效的铁系无机高分子絮凝剂,其化学式可表示为$[Fe_2(OH)_n(SO_4)_{3-\frac{n}{2}}]_m$,液体聚合硫酸铁本身含有大量的聚合阳离子,如$[Fe_3(OH)_4]^{5+}$、$[Fe_6(OH)_{12}]^{6+}$、$[Fe_4O(OH)_4]^{6+}$等。其在水溶液中存在着$[Fe(H_2O)_6]^{3+}$、$[Fe_2(H_2O)_3]^{3+}$、$[Fe(H_2O)_2]^{3+}$等配合阳离子,它们以羟基(—OH)架桥形成多核配离子,从而形成巨大的无机高分子化合物,相对分子量可高达1×10^5。由于上述配离子的存在,它能够强烈地吸附胶体微粒,通过黏附、架桥、交联作用,促使微粒凝聚。同时伴随一系列的物理、化学变化,可中和胶体微粒及悬浮物表面的电荷,降低胶体的 Zeta 电位,使胶体粒子由原来的相互排斥变为相互吸引,从而破坏了胶团的稳定性,促使胶团微粒相互碰撞,形成絮状沉淀。同传统的无机盐类混凝剂相比,聚合硫酸铁具有混凝性能优良、沉降快的特点,除浊、脱色、除重金属离子等效果,具有无毒无害、成本低廉等优点,对自来水、工业用水、工业废水、城市污水的净化处理方面有广泛应用。目前开发生产的 PFS 有液体和固体两种,液体 PFS 为红褐色黏稠透明液体,固体 PFS 为黄色无定型固体,相对密度(d_4^{20})1.450。固体一般由液体转化而来,运输、储存方便。

聚合硫酸铁的制备一般是用 $FeSO_4$ 为原料,在硫酸溶液中用氧化剂先将 $FeSO_4$ 氧化为 $Fe_2(SO_4)_3$,当溶液中硫酸根的量控制恰当时,$Fe_2(SO_4)_3$ 可继续与溶液中的水反应生成碱式硫酸铁,此碱式硫酸铁再聚合即可得到聚合硫酸铁。反应方程式如下:

$$6FeSO_4 + 3H_2SO_4 + NaClO_3 = 3Fe_2(SO_4)_3 + NaCl + 3H_2O$$

$$Fe_2(SO_4)_3 + nH_2O = Fe_2(OH)_n(SO_4)_{3-\frac{n}{2}} + \frac{n}{2}H_2SO_4$$

$$m[Fe_2(OH)_n(SO_4)_{3-\frac{n}{2}}] = [Fe_2(OH)_n(SO_4)_{3-\frac{n}{2}}]_m$$

$FeSO_4$ 的氧化可采用各种方法来实现,如催化氧化法主要用亚硝酸钠作催化剂,用空气、MnO_2、过硫酸钠等氧化剂氧化;直接氧化法常用 H_2O_2、$NaClO_3$、MnO_2、Cl_2 等氧化剂氧化。本实验采用 $NaClO_3$ 直接氧化法制备液体状聚合硫酸铁,测定产品的密度、pH 值以及其混凝效果,表 5-2 给出了聚合硫酸铁的主要性能指标。

表 5-2 聚合硫酸铁的主要性能指标(GB14591—1993)

指标项目	密度(20 ℃)/(g·cm^{-3})	总含铁量/%	还原性物质(以 Fe^{2+} 计)含量/%	pH(1%水溶液)
标准试样	≥1.45	≥11.0	≤0.10	2.0~3.0

三、仪器和试剂

仪器：分析天平、比重计、温度计、恒温槽、电动搅拌、pH 计、光电式浑浊度仪、烧杯（250 cm³）、烧瓶（1500 cm³）、量筒（200 cm³、500 cm³）、容量瓶（100 cm³）。

试剂：$NaClO_3$(s)、$FeSO_4 \cdot 7H_2O$(s)、H_2SO_4（浓）、标准缓冲溶液（pH = 4.00，pH = 6.68）。

四、实验内容

1. 聚合硫酸铁的制备

先计算制备 200 cm³ 密度为 1.450 g·dm⁻³ 聚合硫酸铁（Fe 含量为 11.0%，总 SO_4^{2-} 与总铁物质的量比为 1.25）所需的 $FeSO_4 \cdot 7H_2O$ 和浓 H_2SO_4 的量。在烧杯中加入 90 cm³ 水，再加入所需体积的浓 H_2SO_4，配制成稀 H_2SO_4 溶液，加热至 40～50 ℃ 备用。分别称取所需 $FeSO_4 \cdot 7H_2O$ 的量和 10 g $NaClO_3$，各分成 12 份，在搅拌下分别将 2 份 $FeSO_4 \cdot 7H_2O$ 和 2 份 $NaClO_3$ 加入到上述稀 H_2SO_4 溶液中，搅拌 10 min 后，继续加入 1 份 $FeSO_4 \cdot 7H_2O$ 和 1 份 $NaClO_3$，以后每 5 min 加一次，为了使 $FeSO_4$ 充分氧化，最后再多加 1 g $NaClO_3$，继续搅拌 10～15 min，冷却，倒入量筒中，加水至体积为 200 cm³，即可得到含 Fe 约为 11.0% 的聚合硫酸铁产品。描述产品的颜色及状态。

2. 聚合硫酸铁的主要性能指标的测定

（1）密度测定。将聚合硫酸铁试样加入清洁、干燥的量筒内，不得有气泡。将量筒置于 (20±0.1) ℃ 的恒温槽中，待温度恒定后，将比重计缓缓地放入试样中，待比重计在试样中稳定后，读出比重计的刻度，即为 20 ℃ 时试样的相对密度。

（2）pH 测定。称取 1.0 g 试样，置于烧杯中，用水稀释，全部转移到 100 cm³ 容量瓶中，用水稀释至刻度，摇匀。用 pH 计测定其 pH 值。

3. 聚合硫酸铁的混凝效果试验

在 1000 cm³ 水样中加入聚合硫酸铁，使以 Fe 计含量为 20×10⁻⁶，在电动搅拌机上先快速搅拌 3 min 后，再慢速搅拌 3 min，静置 30 min 后，吸取上层清液，用光电式浑浊度仪测定浊度。列表记录聚合硫酸铁的主要性能指标及混凝效果。

五、思考题

（1）聚合硫酸铁中存在着 $[Fe_3(OH)_4]^{5+}$、$[Fe_6(OH)_{12}]^{6+}$、$[Fe_4O(OH)_4]^{6+}$ 等多种聚合态铁的配合物，因此具有优良的凝聚性能，它与其他铁盐 [$FeSO_4$，$FeCl_3$，$Fe_2(SO_4)_3$] 混凝剂比较还具有哪些优点？

（2）试验中将所需 $FeSO_4 \cdot 7H_2O$ 的量和 $NaClO_3$，各分成 12 份，然后分批加入的目的是什么？

实验三十二　纳米二氧化钛的溶胶凝胶法制备及其光催化性能研究

一、实验目的

(1) 学习溶胶-凝胶法制备纳米二氧化钛的原理及方法。
(2) 了解纳米二氧化钛在光催化降解领域的应用。

二、实验原理

1. 溶胶-凝胶法制备纳米二氧化钛

溶胶-凝胶法反应条件简单、反应过程易于控制,被广泛应用于不同材料的制备中。在TiO_2的制备中,一般使用钛酸醇盐作为前驱体,通过水解与缩合两步反应,得到产物的悬浊液或者溶胶,通过离心、洗涤、干燥后,可以得到产物TiO_2。水解与缩合反应的方程如下所示:

$$-M-OR + H_2O \longrightarrow -M-OH + ROH$$
$$-M-OH + -M-OR \longrightarrow -M-O-M- + ROH$$

由于钛的电负性较小,所以钛的醇盐前驱体具有很强的反应活性,水解与缩合速度迅速,不利于对溶胶-凝胶反应速率和产物性质结构的控制。因此在溶胶-凝胶体系中,需要采用不同方法,减慢前驱体的水解缩合反应速率,实现对产物性质的控制。通过控制反应溶剂、温度等影响因素,都可以影响前驱体的水解缩合反应,最终成功制备纳米粒子。

2. 二氧化钛光催化降解有机物机理

目前得到广泛研究的半导体光催化剂主要是宽禁带型的半导体化合物,如TiO_2、ZnO、Fe_2O_3、CdS、ZnS等。其中TiO_2作为当前最有应用潜力的一种光催化材料,优点是光照后不发生光腐蚀,耐酸碱性好,化学性质稳定,对生物无毒性,来源丰富,能隙较大,生成的光生电子和空穴电势电位高,有很强的氧化性和还原性。

半导体粒子具有能带结构,一般由填满电子的低能价带和空的高能导带构成,价带和导带之间存在禁带。电子在填充时,优先从能量低的价带填起。TiO_2是一种宽禁带半导体,当受到能量大于禁带宽度(也称为带隙)的光照射时,价带上的电子被激发跃迁至导带,在电场作用下分离并迁移至表面,而在价带上留下空穴。半导体的能带位置和被吸附物质的还原电势,决定了其催化能力,禁带宽度越大,氧化还原能力越强。TiO_2的氧化还原电势较高,高于高锰酸根、氯气、臭氧甚至氟气的电极电势,具有很强的氧化性,在光催化剂中应用较广,研究也较多。

TiO_2作为宽禁带半导体,当受到能量大于或等于其禁带宽度的光照射时,半导体微粒吸收光,产生光生电子-空穴对。由于半导体能带间缺少连续区域,所以电子-空穴对有皮秒级的寿命,足以使电子-空穴对向吸附在半导体表面的物质转移电荷。空穴可以夺取粒子表面被吸附物质或溶剂分子的电子,使原本不吸收光的物质被活化并被氧化,同时电子受体接受表面电子被还原。光生电子和空穴生成后会向半导体表面迁移,然后与粒子表面吸附的有机或无机物结合。对于氧化还原反应而言,半导体会提供一个电子来还原一个电子受体途径,而空穴则接受电子给体的一个电子将其氧化途径。对于光生电子和空穴,电荷迁移的速率和概率取决于各个导带和价带边的位置及吸附物种的氧化还原电位。必须满足热力学上发生氧化还原反应的基本条件:受体电势要比半导体导带电势低,供体电势比半导体价带电势高。只有满足上述条件,氧化还原反应才会发生。

一般情况下,TiO_2光催化反应都是在水或者空气的环境中进行。光催化反应往往也离不开水和空气,因为氧气和水可以与光生电子和空穴结合成为化学性质非常活泼的自由基。在波长小于385 nm的光照射后,电子从价带被激发至导带,产生光生电子(e^-)和空穴(h^+),激发态的电子会和空穴复合,变为基态,使光能以热能及其他能量的形式散发掉。

$$TiO_2 + h\nu \longrightarrow TiO_2 + h^+ + e^-$$

$$h^+ + e^- \longrightarrow 复合 + 能量$$

当半导体表面吸附有合适的俘获剂,部分光生电子和空穴会迁移至半导体表面,并与表面吸附的物质发生氧化还原反应。价带空穴是良好的氧化剂,导带的电子则是良好的还原剂。在光催化反应中,空穴具有更大的反应活性,一般与表面吸附的 H_2O 或 OH^- 离子反应形成具有强氧化性的羟基自由基($\cdot OH$)。

$$H_2O + h^+ \longrightarrow \cdot OH + H^+$$

$$OH^- + h^+ \longrightarrow \cdot OH$$

光生电子会与氧气反应,生成超氧离子自由基($\cdot O_2^-$)并且会进一步发生反应,最终成为羟基自由基($\cdot OH$)。

$$O_2 + e^- \longrightarrow \cdot O_2^-$$

$$H_2O + \cdot O_2^- \longrightarrow \cdot OOH + OH^-$$

$$2 \cdot OOH \longrightarrow H_2O_2 + O_2$$

$$2 \cdot OOH + H_2O + e^- \longrightarrow H_2O_2 + OH^-$$

$$H_2O_2 + e^- \longrightarrow \cdot OH + OH^-$$

在上面的反应式中,产生了极为活泼的羟基自由基($\cdot OH$)、超氧离子自由基($\cdot O_2^-$)及$\cdot OOH$自由基。上述自由基均可与有机物反应,将有机物降解为 CO_2、H_2O 等无机小分子。

三、仪器和试剂

仪器:紫外-可见分光光度计、光化学反应器、分析天平、磁力搅拌加热器、烧杯($250\ cm^3$)、量瓶($1000\ cm^3$)、比色管($10\ cm^3$)、试管、移液管($10\ cm^3$)、高速离心机。

试剂:钛酸四正丁醋(TBT)、乙二醇、丙酮、丙醇、异丙醇、乙腈、硝酸、盐酸、氢氧化钠、甲基橙溶液($1\ g\cdot dm^{-3}$)。

四、实验内容

1. 纳米二氧化钛的制备

首先将 28 cm³ 水与 112 cm³ 乙醇加入 250 cm³ 烧杯混合均匀,并加入硝酸调节溶液 pH 值至 2.0,得到溶液作为反应介质。然后将 17 cm³ TBT 与 4 cm³ 乙醇混合,作为反应前驱体。反应介质中加入磁子并在 75 ℃ 条件下磁力搅拌,将反映前驱体滴加到水和乙醇的混合反应介质中,并在滴加完毕后继续在 75 ℃ 下反应 24 小时,将得到的悬浊液进行高速离心,用水和乙醇洗涤,干燥后即得到纳米 TiO_2 粉末。

2. 光催化降解甲基橙

(1) 20 mg·dm⁻³ 甲基橙反应液的配制。取甲基橙溶液(1 g·dm⁻³)20 cm³ 于 1 dm³ 容量瓶中定容,得到 20 mg·dm⁻³ 的甲基橙溶液,用 HCl 和 NaOH 调节甲基橙的 pH 值至 3 左右。

(2) 光催化反应实验。

a. 取 2 个反应器,编号为 A、B。

A 的条件:用量筒量取 20 mg·dm⁻³ 的甲基橙溶液 150 cm³,倒入 A 反应器中,不加 TiO_2,放入一颗磁子。

B 的条件:用量筒量取 20 mg·dm⁻³ 的甲基橙溶液 150 cm³,倒入 B 反应器中,加入 0.2 g TiO_2,放入一颗磁子。

b. 将两反应器放入光反应装置中,接通冷凝水,打开紫外灯进行光催化实验。

c. 分别于 0 min、10 min、20 min、30 min、40 min 和 50 min 取样,用移液管取样 10 cm³ 至离心管中,备用。

(3) 甲基橙浓度的测定。采用紫外-可见分光光度计在波长为 466 nm 下测定甲基橙的吸光度。

a. 甲基橙标准曲线的绘制。取 5 支 10 cm³ 比色管,用移液管分别移取 20 mg·dm⁻³ 甲基橙溶液 0 cm³、2.5 cm³、5 cm³、7.5 cm³、10 cm³ 于比色管中后定容至 10 cm³,制得浓度为 0 mg·dm⁻³、5 mg·dm⁻³、10 mg·dm⁻³、15 mg·dm⁻³、20 mg·dm⁻³ 的甲基橙标准溶液,使用紫外-可见分光光度计在波长为 466 nm 下测定甲基橙的吸光度,绘制吸光度对浓度的标准曲线(表 5-3、表 5-4)。

b. 样品浓度的测定及甲基橙去除率计算。将从反应器中取出的样品在 8000 rpm 转速下离心 5 min,在 466 nm 波长处测定样品的吸光度,根据标准曲线计算甲基橙的浓度值,按下式计算甲基橙的去除率。

$$\alpha = [(c_0 - c_t)/c_0] \times 100\%$$

式中,c_0 为是光照前甲基橙溶液的浓度;c_t 为一定时间光照后甲基橙溶液的浓度。

表 5-3　甲基橙标准曲线数据记录表

浓度/mg·dm^{-3}	0	5	10	15	20
吸光度					

表 5-4　甲基橙吸光度及浓度记录表

时间/min	0	10	20	30	40	50
吸光度$_A$						
浓度$_A$/mg·dm^{-3}						
吸光度$_B$						
浓度$_B$/mg·dm^{-3}						

五、思考题

(1) 吸光度测试中,一般选择哪种液体作为参比溶液来调节分光光度计的透光率值为100%? 选择参比溶液的原则是什么?

(2) 甲基橙溶液需要准确配制吗?

(3) 甲基橙光催化降解速率与哪些因素有关?

(4) 纳米级二氧化钛在光催化过程中与块状二氧化钛相比有什么优势?

六、半导体光催化介绍

半导体光催化开始研究的目的只是为了实现光电化学太阳能的转化,之后研究的焦点转移到环境光催化领域。1977 年 Frank 等首先验证了用半导体 TiO_2 光催化降解水中氰化物的可能性,光催化氧化技术在环保领域中的应用成为研究的热点。20 世纪 80 年代初期,以 Fe_2O_3 沉积 TiO_2 为光催化剂成功地由氢气和氮气光催化合成氨,引起了人们对光催化合成的注意。1983 年,芳香卤代烃的光催化羰基化合成反应的实现,开始了光催化在有机合成中的应用。光催化开环聚合反应、烯烃的光催化环氧化反应等陆续有报道,光催化有机合成已成为光催化领域的一个重要分支。

光催化是光化学和催化科学的交叉点,一般是指在催化剂参与下的光化学反应。半导体材料之所以具有光催化特性,是由它的能带结构所决定。半导体的晶粒内含有能带结构,其能带结构通常由一个充满电子的低能价带(valent-band,VB)和一个空的高能导带(conduction-band,CB)构成,价带和导带之间由禁带分开,该区域的大小称为禁带宽度,其能差为带隙能,半导体的带隙能一般为 0.2~3.0eV。当用能量等于或大于带隙能的光照射催化剂时,价带上的电子被激发,越过禁带进入导带,同时在价带上产生相应的空穴,即生成电子/空穴对。由于半导体能带的不连续性,电子和空穴的寿命较长,在电场作用下或通过扩散的方式运动,与吸附在催化剂粒子表面上的物质发生氧化还原反应,或者被表面晶格缺陷俘获。空穴和电子在催化剂内部或表面也可能直接复合。因此,半导体光催化关键步骤:催化剂的光激发,光生电子和空穴的迁移与俘获,光生电子和空穴与吸附之间表面电荷迁移以及电子和空穴的体内或表面复合。光催化反应的量子效率低是其难以实用化最为关键的因素。

实验三十三 纳米 Fe_3O_4 的制备及其类酶活性初探

一、实验目的

(1) 了解前沿领域纳米 Fe_3O_4 的相关知识,理解纳米 Fe_3O_4 的制备原理。
(2) 了解纳米 Fe_3O_4 酶活性研究方法。
(3) 掌握相关实验技能,学会使用移液枪。

二、实验原理

随着纳米科学的高速发展,一些无机纳米材料被发现具有类似酶的催化活性。这些纳米材料可以催化天然酶的底物反应,并且具有与天然酶相似的催化机制,因此被定义为纳米酶。纳米 Fe_3O_4 可以有效催化 3,3′,5,5′-四甲基联苯胺(TMB),利用发生的显色反应体现出良好的过氧化物模拟酶催化活性。

本实验采用共沉淀法制备纳米 Fe_3O_4,具体方法是往 Fe^{2+} 和 Fe^{3+} 溶液中加入沉淀剂,将纳米 Fe_3O_4 从悬浊液中分离出来,再利用 TMB 显色反应(图 5-4),检测所制备出的纳米 Fe_3O_4 是否具有良好的过氧化物模拟酶催化活性。

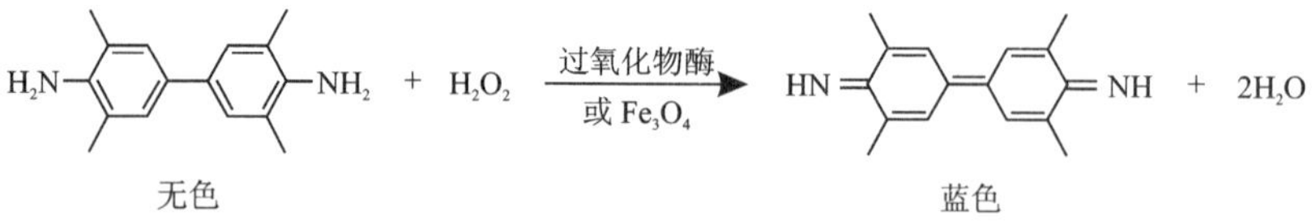

图 5-4 TMB 显色反应的原理图

三、仪器与试剂

仪器:烧杯(25 cm^3)、移液器(1000 μL,200 μL)、量筒(10 cm^3)、磁子、磁力搅拌器、磁铁。
试剂:$FeCl_3 \cdot 6H_2O$、$FeCl_2$、3,3′,5,5′-四甲基联苯胺(TMB)、30% 过氧化氢(H_2O_2)溶液、冰醋酸、无水醋酸钠、浓氨水(25%~28%)。

四、实验内容

1. 纳米 Fe_3O_4 的制备

在 25 cm^3 烧杯中依次加入 0.328 g $FeCl_3 \cdot 6H_2O$、0.104 g $FeCl_2$ 和 10 cm^3 水,磁力搅拌至溶解完全后加入 1 cm^3 浓氨水(25%~28%),继续搅拌 15 min 即可得到黑色的 Fe_3O_4 纳米粒子。将烧杯放在磁铁上,静置一会儿,Fe_3O_4 纳米粒子下沉至烧杯底部。倒掉上层清液,加入 10 cm^3 水,搅拌一会儿至分散均匀,将烧杯放在磁铁上,重复此操作(6~8 次)至上层清液出现浑浊(上层液体变澄清所需时间会显著延长),再洗涤一次,最后加入 10 cm^3 水,搅拌混匀得到 Fe_3O_4 悬浊液。

用移液器吸取 20 μL Fe$_3$O$_4$ 悬浊液至 1.5 cm³ 离心管中,并加入 980 μL 水,摇匀后用于下面的实验(码3)。

2. 纳米 Fe$_3$O$_4$ 酶活性研究

按表 5-5 的用量,在 1.5 cm³ 离心管中依次加入 TMB 溶液、水、30% 过氧化氢和 1.5 cm³ 离心管中的 Fe$_3$O$_4$ 悬浊液,摇匀后室温静置 15 min,观察溶液颜色变化,并拍照记录。

表 5-5　Fe$_3$O$_4$ 用量对 TMB 显示反应的影响　　　　　　　　　单位:μL

体积	编号					
	1#	2#	3#	4#	5#	6#
TMB 溶液	400	400	400	400	400	400
水	80	70	60	50	40	30
30% 过氧化氢	20	20	20	20	20	20
Fe$_3$O$_4$ 悬浊液	0	10	20	30	40	50

五、思考题

(1) 共沉淀法制备纳米 Fe$_3$O$_4$ 的主要反应方程式是什么?
(2) 为什么需要将 Fe$_3$O$_4$ 悬浊液洗涤多次后再使用?
(3) 在表 5-5 中为什么要在每个离心管中加入不等量的水?

六、纳米酶介绍

1926 年,生化学家 James B S 博士发现了第一个酶(尿素酶),并证实其为蛋白质分子。自此之后,蛋白质一直被认定为是所有酶的物质构成,直至 1982 年核酸酶类被发现。然而,这些由生物活性物质组成天然酶类在生物体内的含量很低,很难大量获得,因此价格昂贵。而且天然酶类的稳定性很差,pH 值或温度的变化都会使蛋白酶失去活性。为了突破这些限制,稳定而可低成本合成的人工模拟酶的研究与开发日益受到人们的关注。其中纳米酶就是重要的一类。

随着纳米科学的高速发展,一些无机纳米材料被发现具有类似酶的催化活性。这些纳米材料可以催化天然酶的底物反应,并且具有与天然酶相似的催化机制,因此被定义为纳米酶(Nanozymes)。1997 年,一种富勒烯衍生物被发现具有过氧化物歧化酶的活性,成为首个被发现的无机纳米酶。时至今日,已有超过 50 多种的无机纳米材料被发现具有不同的催化活性,比如二氧化铈纳米粒子和四氧化三铁纳米粒子具有过氧化物酶活性、金纳米粒子具有氧化酶活性、硫化镉和硒化镉纳米粒子具有硝酸还原酶活性等。纳米酶的最突出特点是具有较高的催化活性。此外,纳米酶自身作为一种无机材料,还具有独特的理化特性。人们可以利用成熟的纳米技术对纳米材料进行尺寸控制和表面修饰从而对其酶活性进行调节。纳米酶的发现打破了以往人们认为无机纳米材料是一种生物惰性物质的观念,揭示了无机纳米材料也具有生物活性的一面。

实验三十四　富缺陷硫化钼的水热法制备及电催化性能研究

一、实验目的

(1) 了解二维晶体材料功能导向性设计的缺陷工程调控策略。
(2) 掌握纳米材料的水热合成制备方法。
(3) 了解纳米材料的常见表征方法(X射线粉末衍射、透射电子显微镜、扫描电子显微镜等)。
(4) 初步掌握电催化研究方法。

二、实验原理

近年来,以石墨烯、MoS_2 以及 MXene 材料等为代表的二维晶体材料得到了广泛的研究。较之于传统的体相材料,二维晶体材料具有极大的比表面积、特殊的电子结构,并具有柔性、可加工性等优点,这为材料的功能导向性设计提供了便利。二维晶体的结构与电子结构很容易通过元素掺杂、表面修饰、拉伸应变、构型设计、缺陷工程以及片层厚度调控等途径实现可控的调制,使得材料在催化、光学、电学及储能等方面都展现了独特的效果。

二维 MoS_2 材料具有较大的表面积,可为界面电化学催化过程提供充足的反应场所,且材料延层状方向具有优异的电子传导能力,显示了较为优异的电催化析氢性能,有望能有效地替代贵金属铂用于水电解析氢反应。同时,材料超薄的特性赋予了其优越的可转移性和机械性能,为高性能柔性电子器件的组装提供了前提。理论计算和实验研究结果表明,MoS_2 材料的催化活性位点位于层状结构的边缘,其边缘的不饱和硫原子对析氢反应的催化活性起着至关重要的作用。因此,设计能够暴露更多活性边缘位点的 MoS_2 纳米结构是提高其析氢反应催化活性的有效途径。

本实验采用水热法制备富缺陷二维 MoS_2 材料,提升析氢反应活性位点,并通过功能导向性设计与氮掺杂碳材料复合,测试其电解水析氢催化性能。

三、仪器与试剂

仪器:水热反应釜、马弗炉、磁力搅拌器、微孔滤膜、抽滤瓶、循环水真空泵、真空干燥箱、超声波清洗机、恒电位仪、五口电解池、移液器。

试剂:钼酸铵、硫脲、三聚氰胺、BP-2000 微孔碳、硫酸溶液($0.5\ mol\cdot dm^{-3}$)、5% Nafion 溶液、无水乙醇、商业 20% Pt/C 催化剂(Johnson Matthey 公司)。

四、实验内容

1. 富缺陷硫化钼的制备

称取 2.29 g 硫脲溶解于 40 cm^3 去离子水中,磁力搅拌 30 min,往溶液中加入 0.235 8 g

钼酸铵,并加入 0.1 g BP-2000 微孔碳,继续磁力搅拌 30 min 形成均匀的悬浮液,将形成的悬浮液转移至 50 cm³ 特氟龙内衬不锈钢水热反应釜,于马弗炉中 220 ℃下反应 18h,将水热釜取出,待自然冷却至室温后,将产物抽滤,并用去离子水和无水乙醇分别洗涤一次,将所制得的产物于真空干燥箱中 50 ℃烘干 5h,记为 MoS_2/C。

2. 氮掺杂碳-富缺陷硫化钼复合材料的制备

分别称取 2.29 g 硫脲和一定量的三聚氰胺(0.05 g、0.1 g 和 0.15 g)溶解于 40 cm³ 去离子水中,磁力搅拌 30 min,往溶液中加入 0.235 8 g 钼酸铵,并加入 0.1 g BP-2000 微孔碳,继续磁力搅拌 30 min 形成均匀的悬浮液,将形成的悬浮液转移至 50 cm³ 特氟龙内衬不锈钢水热反应釜,于马弗炉中 220 ℃下反应 18h,将水热釜取出,待自然冷却至室温后,将产物抽滤,并用去离子水和无水乙醇分别洗涤一次,将所制得的产物于真空干燥箱中 50 ℃烘干 5h,分别记为 $CN@MoS_2/C$-1、$CN@MoS_2/C$-2 和 $CN@MoS_2/C$-3。

3. 催化剂材料表征

将所制得电催化剂样品(MoS_2/C、$CN@MoS_2/C$-1、$CN@MoS_2/C$-2 和 $CN@MoS_2/C$-3)进行 X 射线粉末衍射(XRD)表征,初步判断样品晶型;通过透射电子显微镜(TEM)、扫描电子显微镜(SEM)观察产物粒径及形貌,并记录试样的主要形貌特征及粒径大小等信息。

4. 电催化析氢性能测试

分别称取 4 mg 所制得电催化剂样品(MoS_2/C、$CN@MoS_2/C$-1、$CN@MoS_2/C$-2 和 $CN@MoS_2/C$-3)于小样品瓶,加入 700 μL 去离子水、250 μL 无水乙醇和 50 μL 5% Nafion 溶液形成混合液,超声分散约 30 min 后形成稳定、均一的催化剂墨水,用移液枪取 5 mm³ 催化剂墨水滴涂于直径为 3mm 的玻碳电极表面,待电极表面自然干燥后,在 0.5 mol·dm⁻³ 硫酸溶液中测试催化剂电化学析氢性能。测试采用三电极体系,石磨棒为对电极、饱和甘汞电极(SCE)为参比电极。测试前,将 5 口电解池内通入氮气鼓泡约 20 min 去除电解液中溶解氧。将参比电极、对电极和工作电极分别夹好后,用恒电位仪测试线性扫描伏安曲线(LSV 曲线、电势扫描范围-0.24 到-0.64 V vs. RHE,扫速 2 mV/s)和计时安培曲线(CA 曲线、电位-0.44 V vs. RHE,12h)。用 Origin 绘制 LSV 曲线、Tafel 曲线和 CA 曲线,并与 Johnson Matthey 商业 20%Pt/C 催化剂电催化性能进行对比。

五、思考题

(1)水热合成的特点有哪些?
(2)Tafel 曲线绘制如何选择电位区间比较合理?

六、电解水制氢介绍

氢气是一种清洁灵活的能源载体,它可由传统的煤、石油、天然气等化石燃料制取,也可由风能、太阳能等清洁能源制取,可再生能源电解制氢被认为是生产氢气的最清洁方法,制取的氢气符合"绿氢"的概念,世界各国也都在积极推进可再生能源制氢相关技术的研究及应用。作为可再生能源制氢的基础,水电解制氢技术受到越来越多的关注。水的全分解是将水分解成 $H_2(g)$ 和 $O_2(g)$ 的电化学反应。在标准条件下吉布斯自由能(ΔG)为 237.2 kJ·mol^{-1},水分解反应吸热性强,在标准条件下,驱动电化学水分解需要 1.23 V 的电压。虽然在酸性、碱性或中性水溶液中均可以促进水的分解,但每种方法均有其独特的优点与缺点。水的分解在强电解质中是有利的,因为它们具有高的离子导电性。使用高效、安全的电解槽有利于质子或氢氧根离子在阳极液和阴极液之间转移,以避免电解反应造成 pH 梯度的大幅度增加。水的分解过程可以用两个不同的半反应来描述,即电化学析氢反应(HER)和电化学析氧反应(OER)。在电解水制氢中,高效稳定的催化剂是不可或缺的,催化剂通过降低反应的动态过电势,对 HER 起着至关重要的作用。一个优异的催化剂材料应该具有导电性好、比表面积大、析氢过电势小、电化学稳定性好、耐腐蚀性等特点。

实验三十五　大环配合物[Ni((14)4,11-二烯-N_4)]I_2的合成

一、实验目的

(1) 通过[Ni((14)4,11-二烯-N_4)]I_2的制备,了解金属大环配合物的合成方法。
(2) 了解大环金属配合物的一些特殊性质。

二、实验原理

近年来大环金属配合物得到了广泛的研究,这类配合物常见于生物体内,并在生物体内起到了举足轻重的作用。例如,在细胞色素、血红素、叶绿素等中都存在金属卟啉配合物,它在生命过程中起着(如载氧等)重要作用。天然的叶绿素就是一种卟啉的镁配合物,血红素是一种卟啉的联配位化合物。铁(Ⅱ)卟啉容易被氧化,且呈顺磁性。相应的Ru(Ⅱ)卟啉(稳定抗磁性)是其很好的替代物,用于生物体系的研究。

人们还发现大环金属配合物在包括肿瘤的光动力学治疗法中的光敏剂、催化温和氧化反应的催化剂、环境治理中用的脱硝催化剂、汽车尾气处理用催化剂、燃料电池电还原催化剂、电化学传感器等领域都具有非常广泛的用途。另外,它还被用于液晶材料、非线性光学材料等方面中。

本实验合成的是一种镍的大环配合物——[Ni((14)4,11-二烯-N_4)]I_2,其结构如图5-5所示。大环配合物——[Ni((14)4,11-二烯-N_4)]I_2具体合成过程详见图5-6。

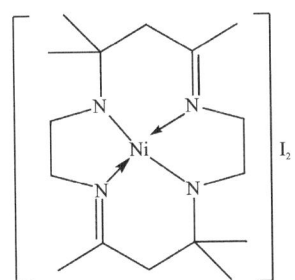

图5-5　大环配合物——[Ni((14)4,11-二烯-N_4)]I_2结构示意图

三、仪器与试剂

仪器:搅拌器、分水器、回流冷凝管、滴液漏斗、油浴加热器、三颈烧瓶(100 cm³)、烧杯(250 cm³)、烧杯(500 cm³)、抽滤瓶、真空干燥箱。

试剂:甲醇、丙酮、醋酸镍、无水乙醇、无水乙二胺、氢氧化钠、47%氢碘酸。

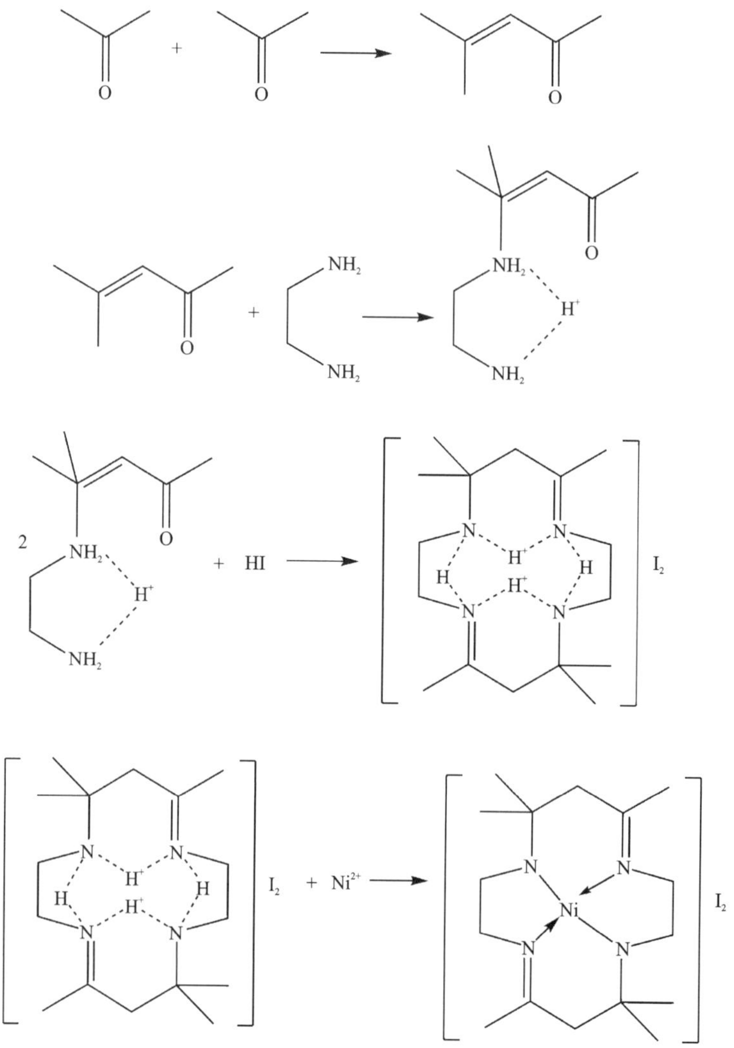

图 5-6　大环配合物—[Ni((14)4,11-二烯-N_4)]I_2 合成路线图

四、实验内容

1. 大环配体[(14)4,11-二烯-N_4]·2HI 的合成

在 250 cm³ 烧杯中,加入 5.0 cm³ 无水乙醇,再加入 6.60 cm³ (0.10 mol)的无水乙二胺,把烧杯放在冰浴中冷却,慢慢滴加 18.0 cm³(为 0.10 mol)的 47% 氢碘酸(加入氢碘酸时有大量的热放出,必须缓慢操作),然后再加入 15 cm³ 丙酮(需过量,约为 0.40 mol),搅拌均匀,并将烧杯在冰浴中进一步冷却直到有白色晶体析出。由于晶体析出较慢,在冰浴中需放置 3h 使晶体析出较完全,抽滤得到白色针状晶体产物,此晶体在真空干燥 0.5h 后,称重计算产率,并计算所得配体产物的摩尔质量。

2. 大环配合物[Ni((14)4,11-二烯-N_4)]I_2的合成

在装有回流冷凝管、搅拌器的100 cm^3三颈烧瓶中注40 cm^3甲醇和与配体[(14)4,11-二烯-N_4]·2HI等物质的量的醋酸镍,慢慢加热并搅拌使醋酸镍完全溶解,再加入上一步合成的大环配体。在搅拌条件下,90℃加热回流1h,然后趁热过滤溶液,将溶液在水浴上浓缩到有晶体析出为止,把浓缩液放在冰浴中冷却1.5h,过滤溶液得亮黄色的晶体即为大环配合物。在乙醇中重结晶提纯产品,将亮黄色晶体放在干燥中干燥,称重计算产率,并计算所得配体产物的摩尔质量(表5-6)。

表 5-6 数据记录

	[(14)4,11-二烯-N_4]·2HI	[Ni((14)4,11-二烯-N_4]I_2
重量/g		
产率/%		
摩尔质量/mol		

五、思考题

思考[(14)4,11-二烯-N_4]·2HI及其大环配体的检测和表征手段。

附 录

附录1 弱电解质的解离平衡常数

弱电解质	温度 $t/℃$	级别	$K_a^{\ominus}$	$pK_a^{\ominus}$
弱酸				
H_3AsO_4	18	1	5.62×10^{-3}	2.25
	18	2	1.70×10^{-7}	6.77
	18	3	3.95×10^{-12}	11.60
H_3AsO_3	25		6×10^{-10}	9.23
H_3BO_3	20		7.3×10^{-10}	9.14
H_2CO_3	25	1	4.30×10^{-7}	6.37
	25	2	5.61×10^{-11}	10.25
H_2CrO_4	25	1	1.8×10^{-1}	0.74
	25	2	3.20×10^{-7}	6.49
HCN	25		4.93×10^{-10}	9.31
HF	25		3.53×10^{-4}	3.45
H_2S	18	1	9.1×10^{-8}	7.04
	18	2	1.1×10^{-12}	1.96
H_2O_2	25		2.4×10^{-12}	11.62
HBrO	25		2.06×10^{-9}	8.69
HClO	18		2.95×10^{-3}	7.53
HIO	25		2.3×10^{-11}	10.64
HIO_3	25		1.69×10^{-1}	0.77
HNO_2	12.5		4.6×10^{-4}	3.37
HIO_4	25		2.3×10^{-2}	1.64
H_3PO_4	25	1	7.52×10^{-3}	2.12
	25	2	6.23×10^{-8}	7.21
	18	3	2.2×10^{-12}	12.67
H_3PO_3	18	1	1.0×10^{-2}	2.00
	18	2	2.6×10^{-7}	6.59
$H_4P_2O_7$	18	1	1.4×10^{-1}	0.85

续附录1

弱电解质	温度 $t/$℃	级别	$K_a^\ominus$	$pK_a^\ominus$
	18	2	3.2×10^{-2}	1.49
	18	3	1.7×10^{-6}	5.77
	18	4	6×10^{-9}	8.22
H_2SeO_4	25	2	1.2×10^{-2}	1.92
H_2SeO_3	25	1	3.5×10^{-3}	2.46
	25	2	5×10^{-3}	7.31
H_2SiO_3	常温	1	2×10^{-10}	9.70
	常温	2	1×10^{-12}	12.00
H_2SO_4	25	2	1.20×10^{-2}	1.92
H_2SO_3	18	1	1.54×10^{-2}	1.81
	18	2	1.02×10^{-7}	6.91
HCOOH	20		1.77×10^{-4}	3.75
HAc	25		1.76×10^{-5}	4.75
$H_2C_2O_4$	25	1	5.90×10^{-2}	1.23
	25	2	6.40×10^{-3}	4.19
弱碱				
$NH_3\cdot H_2O$	25		1.79×10^{-5}	4.75
$Be(OH)_2$	25	2	5×10^{-11}	10.30
$Ca(OH)_2$	25	1	3.74×10^{-3}	2.43
	30	2	4.0×10^{-2}	1.40
N_2H_4	20		1.7×10^{-6}	5.77
NH_2OH	20		1.07×10^{-8}	7.97
$Al(OH)_3$	25		9.6×10^{-4}	3.02
$Ag(OH)$	25		1.1×10^{-4}	3.96
$Zn(OH)_2$	25		9.6×10^{-4}	3.02

注：摘自 R.C.Weast. Handbook of Chemistry and Physics. 66th Ed. 159-163. 1985—1986。

附录2 难溶电解质的溶度积常数

化合物	溶度积($K_{sp}^{\ominus}$)	化合物	溶度积($K_{sp}^{\ominus}$)
AgBr	5.1×10^{-13}	CdS	8.0×10^{-27}
AgCl	1.8×10^{-10}	CoS(α)	4×10^{-21}
AgCN	1.2×10^{-16}	CoS(β)	2.0×10^{-25}
AgI	8.3×10^{-17}	Cr(OH)$_3$	6.3×10^{-31}
AgOH	2.0×10^{-8}	Cu(OH)$_2$	2.2×10^{-20}
AgSCN	1.0×10^{-12}	CuBr	5.3×10^{-9}
Ag$_2$CO$_3$	8.1×10^{-12}	CuCl	1.2×10^{-6}
Ag$_2$CrO$_4$	1.1×10^{-12}	CuCO$_3$	1.4×10^{-10}
Ag$_2$Cr$_2$O$_4$	2.0×10^{-7}	CuCrO$_4$	3.6×10^{-6}
Ag$_2$C$_2$O$_4$	3.4×10^{-11}	CuI	1.1×10^{-12}
Ag$_2$S	6.3×10^{-50}	CuS	6.3×10^{-36}
Ag$_2$SO$_3$	1.5×10^{-14}	Cu$_2$S	2.5×10^{-18}
Ag$_2$SO$_4$	1.4×10^{-5}	Cu$_3$(PO$_4$)$_2$	1.3×10^{-37}
Ag$_3$PO$_4$	1.4×10^{-16}	Fe(OH)$_2$	8.0×10^{-16}
Al(OH)$_3$	1.3×10^{-33}	Fe(OH)$_3$	4×10^{-38}
BaCO$_3$	5.1×10^{-9}	FeCO$_3$	3.2×10^{-11}
BaCrO$_4$	1.2×10^{-10}	FeS	6.3×10^{-18}
BaC$_2$O$_4$·H$_2$O	2.3×10^{-8}	Fe$_4$[Fe(CN)$_6$]$_3$	3.3×10^{-41}
BaC$_2$O$_4$	1.6×10^{-7}	HgS(黑)	1.6×10^{-52}
BaF$_2$	1.0×10^{-6}	HgS(红)	4×10^{-53}
BaSO$_3$	8×10^{-7}	Hg$_2$Br$_2$	5.6×10^{-23}
BaSO$_4$	1.1×10^{-10}	Hg$_2$Cl$_2$	1.3×10^{-18}
Bi(OH)$_3$	4×10^{-31}	Hg$_2$CO$_3$	8.9×10^{-17}
Bi$_2$S$_3$	1×10^{-97}	Hg$_2$S	1.0×10^{-47}
Ca(OH)$_2$	5.5×10^{-6}	Hg$_2$SO$_4$	7.4×10^{-7}
CaCO$_3$	2.8×10^{-9}	Mg(OH)$_2$	1.8×10^{-11}
CaCrO$_4$	7.1×10^{-4}	MgCO$_3$	3.5×10^{-8}
CaC$_2$O$_4$·H$_2$O	4×10^{-9}	MgF$_2$	6.5×10^{-13}
CaF$_2$	2.7×10^{-11}	MgNH$_4$PO$_4$	2.5×10^{-13}
CaSO$_4$	9.1×10^{-6}	Mn(OH)$_2$	1.9×10^{-13}
Ca$_3$(PO$_4$)$_2$	2.0×10^{-29}	MnCO$_3$	1.8×10^{-11}
Cd(OH)$_2$(新制)	2.5×10^{-14}	MnS(结晶)	2.5×10^{-13}
CdCO$_3$	5.2×10^{-12}	MnS(无定形)	2.5×10^{-10}

续附录2

化合物	溶度积($K_{sp}^{\ominus}$)	化合物	溶度积($K_{sp}^{\ominus}$)
Ni(OH)$_2$(新制)	2.0×10^{-15}	Sb$_2$S$_3$	2×10^{-93}
NiCO$_3$	6.6×10^{-9}	Sn(OH)$_2$	1.4×10^{-28}
NiS(α)	3.2×10^{-19}	Sn(OH)$_4$	1×10^{-56}
NiS(β)	1×10^{-24}	SnS	1.0×10^{-25}
NiS(γ)	2.0×10^{-26}	SrCO$_3$	1.1×10^{-10}
Pb(OH)$_2$	1.2×10^{-15}	SrCrO$_4$	2.2×10^{-5}
PbBr$_2$	4.0×10^{-5}	SrC$_2$O$_4\cdot$H$_2$O	1.6×10^{-7}
PbCl$_2$	1.6×10^{-5}	SrF$_2$	2.5×10^{-9}
PbCO$_3$	7.4×10^{-14}	SrSO$_4$	3.2×10^{-7}
PbCrO$_4$	2.8×10^{-13}	Ti(OH)$_2$	1×10^{-40}
PbC$_2$O$_4$	4.8×10^{-10}	Zn(OH)$_2$	1.2×10^{-17}
PbF$_2$	2.7×10^{-8}	ZnCO$_3$	1.4×10^{-11}
PbS	8.0×10^{-28}	ZnS(α)	1.6×10^{-24}
PbSO$_4$	1.6×10^{-8}	ZnS(β)	2.5×10^{-22}

注:数据摘自 R.C.Weast. Handbook of Chemistry and Physics. 63th Ed. p242. 1982—1983.

附录3 常见配离子的稳定常数

配离子	$K_{稳}^{\ominus}$	$\lg K_{稳}^{\ominus}$	配离子	$K_{稳}^{\ominus}$	$\lg K_{稳}^{\ominus}$
1∶1			1∶3		
$[NaY]^{3-}$	5.0×10^{1}	1.69	$[Fe(NCS)_3]^0$	2.0×10^{3}	3.30
$[AgY]^{3-}$	2.0×10^{7}	7.30	$[CdI_3]^{-}$	1.2×10^{1}	1.07
$[CuY]^{2-}$	6.8×10^{18}	18.79	$[Cd(CN)_3]^{-}$	1.1×10^{4}	4.04
$[MgY]^{2-}$	4.9×10^{8}	8.69	$[Ag(CN)_3]^{-}$	5.0×10^{0}	0.69
$[CaY]^{2-}$	3.7×10^{10}	10.56	$[Ni(en)_3]^{2+}$	3.9×10^{18}	18.59
$[SrY]^{2-}$	4.2×10^{8}	8.62	$[Al(C_2O_4)_3]^{3-}$	2.0×10^{16}	16.30
$[BaY]^{2-}$	6.0×10^{7}	7.77	$[Fe(C_2O_4)_3]^{3-}$	1.6×10^{20}	20.20
$[ZnY]^{2-}$	3.1×10^{16}	16.49	1∶4		
$[CdY]^{2-}$	3.8×10^{16}	16.57	$[Cu(NH_3)_4]^{2+}$	4.8×10^{12}	12.68
$[HgY]^{2-}$	6.3×10^{21}	21.79	$[Zn(NH_3)_4]^{2+}$	5.0×10^{8}	8.69
$[PbY]^{2-}$	1.0×10^{18}	18.00	$[Cd(NH_3)_4]^{2+}$	3.6×10^{6}	6.55
$[MnY]^{2-}$	1.0×10^{14}	14.00	$[Zn(CNS)_4]^{2-}$	2.0×10^{1}	1.30
$[FeY]^{2-}$	2.1×10^{14}	14.32	$[Zn(CN)_4]^{2-}$	1.0×10^{16}	16.00
$[CoY]^{2-}$	1.6×10^{16}	16.20	$[Cd(SCN)_4]^{2-}$	1.0×10^{3}	3.00
$[NiY]^{2-}$	4.1×10^{18}	18.61	$[CdCl_4]^{2-}$	3.1×10^{2}	2.49
$[FeY]^{-}$	1.2×10^{25}	25.07	$[CdI_4]^{2-}$	3.0×10^{6}	6.43
$[CoY]^{-}$	1.0×10^{36}	36.00	$[Cd(CN)_4]^{2-}$	1.3×10^{18}	18.11
$[GaY]^{-}$	1.8×10^{20}	20.25	$[Hg(CN)_4]^{2-}$	3.1×10^{41}	41.51
$[InY]^{-}$	8.9×10^{24}	24.94	$[Hg(SCN)_4]^{2-}$	7.7×10^{21}	21.88
$[TlY]^{-}$	3.2×10^{22}	22.51	$[HgCl_4]^{2-}$	1.6×10^{15}	15.20
$[TlHY]$	1.5×10^{23}	23.17	$[HgI_4]^{2-}$	7.2×10^{20}	29.80
$[CuOH]^{+}$	1.0×10^{5}	5.00	$[Co(NCS)_4]^{2-}$	3.8×10^{2}	2.58
$[AgNH_3]^{+}$	2.0×10^{3}	3.30	$[Ni(CN)_4]^{2-}$	1.0×10^{22}	22.00
1∶2			1∶6		
$[Cu(NH_3)_2]^{+}$	7.4×10^{10}	10.87	$[Cd(NH_3)_6]^{2+}$	1.4×10^{6}	6.15
$[Cu(CN)_2]^{-}$	2.0×10^{18}	38.30	$[Co(NH_3)_6]^{2+}$	2.4×10^{4}	4.38
$[Ag(NH_3)_2]^{+}$	1.7×10^{7}	7.24	$[Ni(NH_3)_6]^{2+}$	1.1×10^{8}	8.04
$[Ag(en)_2]^{+}$	7.0×10^{7}	7.84	$[Co(NH_3)_6]^{3+}$	1.4×10^{35}	35.15
$[Ag(NCS)_2]^{-}$	4.0×10^{8}	8.60	$[AlF_6]^{3-}$	6.9×10^{19}	19.84
$[Ag(CN)_2]^{-}$	1.0×10^{21}	21.00	$[Fe(CN)_6]^{3-}$	1.0×10^{24}	24.00
$[Au(CN)_2]^{-}$	2.0×10^{38}	38.30	$[Fe(CN)_6]^{4-}$	1.0×10^{35}	35.00
$[Cu(en)_2]^{2+}$	4.0×10^{19}	19.60	$[Co(CN)_6]^{3-}$	1.0×10^{64}	64.00
$[Ag(S_2O_3)_2]^{3-}$	1.6×10^{13}	13.20	$[FeF_6]^{3-}$	1.0×10^{16}	16.00

注:Y 表示 EDTA 的酸根;en 表示乙二胺。摘自 O.Ⅱ.KpaTHHA CnpaBoyHHK Ⅱ Xumhh 增订四版(1974)。

附录 4 标准电极电势（25 ℃）

元素	电极反应	$E^{\ominus}/V$
Ag	$Ag^+ + e = Ag$	+0.799 9
	$AgBr + e = Ag + Br^-$	+0.071
	$AgCN + e = Ag + CN^-$	−0.017
	$[Ag(CN)_2]^- + e = Ag + 2CN^-$	−0.31
	$Ag_2C_2O_4 + 2e = 2Ag + C_2O_4^{2-}$	+0.47
	$AgCl + e = Ag + Cl^-$	+0.222 3
	$Ag_2CrO_4 + 2e = 2Ag + CrO_4^{2-}$	+0.447
	$AgI + e = Ag + I^-$	−0.153
	$[Ag(NH_3)_2]^+ + e = Ag + 2NH_3$	+0.373
	$AgO + H^+ + e = 0.5Ag_2O + 0.5H_2O$	+1.41
	$Ag_2O + 2H^+ + 2e = 2Ag + H_2O$	+1.17
	$Ag_2O + H_2O + 2e = 2Ag + 2OH^-$	+0.34
	$Ag_2S + 2e = 2Ag + S^{2-}$	−0.71
	$AgSCN + e = Ag + SCN^-$	+0.09
	$Ag_2SO_4 + 2e = 2Ag + SO_4^{2-}$	+0.653
Al	$Al^{3+} + 3e = Al$	−1.66
	$[AlF_6]^{3-} + 3e = Al + 6F^-$	−2.07
	$H_2AlO_3^- + H_2O + 3e = Al + 4OH^-$	−2.35
As	$As + 3H^+ + 3e = AsH_3$	−0.61
	$AsO_4^{3-} + 2H_2O + 2e = AsO_2^- + 4OH^-$	−0.67
	$HAsO_2 + 3H^+ + 3e = As + 2H_2O$	+0.248
	$H_3AsO_4 + 2H^+ + 2e = HAsO_2 + 2H_2O$	+0.56
Au	$Au^{3+} + 2e = Au^+$	+1.41
	$Au^{3+} + 3e = Au$	+1.50
	$[Au(CN)_2]^- + e = Au + 2CN^-$	+0.06
	$AuCl_4^- + 3e = Au + 4Cl^-$	+1.00
	$Au(OH)_3 + 3H^+ + 3e = Au + 3H_2O$	+1.45
B	$BF_4^- + 3e = B + 4F^-$	−1.04
	$H_3BO_3 + 3H^+ + 3e = B + 3H_2O$	−0.87
	$H_2BO_3^- + H_2O + 3e = B + 4OH^-$	−1.79
Ba	$Ba^{2+} + 2e = Ba$	−2.91
Be	$Be^{2+} + 2e = Be$	−1.85
	$Be_2O_3^{2-} + 3H_2O + 4e = 2Be + 6OH^-$	−2.62

续附录 4

元素	电极反应	$E^{\ominus}/V$
Bi	$Bi^{3+}+3e=Bi$	+0.293
	$BiO^++2H^++3e=Bi+H_2O$	+0.32
	$BiO_3^-+6H^++6e=2Bi+3H_2O$	−0.46
	$BiOCl+2H^++3e=Bi+H_2O+Cl^-$	+0.16
	$NaBiO_3+6H^++2e=Bi^{3+}+Na^++3H_2O$	+1.80
Br	$Br_2(g)+2e=2Br^-$	+1.08
	$Br_2(l)+2e=2Br^-$	+1.065
	$HBrO+H^++e=1/2Br_2+H_2O$	+1.6
	$BrO^-+H_2O+2e=Br^-+2OH^-$	+0.76
	$BrO_3^-+6H^++5e=1/2Br_2+3H_2O$	+1.5
Ca	$Ca^{2+}+2e=Ca$	−2.87
Cd	$Cd^{2+}+2e=Cd$	−0.403
	$[Cd(CN)_4]^{2-}+2e=Cd+4CN^-$	−1.09
	$[Cd(NH_3)_4]^{2+}+2e=Cd+4NH_3$	−0.61
Cl	$Cl_2+2e=2Cl^-$	+1.359
	$HClO+H^++e=1/2Cl_2+H_2O$	+1.63
	$HClO+H^++2e=Cl^-+H_2O$	+1.49
	$ClO^-+H_2O+2e=Cl^-+2OH^-$	+0.89
	$ClO_3^-+6H^++5e=0.5Cl_2+3H_2O$	+1.47
	$ClO_3^-+6H^++6e=Cl^-+3H_2O$	+1.45
	$ClO_4^-+2H^++2e=ClO_3^-+H_2O$	+1.19
Co	$Co^{2+}+2e=Co$	−0.29
	$Co^{3+}+e=Co^{2+}$	+1.80
	$[Co(NH_3)_6]^{2+}+2e=Co+6NH_3$	−0.422
	$[Co(NH_3)_6]^{3+}+e=Co(NH_3)_6^{2+}$	+0.1
	$Co(OH)_3+e=Co(OH)_2+OH^-$	+0.17
Cr	$Cr^{2+}+2e=Cr$	−0.86
	$Cr^{3+}+e=Cr^{2+}$	−0.41
	$Cr^{3+}+3e=Cr$	−0.74
	$CrO_4^{2-}+2H_2O+3e=CrO_2^-+4OH^-$	−0.12
	$Cr_2O_7^{2-}+14H^++6e=2Cr^{3+}+7H_2O$	+1.33
	$HCrO_4^-+7H^++3e=Cr^{3+}+4H_2O$	+1.20
Cs	$Cs^++e=Cs$	−2.92

续附录 4

元素	电极反应	$E^{\ominus}/V$
Cu	$Cu^+ + e = Cu$	+0.52
	$CuCl + e = Cu + Cl^-$	+0.171
	$Cu^{2+} + e = Cu^+$	+0.17
	$Cu^{2+} + 2e = Cu$	+0.34
	$Cu^{2+} + 2CN^- + e = Cu(CN)_2^-$	+1.12
	$Cu^{2+} + 2Cl^- + e = [CuCl_2]^-$	+0.438
	$Cu^{2+} + I^- + e = CuI$	+0.86
	$CuI + e = Cu + I^-$	−0.185
	$[Cu(en)_2]^{2+} + e = Cu(en)^+ + en$	−0.35
F	$F_2 + 2e = 2F^-$	+2.87
	$F_2 + 2H^+ + 2e = 2HF$	+0.36
Fe	$Fe^{2+} + 2e = Fe$	−0.44
	$Fe^{3+} + e = Fe^{2+}$	+0.771
	$[Fe(CN)_6]^{3-} + e = [Fe(CN)_6]^{4-}$	+0.55
	$Fe(OH)_3 + 3H^+ + e = Fe^{2+} + 3H_2O$	+0.93
	$Fe(OH)_3 + e = Fe(OH)_2 + OH^-$	−0.56
Ga	$Ga^{3+} + 3e = Ga$	−0.56
Ge	$Ge^{2+} + 2e = Ge$	+0.23
	$Ge^{4+} + 2e = Ge^{2+}$	0.0
	$H_2GeO_2 + 4H^+ + 4e = Ge + 3H_2O$	+0.01
H	$2H^+ + 2e = H_2$	0.000
	$1/2 H_2 + e = H^-$	−2.25
	$2H_2O + 2e = H_2 + 2OH^-$	−0.828
Hg	$Hg^{2+} + 2e = Hg$	+0.854
	$Hg_2^{2+} + 2e = 2Hg$	+0.792
	$2Hg^{2+} + 2e = Hg_2^{2+}$	+0.907
	$Hg_2Br_2 + 2e = 2Hg + 2Br^-$	+0.1398
	$[Hg(CN)_4]^{2-} + 2e = Hg + 4CN^-$	−0.37
	$Hg_2Cl_2 + 2e = 2Hg + 2Cl^-$	+0.268
	$2HgCl_2 + 2e = Hg_2Cl_2 + 2Cl^-$	+0.63
	$[HgCl_2]^{2-} + 2e = Hg + 4Cl^-$	+0.48
	$Hg_2I_2 + 2e = 2Hg + 2I^-$	−0.040

续附录 4

元素	电极反应	$E^{\ominus}/V$
I	$I_2(aq)+2e=2I^-$	+0.621
	$I_2(s)+2e=2I^-$	+0.535
	$HIO+H^++2e=I^-+H_2O$	+0.99
	$2HIO+2H^++2e=I_2+2H_2O$	+1.45
	$IO_3^-+5H^++4e=HIO+2H_2O$	+1.14
	$IO_3^-+6H^++5e=1/2I_2+3H_2O$	+1.19
K	$K^++e=K$	−2.925
Li	$Li^++e=Li$	−3.03
Mg	$Mg^{2+}+2e=Mg$	−2.37
	$Mg(OH)_2+2e=Mg+2OH^-$	−2.69
Mn	$Mn^{2+}+2e=Mn$	−1.17
	$MnO_2+4H^++2e=Mn^{2+}+2H_2O$	+1.23
	$MnO_4^-+e=MnO_4^{2-}$	+0.57
	$MnO_4^-+4H^++3e=MnO_2+2H_2O$	+1.68
	$MnO_4^-+8H^++5e=Mn^{2+}+4H_2O$	+1.51
	$MnO_4^-+2H_2O+3e=MnO_2+4OH^-$	+0.588
	$Mn(OH)_2+2e=Mn+2OH^-$	−1.55
Mo	$MoO_4^{2-}+4H_2O+6e=Mo+8OH^-$	−1.05
	$H_2MoO_4(aq)+2H^++e=MoO_2^++2H_2O$	+0.48
N	$HNO_2+H^++e=NO+H_2O$	+0.98
	$NO_3^-+2H^++e=NO_2+H_2O$	+0.80
	$NO_3^-+3H^++2e=HNO_2+H_2O$	+0.94
	$NO_3^-+4H^++3e=NO+2H_2O$	+0.96
	$NO_3^-+H_2O+2e=NO_2^-+2OH^-$	+0.01
Na	$Na^++e=Na$	−2.713
Ni	$Ni^{2+}+2e=Ni$	−0.25
	$[Ni(NH_3)_6]^{2+}+2e=Ni+6NH_3$	−0.48
	$Ni(OH)_2+2e=Ni+2OH^-$	−0.72
	$Ni(OH)_3+e=Ni(OH)_2+OH^-$	+0.48
	$Ni(OH)_3+3H^++e=Ni^{2+}+3H_2O$	+2.08

续附录 4

元素	电极反应	$E^{\ominus}/V$
O	$O_2+2H^++2e=H_2O_2$	+0.69
	$O_2+4H^++4e=2H_2O$	+1.229
	$O_2+H_2O+2e=HO_2^-+OH^-$	−0.076
	$O_2+2H_2O+4e=4OH^-$	+0.401
	$H_2O_2+2e=2OH^-$	+0.88
	$H_2O_2+2H^++2e=2H_2O$	+1.77
	$O_3+2H^++2e=O_2+H_2O$	+2.07
	$O_3+H_2O+2e=O_2+2OH^-$	+1.24
P	$P(白磷)+3H^++3e=H_3P$	+0.06
	$H_3PO_3+2H^++2e=H_3PO_2+H_2O$	−0.50
	$H_3PO_4+2H^++2e=H_3PO_3+H_2O$	−0.28
Pb	$Pb^{2+}+2e=Pb$	−0.126
	$PbBr_2+2e=Pb+2Br^-$	−0.274
	$PbCl_2+2e=Pb+2Cl^-$	−0.266
	$PbI_2+2e=Pb+2I^-$	−0.364
	$PbO_2+2H^++2e=PbO+H_2O$	+0.28
	$PbO_2+4H^++2e=Pb^{2+}+2H_2O$	+1.455
	$PbO_2+SO_4^{2-}+4H^++2e=PbSO_4+2H_2O$	+1.69
	$PbSO_4+2e=Pb+SO_4^{2-}$	−0.356
Pt	$Pt^{2+}+2e=Pt$	+1.2
	$[PtCl_4]^{2-}+2e=Pt+4Cl^-$	+0.73
	$[PtCl_6]^{2-}+2e=[PtCl_4]^{2-}+2Cl^-$	+0.73
	$Pt(OH)_2+2H^++2e=Pt+2H_2O$	+0.98
Rb	$Rb^++e=Rb$	−2.93
S	$S+2e=S^{2-}$	−0.48
	$2S+2e=S_2^{2-}$	−0.43
	$S+2H^++2e=H_2S(g)$	+0.14
	$2SO_2(aq)+2H^++4e=S_2O_3^{2-}+H_2O$	+0.40
	$SO_3^{2-}+3H_2O+4e=S+6OH^-$	−0.66
	$2SO_3^{2-}+2H_2O+2e=S_2O_4^{2-}+4OH^-$	−1.12
	$2SO_3^{2-}+3H_2O+4e=S_2O_3^{2-}+6OH^-$	−0.58
	$SO_4^{2-}+4H^++2e=SO_2(aq)+2H_2O$	+0.17
	$SO_4^{2-}+H_2O+2e=SO_3^{2-}+2OH^-$	−0.93
	$S_2O_8^{2-}+2e=2SO_4^{2-}$	+2.0
	$S_4O_6^{2-}+2e=2S_2O_3^{2-}$	+0.09

续附录 4

元素	电极反应	$E^{\ominus}/V$
Sb	$Sb+3H^++3e=SbH_3$	-0.51
	$SbO^++2H^++3e=Sb+H_2O$	$+0.21$
	$Sb_2O_3+6H^++6e=2Sb+3H_2O$	$+0.15$
	$Sb_2O_5+4H^++4e=Sb_2O_3+2H_2O$	$+0.69$
	$Sb_2O_5+6H^++4e=2SbO^++3H_2O$	$+0.58$
Sc	$Sc^{3+}+3e=Sc$	-2.1
Se	$Se+2e=Se^{2-}$	-0.77
	$Se+2H^++2e=H_2Se$	-0.40
	$SeO_4^{2-}+4H^++2e=H_2SeO_3+H_2O$	$+1.15$
Si	$Si+4H^++4e=SiH_4(g)$	$+0.10$
	$[SiF_6]^{2-}+4e=Si+6F^-$	-1.2
	$SiO_2+4H^++4e=Si+2H_2O$	-0.86
Sn	$Sn^{2+}+2e=Sn$	-0.14
	$Sn^{4+}+2e=Sn^{2+}$	$+0.154$
	$[SnCl_4]^{2-}+2e=Sn+4Cl^-$	-0.19
	$[SnCl_5]^{2-}+2e=SnCl_4^{2-}+2Cl^-$	$+0.14$
	$HSnO_2^-+H_2O+2e=Sn+3OH^-$	-0.91
	$[Sn(OH)_6]^{2-}+2e=HSnO_2^-+H_2O+3OH^-$	-0.93
Sr	$Sr^{2+}+2e=Sr$	-2.89
Ti	$Ti^{2+}+2e=Ti$	-1.63
	$Ti^{3+}+e=Ti^{2+}$	-0.37
	$Ti^{4+}+e=Ti^{3+}$	-0.09
	$[TiF_6]^{2-}+4e=Ti+6F^-$	-1.24
	$TiO^{2+}+2H^++e=Ti^{3+}+H_2O$	$+0.1$
	$TiO_2+4H^++4e=Ti+2H_2O$	-0.86
Tl	$Tl^++e=Tl$	-0.336
	$Tl^{3+}+2e=Tl^+$	$+1.26$
V	$V^{2+}+2e=V$	约-1.2
	$V^{3+}+e=V^{2+}$	-0.255
	$VO^{2+}+2H^++e=V^{3+}+H_2O$	$+0.34$
W	$WO_2+4H^++4e=W+2H_2O$	-0.12
	$2WO_3+2H^++2e=W_2O_5+H_2O$	-0.03
	$WO_3(s)+6H^++6e=W+3H_2O$	-0.09
	$WO_4^{2-}+4H_2O+6e=W+8OH^-$	-1.01
	$W_2O_5+2H^++2e=2WO_2+H_2O$	-0.04

续附录 4

元素	电极反应	$E^{\ominus}/V$
Zn	$Zn^{2+}+2e=Zn$	-0.7623
	$[Zn(CN)_4]^{2-}+2e=Zn+4CN^-$	-1.26
	$[Zn(NH_3)_4]^{2+}+2e=Zn+4NH_3$	-1.04
	$ZnO_2^{2-}+2H_2O+2e=Zn+4OH^-$	-1.215

注:摘自 J. A. Dean. Lange's Hendbook of Chemistry. 13th Ed. 1985.

附录5 常见离子与化合物的颜色

一、离子

1. 无色离子

Na^+、K^+、NH_4^+、Mg^{2+}、Ca^{2+}、Sr^{2+}、Ba^{2+}、Al^{3+}、Sn^{2+}、Sn^{4+}、Pb^{2+}、Bi^{3+}、Ag^+、Zn^{2+}、Cd^{2+}、Hg_2^{2+}、Hg^{2+} 等阳离子。

$B(OH)_4^-$、$B_4O_7^{2-}$、$C_2O_4^{2-}$、Ac^-、CO_3^{2-}、SiO_3^{2-}、NO_3^-、NO_2^-、PO_4^{3-}、AsO_3^{3-}、AsO_4^{3-}、$[SbCl_6]^{3-}$、$[SbCl_6]^-$、SO_3^{2-}、SO_4^{2-}、S^{2-}、$S_2O_3^{2-}$、F^-、Cl^-、ClO_3^-、Br^-、BrO_3^-、I^-、SCN^-、$[CuCl_2]^-$、TiO^{2+}、VO_3^-、VO_4^{3-}、MoO_4^{2-}、WO_4^{2-} 等阴离子。

2. 有色离子

离子	$[Cu(H_2O)_4]^{2+}$	$[CuCl_4]^{2-}$	$[Cu(NH_3)_4]^{2+}$
颜色	浅蓝色	黄色	深蓝色
离子	$[Ti(H_2O)_6]^{3+}$	$[Ti(H_2O)_4]^{2+}$	$[TiO(H_2O_2)]^{2+}$
颜色	紫色	绿色	枯黄色
离子	$[V(H_2O)_6]^{2+}$	$[V(H_2O)_6]^{3+}$	VO^{2+}
颜色	紫色	绿色	蓝色
离子	VO_2^+	$[VO_2(O_2)_2]^{3-}$	$[V(O_2)]^{3+}$
颜色	浅黄色	黄色	深红色
离子	$[Cr(H_2O)_6]^{2+}$	$[Cr(H_2O)_6]^{3+}$	$[Cr(H_2O)_5Cl]^{2+}$
颜色	蓝色	紫色	浅绿色
离子	$[Cr(H_2O)_4Cl_2]^+$	$[Cr(NH_3)_2(H_2O)_4]^{3+}$	$[Cr(NH_3)_3(H_2O)_3]^{3+}$
颜色	暗绿色	紫红色	浅红色
离子	$[Cr(NH_3)_4(H_2O)_2]^{3+}$	$[Cr(NH_3)_5(H_2O)]^{3+}$	$[Cr(NH_3)_6]^{3+}$
颜色	橙红色	橙黄色	黄色
离子	CrO_2^-	CrO_4^{2-}	$Cr_2O_7^{2-}$
颜色	绿色	黄色	橙色
离子	$[Mn(H_2O)_6]^{2+}$	MnO_4^{2-}	MnO_4^-
颜色	肉色	绿色	紫红色
离子	$[Fe(H_2O)_6]^{2+}$	$[Fe(H_2O)_6]^{3+}$	$[Fe(CN)_6]^{4-}$
颜色	浅绿色	淡紫色	黄色
离子	$[Fe(CN)_6]^{3-}$	$[Fe(NCS)_n]^{3-n}$	$[Co(H_2O)_6]^{2+}$
颜色	浅枯黄色	血红色	粉红色
离子	$[Co(NH_3)_6]^{2+}$	$[Co(NH_3)_6]^{3+}$	$[CoCl(NH_3)_5]^{2+}$
颜色	黄色	橙黄色	红紫色
离子	$[Co(NH_3)_5(H_2O)]^{3+}$	$[Co(NH_3)_4CO_3]^+$	$[Co(CN)_6]^{3-}$
颜色	粉红色	紫红色	紫色
离子	$[Co(SCN)_4]^{2-}$	$[Ni(H_2O)_6]^{2+}$	$[Mn(NH_3)_6]^{2+}$
颜色	蓝色	亮绿色	蓝色
离子	I_3^-		
颜色	浅棕黄色		

二、化合物

1. 氧化物

化合物	CuO	Cu$_2$O	Ag$_2$O	ZnO	CdO	Hg$_2$O
颜色	黑色	暗红色	暗棕色	白色	棕红色	黑褐色
化合物	HgO	TiO$_2$	VO	V$_2$O$_3$	VO$_2$	V$_2$O$_5$
颜色	红色或黄色	白色	亮灰色	黑色	深蓝色	红棕色
化合物	Cr$_2$O$_3$	CrO$_3$	MnO$_2$	MoO$_2$	WO$_2$	FeO
颜色	绿色	红色	棕褐色	铅灰色	棕红色	黑色
化合物	Fe$_2$O$_3$	Fe$_3$O$_4$	CoO	Co$_2$O$_3$	NiO	Ni$_2$O$_3$
颜色	砖红色	黑色	灰绿色	黑色	暗绿色	黑色
化合物	PbO	Pb$_3$O$_4$				
颜色	黄色	红色				

2. 氢氧化物

氢氧化物	Zn(OH)$_2$	Pb(OH)$_2$	Mg(OH)$_2$	Sn(OH)$_2$	Sn(OH)$_4$	Mn(OH)$_2$
颜色	白色	白色	白色	白色	白色	白色
氢氧化物	Fe(OH)$_2$	Fe(OH)$_3$	Cd(OH)$_2$	Al(OH)$_3$	Bi(OH)$_3$	Sb(OH)$_3$
颜色	白色	红棕色	白色	白色	白色	白色
氢氧化物	Cu(OH)$_2$	Cu(OH)	Ni(OH)$_2$	Ni(OH)$_3$	Co(OH)$_2$	Co(OH)$_3$
颜色	浅蓝色	黄色	浅绿色	黑色	粉红色	褐棕色
氢氧化物	Cr(OH)$_3$					
颜色	灰绿色					

3. 氯化物

氯化物	AgCl	Hg$_2$Cl$_2$	PbCl$_2$	CuCl	CuCl$_2$	CuCl$_2\cdot$2H$_2$O
颜色	白色	白色	白色	白色	棕色	蓝色
氯化物	Hg(NH$_2$)Cl	CoCl$_2$	CoCl$_2\cdot$H$_2$O	CoCl$_2\cdot$2H$_2$O	CoCl$_2\cdot$6H$_2$O	FeCl$_3\cdot$6H$_2$O
颜色	白色	蓝色	蓝紫色	紫红色	粉红色	黄棕色
氯化物	TiCl$_3\cdot$6H$_2$O	TiCl$_2$				
颜色	紫色或绿色	黑色				

4. 溴化物

溴化物	AgBr	AsBr	CuBr$_2$
颜色	淡黄色	浅黄色	黑紫色

5. 碘化物

碘化物	AgI	Hg_2I_2	HgI_2	PbI_2	CuI	SbI_3	BiI_3	TiI_4
颜色	黄色	黄绿色	红色	黄色	白色	红黄色	绿黑色	暗棕色

6. 卤酸盐

卤酸盐	$Ba(IO_3)_2$	$AgIO_3$	$KClO_4$	$AgBrO_3$
颜色	白色	白色	白色	白色

7. 硫化物

硫化物	Ag_2S	HgS	PbS	CuS	Cu_2S	FeS
颜色	灰黑色	红色或黑色	黑色	黑色	黑色	棕黑色
硫化物	Fe_2S_3	CoS	NiS	Bi_2S_3	SnS	SnS_2
颜色	黑色	黑色	黑色	黑褐色	褐色	金黄色
硫化物	CdS	Sb_2S_3	Sb_2S_5	MnS	ZnS	As_2S_3
颜色	黄色	橙色	橙红色	肉色	白色	黄色

8. 硫酸盐

硫酸盐	Ag_2SO_4	Hg_2SO_4	$PbSO_4$	$CaSO_4 \cdot 2H_2O$	$SrSO_4$
颜色	白色	白色	白色	白色	白色
硫酸盐	$BaSO_4$	$[Fe(NO)]SO_4$	$Cu_2(OH)_2SO_4$	$CuSO_4 \cdot 5H_2O$	$CuSO_4 \cdot 7H_2O$
颜色	白色	深棕色	浅蓝色	蓝色	红色
硫酸盐	$Cu_2(SO_4)_3 \cdot 6H_2O$	$Cu_2(SO_4)_3$	$Cu_2(SO_4)_3 \cdot 18H_2O$	$KCr(SO_4)_2 \cdot 12H_2O$	
颜色	绿色	蓝色或红色	蓝紫色	紫色	

9. 碳酸盐

碳酸盐	Ag_2CO_3	$CaCO_3$	$SrCO_3$	$BaCO_3$	$MnCO_3$
颜色	白色	白色	白色	白色	白色
碳酸盐	$CdCO_3$	$Zn_2(OH)_2CO_3$	$BiOHCO_3$	$Hg_2(OH)_2CO_3$	$Co_2(OH)_2CO_3$
颜色	白色	白色	白色	红褐色	白色
碳酸盐	$Cu_2(OH)_2CO_3$	$Ni_2(OH)_2CO_3$			
颜色	暗绿色	浅绿色			

10. 磷酸盐

磷酸盐	Ca_3PO_4	$CaHPO_3$	$Ba_3(PO_4)$	$FePO_4$	Ag_3PO_4	NH_4MgPO_4
颜色	白色	白色	白色	浅黄色	黄色	白色

11. 铬酸盐

铬酸盐	Ag_2CrO_4	$PbCrO_4$	$BaCrO_4$	$FeCrO_4 \cdot 2H_2O$
颜色	砖红色	黄色	黄色	黄色

12. 硅酸盐

硅酸盐	$BaSiO_3$	$ZnSiO_3$	$CuSiO_3$	$CoSiO_3$	$Fe_2(SiO_3)_3$	$MnSiO_3$	$NiSiO_3$
颜色	白色	白色	蓝色	紫色	棕红色	肉色	翠绿色

13. 草酸盐

草酸盐	CaC_2O_4	$Ag_2C_2O_4$	$FeC_2O_4 \cdot 2H_2O$
颜色	白色	白色	黄色

14. 类卤化合物

类卤化合物	$AgCN$	$Ni(CN)_2$	$Cu(CN)_2$	$CuCN$	$AgSCN$	$Cu(SCN)_2$
颜色	白色	浅绿色	浅棕黄色	白色	白色	黑绿色

15. 其他含氧酸盐

含氧酸盐	NH_4MgAsO_4	Ag_3AsO_4	$Ag_2S_2O_3$	$BaSO_3$	$SrSO_3$
颜色	白色	红褐色	白色	白色	白色

16. 其他化合物

化合物	$Fe^{III}[Fe^{II}(CN)_6]_3 \cdot 2H_2O$	$Cu_2[Fe(CN)_6]$	$Ag_3[Fe(CN)_6]$
颜色	蓝色	红褐色	橙色
化合物	$Zn_3[Fe(CN)_6]_2$	$Co_2[Fe(CN)_6]$	$Ag_4[Fe(CN)_6]$
颜色	黄褐色	绿色	白色
化合物	$Zn_2[Fe(CN)_6]$	$K_3[Co(NO_2)_6]$	$K_2Na[Co(NO_2)_6]$
颜色	白色	黄色	黄色
化合物	$(NH_4)_2Na[Co(NO_2)_6]$	$NaAc \cdot Zn(Ac)_2 \cdot 3[UO_2(Ac)_2] \cdot 9H_2O$	$KHC_4H_4O_6$
颜色	黄色	黄色	白色
化合物	$Na[Sb(OH)_6]$	$Na_2[Fe(CN)_5NO] \cdot 2H_2O$	$K_2[PtCl_6]$
颜色	白色	红色	黄色
化合物	$[HgI_4]^{2-}+NH_4^+$ 反应，OH^- 过量的产物	$[HgI_4]^{2-}+NH_4^+$ 反应，OH^- 适量的产物	$(NH_4)_2MoS_4$
颜色	红棕色	深褐色或红棕色	血红色

附录6 常见离子鉴定方法

一、碱金属、碱土金属离子的鉴定

离子	步骤	现象	反应式
Na^+	$NaCl+KSb(OH)_6$	白色晶型沉淀	$Na^+ +Sb(OH)_6^- =NaSb(OH)_6(s)$
K^+	$KCl+NaB(C_6H_5)_4$	白色晶型沉淀	$K^+ +[B(C_6H_5)_4]^- =KB(C_6H_5)_4(s)$
Mg^{2+}	$MgCl_2+NaOH+$镁试剂	先生成白色 $Mg(OH)_2$，后生成蓝色沉淀。	（略）
Ca^{2+}	$CaCl_2+(NH_4)_2C_2O_4+HAc$	白色沉淀，不溶于 HAc	$Ca^{2+}+C_2O_4^{2-}=CaC_2O_4(s)$
Ba^{2+}	$BaCl_2+HAc-NaAc+K_2CrO_4$	黄色沉淀	$Ba^{2+}+CrO_4^{2-}=BaCrO_4(s)$

二、P 区和 ds 区部分金属离子的鉴定

离子	步骤	现象	反应式
Al^{3+}	$+H_2O+HAc+0.1\%$铝试剂$+$氨水	水浴加热，有红色絮状沉淀	（略）
Sn^{2+}	$+HgCl_2$	沉淀由白色变为灰色、黑色	（略）
Pb^{2+}	$+K_2CrO_4+NaOH$	先有黄色沉淀，后沉淀溶解	$PbCrO_4+3OH^-=[Pb(OH)_3]^- +CrO_4^{2-}$
Sb^{3+}	$+$浓 $HCl+NaNO_2+$苯$+$罗丹明 B	苯层呈紫色	（略）
Bi^{3+}	$+2.5\%$硫脲	鲜黄色配合物	（略）
Cu^{2+}	$+HAc+K_4[Fe(CN)_6]$	红棕色沉淀	$2Cu^{2+}+[Fe(CN)_6]^{4-}=Cu_2[Fe(CN)_6](s)$
Ag^+	$+HCl+$氨水$+HNO_3$	白色沉淀,溶解,生成沉淀	（略）
Zn^{2+}	$+HAc+(NH_4)_2[Hg(SCN)_4]$	白色沉淀	$Zn^{2+}+[Hg(SCN)_4]^{2-}=Zn[Hg(SCN)_4]$白
Cd^{2+}	$+Na_2S$	亮黄色沉淀	$Cd^{2+}+S^{2-}=CdS(s)$
Hg^{2+}	$+SnCl_2$	沉淀由白色变为灰色	（略）

附录7 常用酸碱浓度

试剂名称	密度/(g·cm^{-3})	质量分数/(%)	摩尔浓度/(mol·dm^{-3})	试剂名称	密度/(g·cm^{-3})	质量分数/(%)	摩尔浓度/(mol·dm^{-3})
浓硫酸	1.84	98	18	氢溴酸	1.38	40	7
稀硫酸		9	2	氢碘酸	1.70	57	7.5
浓盐酸	1.19	38	12	冰醋酸	1.05	99	17.5
稀盐酸		7	2	稀醋酸	1.04	30	5
浓硝酸	1.41	68	16	稀醋酸		12	2
稀硝酸	1.2	32	6	浓氢氧化钠	1.44	~41	~14.4
稀硝酸		12	2	稀氢氧化钠		8	2
浓磷酸	1.7	85	14.7	浓氨水	0.91	~28	14.8
稀磷酸	1.05	9	1	稀氨水		3.5	2
浓高氯酸	1.67	70	11.6	氢氧化钙水溶液		0.15	
稀高氯酸	1.12	19	2	氢氧化钡水溶液		2	~0.1
浓氢氟酸	1.13	40	23				

附录8 某些试剂配制

试剂	浓度 /mol·dm^{-3}	配制方法
格里斯试剂		①在加热下溶解0.5 g对-氨基苯磺酸于50 cm^3 30%HAc中,贮于暗处保存;②将0.4 gα-奈胺与100 cm^{3}水混合煮沸,在从蓝色渣滓中倾出的无色溶液中加入6 cm^3 80%HAc。使用前将①②两液体等体积混合
打萨宗(二苯缩氨硫脲)		溶解0.1 g打萨宗于1 dm^3 CCl$_4$或CHCl$_3$中
甲基红		每1 dm^3 60%乙醇中溶解2 g
甲基橙	0.1%	每1 dm^{3}水中溶解1 g
酚酞		每1 dm^3 90%乙醇中溶解1 g
溴甲酚蓝(溴甲酚绿)		0.1 g该指示剂与2.9 cm^3 0.05 mol·dm^{-3} NaOH一起搅匀,用水稀释至250 cm^{3}或每1 dm^3 20%乙醇中溶解1 g该指示剂
石蕊		2 g石蕊溶于50 cm^{3}水中,静置一昼夜后过滤,在滤液中加30 cm^3 95%乙醇,再加水稀释至100 cm^3
氯水		在水中通入氯气直至饱和,该溶液使用时临时配制
溴水		在水中滴入液溴至饱和
碘液	0.01	溶解1.3 g碘和5 gKI于尽可能少量的水中,加水稀释至1 dm^3
品红溶液		0.01%的水溶液
淀粉溶液	0.2%	将0.2 g淀粉和少量冷水调成糊状,倒入100 cm^{3}沸水中,煮沸后冷却即可
NH$_3$-NH$_4$Cl 缓冲溶液		20 gNH$_4$Cl溶于适量水中,加入100 cm^{3}氨水(密度0.9 g·cm^{-3}),混合后稀释至1 dm^3,即pH=10的缓冲溶液
(NH$_4$)$_6$Mo$_7$O$_{24}$·4H$_2$O	0.1	溶解124 g(NH$_4$)$_6$Mo$_7$O$_{24}$·4H$_2$O于1 dm^{3}水中,将所得溶液倒入1 dm^3 6 mol·dm^{-3} HNO$_3$中,放置24h,取其澄清溶液
(NH$_4$)$_2$S	3	取一定量氨水,将其平均分配成两份,把其中一份通入H$_2$S至饱和,而后与另一份氨水混合
K$_3$[Fe(CN)$_6$]		取铁氰化钾约0.7~1 g溶解于水中,稀释至100 cm^3(使用前临时配制)
铬黑T		将铬黑T和烘干的NaCl按1:100的比例研细均匀混合,贮于棕色瓶中
二苯胺		将1 g二苯胺在搅拌下溶于100 cm^{3}密度1.84 g·cm^{-3}硫酸或100 cm^3 1.7 g·cm^{-3}磷酸中(该溶液可保存较长时间)
镍试剂		溶解10 g镍试剂于1 dm^3 95%的酒精中
镁试剂		溶解0.01 g镁试剂于1 dm^3 1 mol·dm^{-3}的NaOH溶液中
铝试剂		1 g铝试剂溶于1 mol·dm^{-3}水中
镁铵试剂		将100 gMgCl$_2$·6H$_2$O和100 gNH$_4$Cl溶于水中,加50 cm^{3}浓氨水,用水稀释至1 dm^3

续附录 8

试剂	浓度 /mol·dm^{-3}	配制方法
奈氏试剂		溶解 115 g HgI 和 80 g KI 于水中,稀释至 500 cm³,加入 500 cm³ 的 6 mol·dm^{-3} NaOH 溶液,静置后取其清液,保存在棕色瓶中
Na$_2$[Fe(CN)$_5$NO]		10 g 亚硝酰铁氰酸钠溶解于 100 cm³ H$_2$O 中,保存在棕色瓶中,如果溶液变绿就不能用了
BiCl$_3$	0.1	溶解 31.6 g BiCl$_3$ 于 330 cm³ 的 6 mol·dm^{-3} HCl 中,加水稀释至 1 dm³
SbCl$_3$	0.1	溶解 22.8 g SbCl$_3$ 于 330 cm³ 的 6 mol·dm^{-3} HCl 中,加水稀释至 1 dm³
SnCl$_2$	0.1	溶解 22.6 g 的 SnCl$_2$·2H$_2$O 于 330 cm³ 的 6 mol·dm^{-3} HCl 中,加水稀释至 1 dm³,加入数粒纯锡,以防氧化
Hg(NO$_3$)$_2$	0.1	溶解 33.4 Hg(NO$_3$)$_2$·1/2H$_2$O 于 0.6 mol·dm^{-3} HNO$_3$ 中,加水稀释至 1 dm³
Hg$_2$(NO$_3$)$_2$	0.1	溶解 56.1 Hg$_2$(NO$_3$)$_2$·1/2H$_2$O 于 0.6 mol·dm^{-3} HNO$_3$ 中,加水稀释至 1 dm³,并加入少许金属汞
(NH$_4$)$_2$CO$_3$	1	96 g 研细的 (NH$_4$)$_2$CO$_3$ 溶于 1 dm³ 2 mol·dm^{-3} 氨水
(NH$_4$)$_2$SO$_4$	饱和	50 g (NH$_4$)$_2$SO$_4$ 溶于 100 cm³ 热水,冷却后过滤
FeSO$_4$	0.5	溶解 69.5 g FeSO$_4$·7H$_2$O 于适量水中,加入 5 cm³ 18 mol·dm^{-3} H$_2$SO$_4$,用水稀释至 1 dm³,置入小铁钉数枚
Na[Sb(OH)$_6$]	0.1	溶解 12.2 g 锑粉于 50 cm³ 浓 HNO$_3$ 微热,使锑粉全部作用成白色粉末,用倾析法洗涤数次,然后加入 50 cm³ 的 6 mol·dm^{-3} NaOH 使之溶解,稀释至 1 dm³
Na$_3$[Co(NO$_2$)$_6$]		溶解 230 g NaNO$_2$ 于 500 cm³ 水中,加入 165 cm³ 的 6 mol·dm^{-3} HAc 和 30 g Co(NO$_3$)$_2$·6H$_2$O 放置 24h,取其清液,稀释至 1 dm³,保存在棕色瓶中。此溶液应呈橙色,若变成红色,表示已分解,应重新配制
Na$_2$S	2	溶解 240 g Na$_2$S·9H$_2$O 和 40 g NaOH 于水中,稀释至 1 dm³

附录9 配伍禁忌化学品一览表

化学物质	配伍禁忌	备注
氧化剂（卤素、过硫酸铵、过氧化氢、重铬酸钾、高锰酸钾、高氯酸、硝酸铵）	还原剂（氨水、碳、金属、磷、硫磺）、有机物	氧化剂和还原剂,氧化剂与某些有机物发生强烈的化学反应,可能导致火灾或爆炸
氧化剂	可燃物	混触发火
无机酸（高氯酸、硝酸、铬酸）	有机酸（乙酸、蚁酸、苦味酸、丙烯酸）	具有氧化性的无机酸与有机物发生化学反应,增加燃烧率,与氧气接触产生燃烧反应
酸	氰化钾、硫化钠、亚硝酸盐、亚硫酸盐等	与酸反应产生有毒气体
硝酸	胺类	混触发火
高氯酸	金属、易燃物质、乙酸酐、铋、铋合金、有机物	高温时为强氧化剂,与金属、木材以及其他易燃物质发生化学反应,形成易爆炸化合物
黄磷	空气、火、还原剂	燃烧
氰化物	酸	产生有毒气体氰化氢
乙酸	铬酸、硝酸、羟基化合物、胺类、高氯酸、过氧化物、高锰酸盐	
碱金属及碱土金属	水、二氧化碳、四氯化碳及其他氯化烃类、卤素	
铬酸及三氧化铬	乙酸、萘、樟脑、丙三醇（甘油）、酒精、易燃液体	
硝酸铵	酸、金属粉末、硫磺、易燃液体、氯酸盐、亚硝酸盐、可燃物	
过氧化氢	铜、铬、铁,大多数金属及其盐类,任何易燃液体、可燃物、胺类、硝基甲烷	
过氧化钠	还原剂,如:甲醇、冰乙酸、乙酸酐、苯甲醛、二硫化碳、丙三醇（甘油）、乙酸乙酯、呋喃、甲醛等	
有机过氧化物	酸类（有机及无机）	防止摩擦,贮于阴凉处
乙酸	铬酸、硝酸、羟基化合物、胺类、高氯酸、过氧化物、高锰酸盐	

续附录 9

化学物质	配伍禁忌	备注
高锰酸钾	甘油、乙二醇、苯甲醛及其他有机物、硫酸	
氯酸钾(钠)	酸、铵类、金属粉末、硫磺、有机物、红磷	生成对冲击、摩擦敏感的爆炸物
氧化钙(生石灰)	水	
五氧化二磷	水	
氟	与所有试剂隔离	
溴	氨、乙炔、丁二烯、丁烷甲烷、丙烷、氢气、碳化钠、苯、金属粉末	
碘	乙炔、氨气及氨水、甲醇	
活性炭	次氯酸钙(漂白粉)、氧化剂	
乙炔	氟、氯、溴、铜、银、汞	生成对冲击、摩擦敏感的铜盐
苦味酸(三硝基苯酚)	铅等金属、金属盐	生成对冲击、摩擦敏感的铅盐;必须储存在潮湿、凉爽的地方
丙酮	浓硫酸和浓硝酸的混合物,氟、氯、溴	
易燃液体	硝酸铵、铬酸、过氧化氢、过氧化钠、硝酸、卤素	
碳水化合物	氟、氯、溴、铬酸、过氧化钠	
甲醛、乙醛	酸类、碱类、胺类、氧化剂	
肼	过氧化氢、硝酸,氧化剂	
砷及砷化物	还原剂	

附录10 常见危险废弃物的处置方法

危险废弃物种类	处置方法
碱金属氢化物、氨化物和钠屑	将其悬浮在干燥的四氢呋喃中,在搅拌下,慢慢滴加乙醇或异丙醇至不再放出氢气为止,再慢慢加水至溶液澄清后,用水冲入下水道
硼氢化钠(钾)	甲醇溶解后,以水充分稀释,再加酸并放置。此时有剧毒硼烷产生,故所有操作须在通风橱内进行,其废酸液用碱中和后放入下水道
酰氯、酸酐、三氯氧磷、五氯化磷、氯化亚砜、硫酰氯、五氧化二磷	在搅拌下加到大量水中,P_2O_5 加到大量水中后,再用碱中和,冲走
催化剂(Ni、Cu、Fe、贵金属等),或沾有这些催化剂的滤纸、塞内塑料垫等	因这些催化剂干燥时常易燃,抽滤时也不能完全抽干,绝不能丢入废物缸中,1 g 以下少量废物可用大量水冲走。量大时应密封在容器中,贴好标签,统一埋深地下
氯气、液溴、二氧化硫	用 NaOH 溶液吸收,中和后冲走
氯磺酸、浓硫酸、浓盐酸、发烟硫酸	在搅拌下,滴加到大量冰或冰水中,用碱中和后冲走
硫酸二甲酯	在搅拌下加到稀 NaOH 或氨水中,中和后冲走
硫化氢、硫醇、硫酚、HCl、HBr、HCN、PH_3、硫化物或氰化物溶液	用 NaClO 氧化,1 mol 硫醇约需 2 dm^3 NaClO 溶液(含 17% Cl,9 mol "活性氯");1 mol 氰化物约需 0.4 dm^3 NaClO 溶液,用亚硝酸盐试纸试验,证实 NaClO 已过量时(pH>7),用水冲走
重金属及其盐类	使形成难溶的沉淀(如碳酸盐、氢氧化物、硫化物等),封装后埋深
氢化铝锂	悬浮在干燥的四氢呋喃中,小心滴加乙酸乙酯,如反应剧烈,应适当冷却,再加水至氢气不再释出为止,废液用稀 HCl 中和后冲走
汞	尽量收集泼散的汞粒;汞盐溶液可沉淀为 HgS,过滤后集中深埋
有机锂化物	溶于四氢呋喃中,慢慢加入乙醇至不再有氢气放出,然后加水稀释,最后加稀 HCl 至溶液变清,冲走
过氧化物溶液和过氧酸溶液、光气(或在有机溶剂中的溶液,卤代烃溶剂除外)	在酸性水溶液中,用 Fe(Ⅱ)盐或二硫化物将其还原,中和后冲走
钾	一小粒一小粒地加到干燥的叔丁醇中,再小心加入无甲醇的乙醇,搅拌,促使其全溶,用稀酸中和后冲走
钠	小块分次加入到乙醇或异丙醇中,待其溶解后,慢慢加水至澄清,用稀 HCl 中和后冲走
三氧化硫	通入浓硫酸中,再用浓硫酸加以销毁

主要参考文献

黄涛,张明通,2011.无机化学实验[M].2版.武汉:武汉大学出版社.

郎建平,卞国庆,贾定先,2018.无机化学实验[M].3版.南京:南京大学出版社.

刘永辉,1987.电化学测试技术[M].北京:北京航空学院出版社.

刘云华,殷彩霞,张仙,2011,等.大环配合物[Ni((14)4,11-二烯-N_4)]I_2和[Co((14)4,11-二烯-N_4)]I_2的合成[J].化学与生物工程(28):51-53.

孟长攻,辛剑,2009.基础化学实验[M].2版.北京:高等教育出版社.

南安普顿电化学小组著.柳厚田,徐品第,等译,1992.电化学中的仪器方法[M].上海:复旦大学出版社.

武汉大学化学与分子科学学院实验中心,2012.无机化学实验[M].2版.武汉:武汉大学出版社.

赵新华,2014.无机化学实验[M].4版.北京:高等教育出版社.

中国科学技术大学无机化学实验课程组,2012.无机化学实验[M].合肥:中国科技大学出版社.